金属材料 PDEs

梁铎强　卢思名　著

北　京
冶　金　工　业　出　版　社
2025

内 容 提 要

金属材料作为工业发展的基石，其性能优化与技术创新始终是推动社会进步的重要力量。习近平总书记关于新质生产力的深刻论述，为我们指明了科技创新的方向，为了积极响应这一号召，作者精心编纂了本书，专注于金属材料领域的偏微分方程，旨在从计算、数学和物理等多维度深入剖析该领域的最新研究进展，为金属材料计算相关领域的研究人员和学习者提供一本全面而深入的参考书。

本书可供金属材料新质生产力相关的从业人员阅读参考，也可作为材料工程专业的学生和研究人员学习与研究的重要资料。

图书在版编目（CIP）数据

金属材料 PDEs / 梁铎强，卢思名著. -- 北京：冶金工业出版社，2025. 3. -- ISBN 978-7-5240-0104-1

Ⅰ. TG14

中国国家版本馆 CIP 数据核字第 2025338MY0 号

金属材料 PDEs

出版发行 冶金工业出版社 **电　　话** (010)64027926
地　　址 北京市东城区嵩祝院北巷 39 号 **邮　　编** 100009
网　　址 www. mip1953. com **电子信箱** service@ mip1953. com

责任编辑 夏小雪 美术编辑 吕欣童 版式设计 郑小利
责任校对 梅雨晴 责任印制 禹 蕊

北京建宏印刷有限公司印刷
2025 年 3 月第 1 版，2025 年 3 月第 1 次印刷
710mm × 1000mm 1/16；15 印张；299 千字；225 页

定价 128. 00 元

投稿电话 (010)64027932 投稿信箱 tougao@cnmip. com. cn
营销中心电话 (010)64044283
冶金工业出版社天猫旗舰店 yjgycbs. tmall. com
（本书如有印装质量问题，本社营销中心负责退换）

前　言

偏微分方程（Partial Differential Equations，PDEs）作为描述自然界和工程问题中变量之间复杂依赖关系的数学工具，其重要性不言而喻。本书旨在探讨偏微分方程在物理领域中的建立、解析求解和数值求解方法，并强调这些方法在理解和解决金属材料物理问题中的关键作用。本书分析了偏微分方程的构建过程、解析解与数值解的求解策略及其在金属材料应用中的表现。

偏微分方程的建立、求解及其应用，对于揭示自然现象背后的数学规律、优化工程设计、预测系统行为等方面具有重要意义。偏微分方程在物理领域中的应用实例不胜枚举。例如，在力学中，偏微分方程被用来描述物体的运动规律和应力分布；在电磁学中，偏微分方程用于描述电磁场的分布和变化；在热学中，偏微分方程则用于模拟热量在物体中的传递过程。此外，偏微分方程还在化学反应动力学、流体动力学、生物医学等领域发挥着重要作用。

偏微分方程在金属材料物理问题中的建立、解析求解和数值求解是极其重要的，它们不仅为理解和预测物理现象提供了强有力的数学工具，也为工程设计、科学研究和实际应用提供了重要的理论基础。随着科学技术的不断发展，偏微分方程的研究和应用将不断拓展和深化，为人类社会的进步和发展做出更大的贡献。更重要的是，计算软件的开发和使用，也离不开人们对偏微分方程的深刻理解，比如上述所说的建立、解析求解和数值求解，这也使中国在计算软件领域赶超美国。

本书也可以帮助非数理专业的高等学校学生了解金属物理。近年来，“天坑专业”一词在高等教育领域频繁出现，用以形容那些就业前景不明朗、学习难度大、社会认可度相对较低的专业。尽管这些专业在学术研究中可能具有深远意义，但其教育及就业困境不容忽视。本书旨在探讨如何通过强化物理学的入门教育，作为解决“天坑专业”问题的一个关键策略。物理学作为基础科学的核心，其严密的逻辑体系、实验验证的方法论以及对自然现象深刻的理解能力，能够为相关专业的学生提供坚实的科学基础、拓宽思维视野，并促进跨学科融合，从而改善其就业前景和社会认知度。从物理学这一基础学科入手，不仅能够为学生打下坚实的自然科学基础，还能通过其独特的思维方式和方法论，激发学生的创新思维和解决问题的能力，为“天坑专业”的转型与发展提供新的路径。通过强化物理学的入门教育，学生能够获得更加坚实的科学基础、拓宽知识视野、培养创新思维和解决问题的能力。这不仅有助于改善学生的就业前景和社会认知度，还能为这些专业的学生提供更加广阔的发展空间。未来，随着教育改革的不断深入和跨学科融合的加速推进，物理学在“天坑专业”教育中的作用将更加凸显。我们期待通过这一策略的实施，为更多学生带来希望与机遇。

本书的重点是金属材料领域中的偏微分方程理论与应用，包括方程的提出和数值求解，这一领域是连接材料科学、计算数学与物理学的桥梁。通过引入先进的计算方法和数学模型，我们深入探讨了金属材料在微观结构、性能预测和优化设计等方面的关键问题。从微观尺度的原子排列到宏观尺度的材料性能表现，我们致力于构建一个完整的知识体系，帮助读者全面理解金属材料的行为规律与内在机制。

在章节布局上，我们遵循了从微观到宏观的逻辑顺序，逐步深入探讨。首先，介绍了金属材料的基本性质与微观结构特征，为后续章节的深入讨论奠定基础。接着，详细阐述了偏微分方程在金属材料研究中的应用，包括材料性能的数值模拟、微观结构的演化分析，以及基于大数据和人工智能的预测模型等。每一章节都力求理论阐述与实例分析相结合，使读者在掌握基本原理的同时，也能了解最新的研究成果和应用案例。

在本书编纂过程中，我们得到了众多专家学者的支持与帮助，他们的宝贵意见和建议使本书得以不断完善。在此，我们向所有参与资料收集、审校及出版工作的同仁表示衷心的感谢。同时，我们也期待广大读者提出宝贵的反馈意见，以便我们在未来的修订中进一步完善本书的内容。

作 者

2024 年 9 月

目　录

1　公理化导出薛定谔方程的尝试

薛定谔方程是量子力学的主体方程。通过了解薛定谔方程的导出，可以了解很多重要的术语和基本假设，让量子力学基础成为一个公理化体系。因此，深入学习薛定谔方程的导出，是很有必要的。然而，对于传统的教科书，薛定谔方程一般作为量子力学的基本假设，对其导出不是很重视，缺乏条理性。为了改变此情况，本章尝试将薛定谔方程的导出进行公理化，希望它成为材料工程的大学生入门热力学的突破口。

1.1　概　　述

主体方程对于相应的学科是非常重要的，薛定谔方程是量子力学的主体方程。关于薛定谔方程的导出，传统的教科书中论述或介绍的较为分散和复杂，学生无法了解要点。本章尝试公理化导出薛定谔方程，读者掌握薛定谔方程的导出，以及其在各种模型中的求解，就可以入门量子力学了。

1.2　术　　语

（1）物质波：一切物质（包括光子和实物）都具有波粒二象性。

（2）自由粒子：只有动能，没有势能的粒子。

（3）波粒二象性：波粒二象性是同时具备波和粒子的特征，反映在数学上，可以随意选择。反映粒子性的力学量包括概率、动量、能量、势能，反映波动性的力学量包括频率、周期和波长。

1.3　公　　理

（1）任何函数都可以进行正弦函数 $\sin(x,t)$ 展开。物理上的波包假设，对应数学的“任何函数都可以分解为三角函数 $\sin(x,t)$”。波粒二象性中波是可以叠加的，总是可以分解为不同周期的正弦波。波包中波函数可以是无限个 $\psi(x,t)$。

（2）欧拉公式。欧拉公式表明，在复数域，正弦函数总是可以用以 e 为底的指数函数表示；或者说，正弦函数总是可以展开为以 e 为底的幂函数。

$$e^{i\theta} = \cos\theta + i\sin\theta \tag{1-1}$$

（3）全同性。宇宙由基本粒子组成，两个同种的基本粒子交换位置后，不影响系统的状态。

（4）普朗克能量子假设。1900 年，为了解释黑体辐射，普朗克提出了能量量子化假设。其数学表达式为：

$$E = h\nu \tag{1-2}$$

爱因斯坦根据此假设解释了热容和光电效应。

（5）德布罗意物质波假设。1924 年，德布罗意提出“物质波”假说，认为和光一样，一切物质都具有波粒二象性。1927 年，贝尔实验室的物理学家克林顿戴维森和莱斯特格尔默进行了一个实验，在这个实验中他们向结晶镍靶发射电子，得到的衍射图与德布罗意波长的预测相匹配。其数学表达式为

$$p = \frac{h}{\lambda} \tag{1-3}$$

（6）动能和动量的关系。微观物理中，所有能量都可以分为动能和势能，总的能量总是等于动能和势能的简单加和。对于自由粒子而言，微观和宏观是一样的，无非是倍数关系。

$$E = \frac{p^2}{2m} \tag{1-4}$$

（7）波函数假设。微观物理系统的状态由一个波函数完全描述；或者说，假设微观粒子系统的波函数包含了微观粒子运动的全部信息，完全描写了微观粒子的波粒二象性，也完全描写了微观粒子的运动状态。

（8）算符假设。量子力学中的可观测量总是可以由厄米算符来表示。

1.4　推导步骤

（1）根据波函数假设，对于只考虑一维情况，设自由粒子的波函数为 $\psi(x,t)$。

（2）任何函数都可以分解为三角函数 $A\sin(x,t)$，正弦和余弦是等效的，常数不影响结果。

（3）相位与频率和波长有关，不同时间的相位和周期的对比有关。

2π 是周期，$\psi(x,t) = A\sin\left(2\pi \times \frac{t}{T} - 2\pi \times \frac{x}{\lambda}\right)$，可能很多项，但形式都是一样的（对于薛定谔方程的导出而言），用一项代表便可以了。各种常数不影响结果，常数的求导等于0。根据玻恩假设，则有 $|A|^2 = 1$。

（4）根据波粒二象性，由式（1-2）和式（1-3），可以得到 $\psi(x,t) = A\sin\left(2\pi \times \frac{E}{h}t - 2\pi \times \frac{p}{h}x\right)$。

（5）根据欧拉公式（1-1），推导得：

$$\psi(x,t)=A\sin\left(2\pi\frac{E}{h}t-2\pi\frac{p}{h}x\right)=\frac{1}{2}Ae^{i\left(2\pi\frac{E}{h}t-2\pi\frac{p}{h}x\right)}-\frac{1}{2}Ae^{-i\left(2\pi\frac{E}{h}t-2\pi\frac{p}{h}x\right)}$$

单个正弦函数和多个正弦函数等效，无非是在形式上是单项或多项而已（对于薛定谔方程的导出而言），用一项代表便可以了，公式为：

$$\psi(x,t)=Ae^{i\left(2\pi\frac{E}{h}t-2\pi\frac{p}{h}x\right)} \tag{1-5}$$

（6）对 ψ 关于 t 求导，得到：

$$\frac{\partial\psi}{\partial t}=i2\pi\frac{E}{h}\psi=i\frac{E}{\hbar}\psi \tag{1-6}$$

对 ψ 关于 x 求二阶导数，得到：

$$\frac{\partial^2\psi}{\partial x^2}=\left(-i\frac{p}{\hbar}\right)^2\psi=-\left(\frac{p}{\hbar}\right)^2\psi \tag{1-7}$$

对比式（1-4）、式（1-6）和式（1-7），可以得到：

$$-i\hbar\frac{\partial\psi}{\partial t}=-\frac{\hbar^2}{2m}\cdot\frac{\partial^2\psi}{\partial x^2}$$

（7）算符假设，势能算符总是可以拟合出来，公式为：

$$i\hbar\frac{\partial\psi}{\partial t}=\left[-\frac{\hbar^2}{2m}\nabla^2\psi+U(x,y,z)\right]\psi$$

这就是一维的薛定谔方程。

1.5 讨　论

1.4 节是一维薛定谔方程的推导，三维的同理可证，证明过程如果考虑方向会更准确。

（1）理解薛定谔方程的导出后，就可以求解该方程了，模型包括无限深势阱、一维谐振子、势垒贯穿、氢原子，学生理解后就可以入门初等量子力学了。

（2）像欧几里得一样的公理化体系，很多人喜欢这种。

（3）势能一定存在，只是考不考虑而已。

（4）$\psi(x,t)=A\sin\left(2\pi\times\frac{t}{T}-2\pi\times\frac{x}{\lambda}\right)$，可能有很多项。例如，可以展开测量假设、玻恩假设和波包假设。

1.6 结　论

（1）1.4 节是一维薛定谔方程的推导，三维或三维方程同样可以证明，证明过程考虑方向会更准确。

（2）理解薛定谔方程的推导后，该方程可以应用于无限深势阱、一维谐振子、势垒穿透、氢原子等模型中。学生理解方程的推导和应用后，可以开始初等量子力学学习了。

（3）通过推导薛定谔方程，可以将量子力学的基本概念和公理组织成类似欧氏几何的公理体系。

（4）在讨论中可以扩展测量假设、玻恩假设和波包假设。

（5）薛定谔方程是非相对论的，因为使用了非相对论的动量-能量关系。

（6）波函数之所以分解成一系列平面波，是因为任何函数都可以分解成正弦函数，这是数学上的结论。因此可以大胆预测，波函数分解成其他正交函数也是可能的。

（7）利用术语和公理，量子机制定律（主方程）的推导可以像欧几里得几何一样组织成公理体系。不需要太多繁琐的内容，很容易找到中心内容，即使是初学者也很容易理解。

参考文献

[1] TIMOTHY C WALLSTROM. On the derivation of the Schrödinger equation from stochastic mechanics [J]. Foundations of Physics Letters, 1989, 2 (2): 113-126.

[2] NELSON, EDWARD. Derivation of the Schrödinger equation from newtonian mechanics [J]. Physical Review, 1966, 150 (4): 1079-1085.

[3] FRITSCHE L, HAUGK M. A new look at the derivation of the Schrödinger equation from newtonian mechanics [J]. Annalen der Physik, 2003, 12 (6): 371-402.

[4] GERHARD GRÖSSING. From classical hamiltonian flow to quantum theory: Derivation of the Schrödinger equation [J]. Foundations of Physics Letters, 2004, 17 (4): 343-362.

[5] Kreinovich V Y. Derivation of the Schrödinger equation from scale invariance [J]. Theoretical and Mathematical Physics, 1976, 26 (3): 282-285.

[6] SCHLEICH W P, GREENBERGER D M, KOBE D H, et al. Schrodinger equation revisited [J]. Proceedings of the National Academy of Sciences, 2013, 110 (14): 5374-5379.

[7] WU XIANGYAO, ZHANG BAIJUN, LIU XIAOJING, et al. Derivation of nonlinear Schrödinger equation [J]. International Journal of Theoretical Physics, 2010, 49 (10): 2437-2445.

[8] PELCE, PIERRE. Another derivation of the Schrödinger equation [J]. European Journal of Physics, 1996, 17 (3): 116-117.

[9] KLAR, ASSAF. Elastic continuum solution for tunneling effects on buried pipelines using fourier expansion [J]. Journal of Geotechnical and Geoenvironmental Engineering, 2018, 144 (9): 04018062.

[10] DOUGLAS W ANTHON, CROWDER C D. Wavelength dependent phase matching in KTP [J]. Appl. Opt., 1988, 27 (13): 2650-2652.

2　薛定谔方程在一些典型物理模型中的解析解及其应用

薛定谔方程作为量子力学的基本方程之一，其解析解在描述微观粒子行为、解释量子现象以及推动相关技术和应用发展中起着至关重要的作用。本章综述了薛定谔方程在不同物理体系中的解析解，包括氢原子、势垒穿透与隧道效应、量子谐振子等，并探讨了这些解析解在原子物理、凝聚态物理、量子计算与通信等领域的应用。

2.1　概　　述

薛定谔方程（Schrödinger equation）由奥地利物理学家埃尔温·薛定谔于1926年提出，是量子力学中的一个基本假定和核心方程。它描述了微观粒子状态随时间变化的规律，通过求解薛定谔方程，可以得到波函数的具体形式以及对应的能量，从而揭示微观系统的性质。本章旨在探讨薛定谔方程在不同物理体系中的解析解及其应用。

2.2　各种模型

2.2.1　自由粒子

薛定谔方程：

$$i\hbar \frac{\partial\psi(x,t)}{\partial t} = -\frac{\hbar^2}{2m} \cdot \frac{\partial^2\psi(x,t)}{\partial x^2}$$

假设解为分离变量形式：

$$\psi(x,t) = \phi(x)T(t)$$

代入方程得到：

$$i\hbar\phi(x)\frac{\mathrm{d}T(t)}{\mathrm{d}t} = -\frac{\hbar^2}{2m}T(t)\frac{\mathrm{d}^2\phi(x)}{\mathrm{d}x^2}$$

两边除以 $\phi(x)T(t)$ 后，得到时间与空间的分离公式：

$$\frac{i\hbar}{T(t)} \cdot \frac{\mathrm{d}T(t)}{\mathrm{d}t} = -\frac{\hbar^2}{2m\phi(x)} \cdot \frac{\mathrm{d}^2\phi(x)}{\mathrm{d}x^2} = E$$

解得：

时间部分：

$$T(t)=\mathrm{e}^{-iEt/\hbar}$$

空间部分：

$$\frac{\mathrm{d}^2\phi(x)}{\mathrm{d}x^2}+\frac{2mE}{\hbar^2}\phi(x)=0$$

其解为：

$$\phi(x)=A\mathrm{e}^{ikx}+B\mathrm{e}^{-ikx},\quad k=\sqrt{\frac{2mE}{\hbar^2}}$$

最终波函数为：

$$\psi(x,t)=(A\mathrm{e}^{ikx}+B\mathrm{e}^{-ikx})\mathrm{e}^{-iEt/\hbar}$$

自由粒子的解析解直观地展示了粒子的波动性特征，有助于深入地理解量子力学的波粒二象性原理。通过波函数的平方（即概率密度），我们可以计算出粒子在空间中各点出现的概率，从而了解粒子的空间分布特性。由于波数与动量之间的直接关系 $p=\hbar k$，我们可以通过测量波数来推断粒子的动量信息。在量子通信和量子计算领域，自由粒子的波函数特性被广泛应用于量子态的传输、编码和操控等过程。

在金属材料领域，通过模拟自由粒子的行为，科学家可以研究材料的电子结构、能带分布等性质，为材料科学的发展提供理论支持。因此，薛定谔方程在自由粒子情况下的解析解不仅揭示了粒子波动性的本质特征，还为量子力学的研究和应用提供了重要的理论基础和工具。

2.2.2 一维无限深势阱

薛定谔方程：

$$-\frac{\hbar^2}{2m}\cdot\frac{\mathrm{d}^2\psi(x)}{\mathrm{d}x^2}=E\psi(x)$$

边界条件：

$$\psi(0)=0,\quad \psi(L)=0$$

设置方程为：

$$\frac{\mathrm{d}^2\psi(x)}{\mathrm{d}x^2}+\frac{2mE}{\hbar^2}\psi(x)=0$$

设 $k=\sqrt{\frac{2mE}{h^2}}$，则有：

$$\psi(x)=A\sin(kx)+B\cos(kx)$$

根据边界条件可得：

$$-B=0 \qquad (\text{从 } \psi(0)=0 \text{ 得到})$$

$$-A\sin(kL)=0 \qquad (\text{从 } \psi(L)=0 \text{ 得到})$$

解得：

$$k_n=\frac{n\pi}{L} \qquad (n=1,2,3,\cdots)$$

波函数为：

$$\psi_n(x)=\sqrt{\frac{2}{L}}\sin\frac{n\pi x}{L}$$

能量本征值为：

$$E_n=\frac{n^2\pi^2\hbar^2}{2mL^2}$$

一维无限深势阱模型展示了能量的量子化现象，即粒子只能具有某些特定的能量值，而不能是任意值。通过求解薛定谔方程，我们可以得到粒子在不同能级下的波函数和能量值，这些信息对于理解粒子的行为至关重要。在实验室中，可以通过各种方法（如量子阱、量子点等）来模拟一维无限深势阱，从而验证理论预测。

在金属材料科学，这个模型对于理解半导体材料中的电子行为非常有用。例如，在量子阱激光器中，电子被限制在由不同材料形成的势阱中，其行为可以用一维无限深势阱模型来描述。在量子计算领域，量子比特（qubits）的某些实现方式可能涉及类似一维无限深势阱的量子系统，了解这些系统的性质对于设计量子算法和构建量子计算机至关重要。

2.2.3 量子谐振子

薛定谔方程：

$$i\hbar\frac{\partial\psi(x,t)}{\partial t}=\left(-\frac{\hbar^2}{2m}\cdot\frac{\mathrm{d}^2}{\mathrm{d}x^2}+\frac{1}{2}m\omega^2x^2\right)\psi(x,t)$$

下面是求解过程。

使用分离变量法：

$$\psi(x,t)=\phi(x)T(t)$$

代入方程后得到：

$$i\hbar\phi(x)\frac{\mathrm{d}T(t)}{\mathrm{d}t}=\left(-\frac{\hbar^2}{2m}\cdot\frac{\mathrm{d}^2\phi(x)}{\mathrm{d}x^2}+\frac{1}{2}m\omega^2x^2\phi(x)\right)T(t)=E\phi(x)T(t)$$

分离变量后，得到：

$$i\hbar\frac{\mathrm{d}T(t)}{\mathrm{d}t}=ET(t), \quad \frac{\mathrm{d}^2\phi(x)}{\mathrm{d}x^2}+\frac{2m}{\hbar^2}\left(E-\frac{1}{2}m\omega^2x^2\right)\phi(x)=0$$

解时间部分：

$$T(t) = e^{-iEt/\hbar}$$

空间部分使用拉盖尔多项式解：

$$\phi_n(x) = \frac{1}{\sqrt{2^n \cdot n!}}\left(\frac{m\omega}{\pi\hbar}\right)^{1/4} \cdot H_n\left(\sqrt{\frac{m\omega}{\hbar}}x\right) \cdot e^{-\frac{m\omega}{2\hbar}x^2}$$

能量本征值为：

$$E_n = \left(n + \frac{1}{2}\right)\hbar\omega$$

量子谐振子模型在许多物理和化学问题中具有重要应用，如分子振动、晶体振动等。通过解析解，可以计算谐振子的能级、波函数以及振动频率等，对于理解这些系统的动力学行为具有重要意义。

薛定谔方程在谐振子体系中的解析解为量子力学理论的正确性提供了有力支持。例如，通过求解谐振子的能级和波函数，并与实验结果进行比较，可以验证量子力学理论的预测能力。这种验证不仅加深了我们对量子力学基本规律的理解，还推动了量子力学理论的进一步发展。

薛定谔方程在谐振子体系中的解析解还可以推广到其他物理体系的研究中。例如，在分子振动、晶体振动等物理问题中，可以借鉴谐振子的研究方法，通过求解相应的薛定谔方程得到体系的能级和波函数。这种推广不仅拓宽了薛定谔方程的应用范围，还促进了相关领域的理论研究和实验验证。

在数值求解薛定谔方程的过程中，谐振子体系常被用作测试案例。通过对谐振子体系进行数值求解，并与解析解进行比较，可以验证数值求解方法的准确性和可靠性。同时，还可以根据解析解的特点对数值求解方法进行改进和优化，以提高求解效率和精度。

2.2.4　氢原子

薛定谔方程在球坐标系中为：

$$-\frac{\hbar^2}{2\mu}\nabla^2\psi(r,\theta,\phi) - \frac{e^2}{4\pi\varepsilon_0 r}\psi(r,\theta,\phi) = E\psi(r,\theta,\phi)$$

求解过程，分离变量得到：

$$\psi(r,\theta,\phi) = R(r)Y(\theta,\phi)$$

将其代入得到径向方程和角向方程，通过球谐函数和拉盖尔多项式解出波函数和能量。

解能量本征值为：

$$E_n = -\frac{me^4}{2\hbar^2 n^2}$$

薛定谔方程在氢原子的解析解中具有广泛应用，这些应用不仅深化了我们对氢原子结构的理解，还推动了量子力学理论的发展。

薛定谔方程通过求解氢原子的波函数，能够给出氢原子的能级结构。氢原子的能级是量子化的，每个能级对应一个特定的能量值。这些能量值可以通过求解薛定谔方程得到，并与实验测量结果相吻合。氢原子的能级结构是量子力学中量子化现象的重要例证，也是理解原子结构和性质的基础。

薛定谔方程的解——波函数，描述了氢原子中电子的空间分布。电子云是电子在原子核周围出现的概率密度分布图，它可以通过波函数的平方表示。氢原子的波函数具有球对称性，因为电子在氢原子中受到的是中心力（库仑力），这使得电子云呈现出球形分布。电子云的形状和大小与氢原子的能级有关，不同能级的电子云具有不同的分布特征。

在求解氢原子的薛定谔方程时，会出现三个量子数：主量子数 n、角量子数 l 和磁量子数 m，这些量子数在量子力学中具有重要的物理意义。主量子数 n 决定了电子的能量和离原子核的平均距离，角量子数 l 决定了电子云的形状和大小（即电子云的角动量大小），磁量子数 m 则决定了电子云在空间中的具体取向。这些量子数的存在和取值范围，是量子力学对氢原子结构描述的独特之处。

薛定谔方程在氢原子体系中的解析解为量子力学理论的正确性提供了有力支持，通过将解析解与实验测量结果进行比较，可以验证量子力学理论的预测能力。例如，氢原子的光谱线系可以通过量子力学理论进行精确计算，并与实验光谱线系相吻合。这种验证不仅加深了我们对量子力学基本规律的理解，还推动了量子力学理论的进一步发展。

薛定谔方程在氢原子解析解中的应用，不仅限于对氢原子本身的研究，还促进了原子物理和量子化学等领域的研究。例如，在原子物理中，可以通过研究氢原子的能级结构和电子云分布探讨其他原子的结构和性质；在量子化学中，可以利用氢原子的波函数和量子数构建分子的波函数和量子数体系，从而研究分子的结构和性质。

以上这些结果不仅验证了量子力学的正确性，还为后续原子物理和量子化学的研究提供了基础。通过解析解，可以计算氢原子的能级、波函数以及光谱线等，对于理解原子结构和性质具有重要意义。

2.2.5 势垒穿透和隧道效应

假设存在一个如图 2-1 的势垒，可用下式描述：

$$U(x)=\begin{cases}U(x)=0 & [x<0(P\text{ 区}),x>a(S\text{ 区})]\\ U(x)=U_0 & [0<x<a(Q\text{ 区})]\end{cases}$$

有限高势垒模型，如图 2-1 所示。

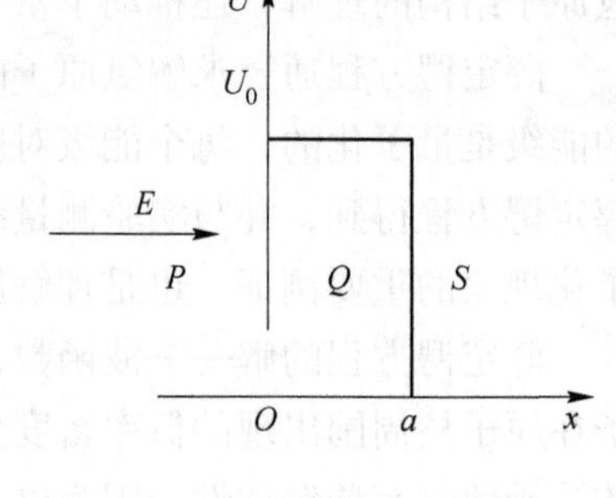

图 2-1　有限高势垒模型

在 P 区和 S 区的薛定谔方程为：

$$\frac{\mathrm{d}^2\psi(x)}{\mathrm{d}x^2}+\frac{2\mu}{\hbar^2}E\psi(x)=0 \qquad (x<0, x>a)$$

在 Q 区粒子应满足下面的方程式：

$$\frac{\mathrm{d}^2\psi(x)}{\mathrm{d}x^2}+\frac{2\mu}{\hbar^2}(E-U_0)\psi(x)=0 \qquad (0<x<a)$$

用分离变量法求解，得：

$$\psi_1=A_1\mathrm{e}^{ikx}+B_1\mathrm{e}^{-ikx} \qquad (P\text{ 区})$$

$$\psi_2=A_2\mathrm{e}^{\gamma x}+B_2\mathrm{e}^{-\gamma x} \qquad (Q\text{ 区})$$

$$\psi_3=A_3\mathrm{e}^{ikx} \qquad (S\text{ 区})$$

在 P 区，势垒反射系数：

$$\boldsymbol{R}=\left|\frac{B_1}{A_1}\right|^2$$

在 Q 区，势垒透射系数：

$$\boldsymbol{T}=\left|\frac{A_3}{A_1}\right|^2$$

粒子能够穿透比其动能高的势垒的现象，称为隧道效应。

经典理论：(1) $E>U_0$ 的粒子，越过势垒。

　　　　　(2) $E<U_0$ 的粒子，不能越过势垒。

量子理论：(1) $E>U_0$ 的粒子，也存在被弹回的概率——反射波。

　　　　　(2) $E<U_0$ 的粒子，也可能越过势垒到达 S 区——隧道效应。

薛定谔方程在势垒穿透和隧道效应的解析解中具有广泛应用，这些应用不仅加深了我们对量子力学中粒子行为的理解，还推动了相关技术和设备的发展。

薛定谔方程通过求解粒子在势垒中的波函数，能够解释量子隧穿现象，即粒子有一定概率穿越比其能量更高的势垒。这一现象在经典物理学中是无法理解的，但在量子力学中是合理的。薛定谔方程的解表明，即使粒子的能量小于势垒高度，粒子仍有一定的概率通过隧穿效应穿过势垒。

薛定谔方程的解析解可以用来计算粒子通过势垒的隧穿概率。隧穿概率与势垒的高度、宽度以及粒子的能量等因素有关。通过求解薛定谔方程，可以得到波函数在势垒区域和势垒两侧的行为，进而计算出粒子穿过势垒的概率，这一概率对于理解量子隧穿现象及其在各种物理过程中的应用具有重要意义。

薛定谔方程在势垒穿透和隧道效应方面的解析解，对于半导体器件的设计和制造具有重要意义。例如，隧道二极管就是基于量子隧穿效应工作的半导体器件。通过精确控制势垒的高度和宽度，以及选择合适的材料，可以制造出具有特定隧穿特性的隧道二极管，这些器件在电子学、计算机科学等领域具有广泛的应用。

薛定谔方程在势垒穿透和隧道效应方面的研究成果，为量子技术的发展提供了重要的理论基础，量子隧穿效应是量子计算、量子通信等量子技术中的关键现象之一。通过对薛定谔方程的深入研究，可以更好地理解量子隧穿效应的物理机制，进而推动量子技术的发展和应用。

薛定谔方程在势垒穿透和隧道效应方面的应用，不仅限于上述几个方面，还拓展了量子力学的研究领域。例如，通过对薛定谔方程的解析解进行分析和讨论，可以进一步探讨量子测量问题、量子纠缠现象等量子力学中的基本问题，这些问题对于深入理解量子力学的本质和推动量子物理学的发展具有重要意义。

隧道效应在半导体器件（如隧道二极管）的设计中起着关键作用。通过求解薛定谔方程，可以计算隧穿概率，优化器件性能。此外，隧道效应还在量子计算、量子隧穿显微镜等领域有重要应用。

2.3 结　论

薛定谔方程在不同物理模型下的解析解为我们提供了深入理解微观世界的有力工具，见表 2-1。这些解不仅揭示了量子系统的基本性质，还为量子技术的发展提供了重要的理论基础。

表 2-1　薛定谔方程解析解的应用领域

领　域	应　用
原子物理与量子化学	通过求解薛定谔方程，可以了解原子的能级结构、电子云分布以及光谱特性等，为原子物理和量子化学的研究提供基础
凝聚态物理	在凝聚态物理中，薛定谔方程被用于描述固体和液体等物质的性质。例如，在固体物理学中，它可以用来描述电子在晶体中的行为；在超导和超流体等凝聚态系统中，薛定谔方程也有重要应用
量子计算与通信	薛定谔方程描述了量子比特的演化和相互作用，为量子计算的发展提供了理论基础。同时，量子通信也利用了量子力学中的纠缠态和量子隐形传态等现象，这些现象都与薛定谔方程的解析解密切相关
其他领域	薛定谔方程的应用还延伸到材料科学、生物医学等多个领域。例如，在材料科学中，可以利用薛定谔方程研究材料的电子结构和光学性质；在生物医学中，可以利用量子隧道效应进行药物输送和细胞成像等

参考文献

[1] COHEN TANNOUDJI C, DIU B, LALOË F. Quantum Mechanics [M]. Wiley, 1992.
[2] GRIFFITHS D J. Introduction to Quantum Mechanics [M]. Pearson, 2018.
[3] SAKURAI J J, NAPOLITANO J. Modern Quantum Mechanics [M]. Addison-Wesley, 2017.
[4] 梁铎强. 电子结构计算研究导论 [M]. 北京: 冶金工业出版社, 2020.
[5] DIRAC P A M. Principles of Quantum Mechanics [M]. Oxford University Press, 1958.

3 周期性结构中薛定谔方程数值求解的多种近似方法

在材料科学和固体物理领域，周期性结构的数值计算是研究材料性质的基础。本章综述了在周期性结构数值计算中常用的各种近似方法，包括紧束缚近似、平面波基组方法、密度泛函理论（DFT）中的近似，以及声子谱计算中的有效质量近似等。通过对这些近似的分析，研究它们在计算精度和效率方面的优势与局限性。

3.1 概　述

周期性结构在固体材料中普遍存在，如晶体和纳米材料等，理解这些结构的电子和声子性质对开发新材料和优化现有材料具有重要意义。然而，由于复杂的相互作用，直接求解相关的量子力学方程通常不可行，因此发展各种近似方法以实现有效的数值计算成了研究的重点。

3.2 紧束缚近似

紧束缚近似是描述固体中电子行为的一种简化方法，其核心思想是将电子波函数限制在晶格的特定原子轨道上。

在紧束缚模型中，电子的波函数被写成原子轨道的线性组合，从而将哈密顿量简化为相对较小的矩阵形式。通过求解该矩阵的本征值问题，可以获得系统的能带结构。

紧束缚近似假设电子主要集中在晶格的原子轨道上，波函数被表示为原子轨道的线性组合，公式为：

$$\psi(\boldsymbol{r}) = \sum_i c_i \phi_i(\boldsymbol{r} - \boldsymbol{R}_i)$$

式中，ϕ_i 为原子轨道；$\boldsymbol{R}_i$ 为原子位置。

通过求解简化后的哈密顿量，可以得到系统的能带结构。

紧束缚模型的优点是计算效率高，适用于简单的晶体结构；缺点是无法描述强关联电子系统及复杂的材料特性。

3.3　平面波基组方法

平面波基组方法通过在布里渊区内使用平面波展开波函数，广泛应用于周期性结构的数值计算。

波函数表示为平面波的线性组合，公式为：

$$\psi(\boldsymbol{r})=\frac{1}{\sqrt{V}}\sum_{k}c_{k}\mathrm{e}^{i\boldsymbol{k}\cdot\boldsymbol{r}}$$

通过数值计算有效哈密顿量，可以得到能量本征值和相应的波函数。

平面波基组方法的优点是适合处理大范围的周期性结构，具有良好的收敛性；缺点是计算成本高，尤其是在处理大系统时。

3.4　密度泛函理论中的近似

密度泛函理论（DFT）是现代材料科学中最重要的计算方法之一，其中涉及多种近似。DFT 通过电子密度而非波函数来描述系统，计算公式为：

$$n(\boldsymbol{r})=\sum_{i}|\psi_{i}(\boldsymbol{r})|^{2}$$

常用的交换-相关能量泛函如局域密度近似（LDA）和广义梯度近似（GGA）。密度泛函理论的优点是能够处理复杂的多体相互作用，适用于大规模系统；缺点是依赖于选择的泛函，可能导致结果的不准确性。

3.5　声子谱计算中的有效质量近似

声子谱的计算对于理解材料的热和声学性质至关重要，有效质量近似是一种常用的简化方法。

在有效质量近似中，声子被视为具有某种有效质量的粒子，从而简化其动力学描述。

$$m^{*}=\frac{\hbar^{2}}{\frac{\mathrm{d}^{2}E}{\mathrm{d}k^{2}}}$$

有效质量近似的优点是计算简便，适用于小幅度振动的声子模式；缺点是在高能量声子模式下，近似可能失效。

3.6　非相对论近似

在构成物质的原子（或分子）中，电子绕核附近运动却又不被带异号电荷的核俘获，所以必须保持很高的运动速度。根据相对论，此时电子的质量 m 不是一个常数，而由电子运动速度 v、光速 c 和电子静止质量 m_0 决定。

$$m = m_0 / \sqrt{1 - v^2/c^2} \tag{3-1}$$

但第一性原理将电子的质量固定为静止质量 m_0，这只有在非相对论的条件下才能成立。

另外，在确定固体材料处在平衡态的电子结构时，可以认为组成固体的所有粒子（即原子核和电子）都在一个不随时间变化的恒定势场中运动，因此哈密顿（Hamilton）算符 H 与时间无关，粒子的波函数 Φ 也不含时间变量，使得粒子在空间的概率分布也不随时间变化，此情况类似于经典机械波中的“驻波”（Standing wave）。此时，H 与 Φ 服从不含时间的薛定谔方程，即定态（Stationary state）薛定谔方程，其表达形式为：

$$H\Phi = E\Phi \tag{3-2}$$

3.7 绝热近似

由于固体中原子核的质量比电子大 $10^3 \sim 10^5$ 倍，因此在这样的体系中，电子运动的速度远远高于原子核的运动速度：电子处在高速绕核运动中，而原子核只是在自己的平衡位置附近做热振动。这就使得当核间发生任一微小运动时，迅速运动的电子都能立即进行调整，建立起与新的原子核库仑场相应的运动状态。也就是说，在任一确定的核排布下，电子都有相应的运动状态，同时，核间的相对运动可视为电子运动的平均结果。所以，可以将多原子体系的核运动与电子运动方程分开处理，这便是 Born-Oppenheimer 提出的绝热近似思想，其主要内涵为：

（1）将物体的平移、转动（外运动）和核的振动（内运动）分离开来。

（2）考虑电子运动时，将坐标系原点设定在物体质心上，并令其随固体整体一起平移或转动；同时令各原子核固定在它们各自振动运动的某一瞬时位置上。

（3）考虑核的运动时，可以不考虑电子在空间的具体分布。

这样，通过分离变量就可以写出电子分系统满足的定态薛定谔方程（采用原子单位，即 $e^2 = \hbar = 2m_0 = 4\pi\varepsilon_0 = 1$，下同）。

$$H\Phi(r,R) = E^H \Phi(r,R)$$

$$H = \left[-\sum_i \nabla_{r_i}^2 + \sum_i V(r_i) + \frac{1}{2}\sum_{i \neq i'}{}' \frac{1}{|r_i - r_{i'}|} \right] = \left[\sum_i H_i + \sum_{i \neq i'} H_{ii'} \right] \tag{3-3}$$

式（3-3）中哈密顿量包括三项，从左到右依次为：单电子动能部分、单电子所受原子核库仑势场部分和单电子-单电子相互作用能部分。

3.8 单电子近似

在采用绝热近似后，3.7 节简化的总电子哈密顿量中含有的电子相互作用项 $\frac{1}{|r_i - r_j|}$使得其无法进一步分离变量。所以在一般情况下，严格求解方程式（3-3）中的多电子薛定谔方程是不可能的，还必须作进一步的简化和近似，这一工作最先由 Hartree 和 Fock 两人在 1930 年共同完成，他们的主要思想是：对 N 个电子构成的系统，可以将电子之间的相互作用平均化，每个电子都可以看作是在由原子核的库仑势场与其他（$N-1$）个电子在该电子所在位置处产生的势场相叠加而成的有效势场中运动，这个有效势场可以由系统中所有电子的贡献自洽地决定。于是，每个电子的运动特性就只取决于其他电子的平均密度分布（即电子云），而与这些电子的瞬时位置无关，所以其状态可用一个单电子波函数 $\varphi_i(r_i)$ 表示；由于各单电子波函数的自变量是彼此独立的，所以多电子系统的总波函数 Φ 可写成这 N 个单电子波函数的乘积。

$$\Phi(r) = \varphi_1(r_1)\varphi_2(r_2)\cdots\varphi_N(r_N) \tag{3-4}$$

这个近似隐含着一个物理模型，即“独立电子模型”，相当于假定所有电子都相互独立地运动，所以称为单电子近似。

不过，电子是费米子，服从费米-狄拉克（Fermi-Dirac）统计，因此采用式（3-4）描述多电子系统的状态时还需考虑泡利（Pauli）不相容原理所要求的波函数的反对称性要求，这可以通过多粒子波函数的线性组合来满足。固体物理处理此问题的传统方法是写成 Slater 行列式，公式为：

$$\Phi(\{r\}) = \frac{1}{\sqrt{N!}}\begin{vmatrix} \varphi_1(r_1,s_1) & \varphi_2(r_1,s_1) & \cdots & \varphi_N(r_1,s_1) \\ \varphi_1(r_2,s_2) & \varphi_2(r_2,s_2) & \cdots & \varphi_N(r_2,s_2) \\ \vdots & \vdots & \vdots & \vdots \\ \varphi_1(r_N,s_N) & \varphi_2(r_N,s_N) & \cdots & \varphi_N(r_N,s_N) \end{vmatrix} \tag{3-5}$$

式中，$\varphi_i(r_J, s_J)$ 为状态 i 的单电子波函数，其坐标含有第 n 个电子的空间坐标 r_i 和自旋坐标 s_i，并满足正交归一化条件，即：

$$\langle \varphi_i | \varphi_j \rangle = \sum_{S_n} \int \varphi_i^*(n) \cdot \varphi_j(n) \mathrm{d}r_n = \delta_{ij} \tag{3-6}$$

可以证明，式（3-5）是表示多电子系统量子态的唯一行列式，被称为 Hartree-Fock 近似（亦即单电子近似）。就是说，对于费米子系统，例如由电子组成的体系，将波函数的反对称性纳入到单电子波函数的表达式中，就得到了 Hartree-Fock 近似。

将式（3-5）、式（3-6）代入式（3-3），利用拉格朗日乘子法求总能量对试探单电子波函数的泛函变分，就得到了著名的 Hartree-Fock 方程。

$$[-\nabla^2+V(r)]\varphi_i(r)+\sum_{i'(\neq i)}\int \mathrm{d}r'\frac{|\varphi_{i'}(r')|^2}{|r-r'|}\varphi_i(r)-\sum_{i'(\neq i),s_{\|}}\int \mathrm{d}r'\frac{\varphi_j^*(r')\varphi_i(r')}{|r-r'|}\varphi_{i'}(r)=\varepsilon_i\varphi_i(r) \tag{3-7}$$

式（3-7）左边第二项代表所有电子产生的平均库仑相互作用势，它与波函数的对称性无关，称为 Hartree 项，与所考虑的电子状态无关，比较容易处理；左边第三项代表与波函数反对称性有关的所谓交换作用势，称为 Fock 项，它与所考虑的电子状态 $\varphi_i(r')$ 有关，所以只能通过迭代自洽方法求解；在此项中还涉及其他电子态 $\varphi_j(r)$，使得求解 $\varphi_i(r')$ 时仍须处理 N 个电子的联立方程组，计算量非常大。

引入有效势的概念，可将 Hartree-Fock 方程改写为：

$$[-\nabla^2+V_{\mathrm{eff}}(r)]\varphi_i(r)=\varepsilon_i\varphi_i(r) \tag{3-8}$$

Slater 指出，可将 $V_{\mathrm{eff}}(r)$ 替换为平均有效势 $\overline{V}_{\mathrm{eff}}(r)$，这样 Hartree-Fock 方程被进一步简化单电子薛定谔方程。

$$[-\nabla^2+\overline{V}_{\mathrm{eff}}(r)]\varphi(r)=\varepsilon\varphi(r) \tag{3-9}$$

需要说明的是，Hartree-Fock 方程中的 ε_i 只是拉格朗日（Lagrange）乘子，并不直接具有单电子能量本征值的意义，即所有 ε_i 之和并不等于体系的总能量。不过 Koopman 定理表明：在多电子系统中移走第 i 个电子的同时其他电子的状态保持不变的前提下，ε_i 等于电子从一个状态转移到另外一个状态所需的能量，因此也等于材料中与给定电子态对应的电离能，这也是能带理论中单电子能级概念的来源。

另外，上述 Hartree-Fock 方程中只包含了电子与电子间的交换相互作用，但没有考虑自旋反平行电子间的排斥作用，所以也称为无约束 Hartree-Fock 方程。对有磁性系统，自旋相反的两组波函数间不需要全同（即反对称），也不需要正交。通常将被无约束 Hartree-Fock 方程忽略的部分称为电子关联作用项。引入电子关联项修正以后，根据数学完备集理论，体系的状态波函数应该是无限个 Slater 行列式波函数的线性组合，即若把式（3-5）中的单个行列式波函数记为 D_p，则有：

$$\boldsymbol{\Phi}=\sum_p c_pD_p \tag{3-10}$$

理论上，只要 Slater 行列式波函数的个数取得足够多，则通过变分处理一定能得到绝热近似下任意精确的波函数和能级。这种方法即为组态相互作用（Configuration Interaction，简写为 CI）方法，它最大的优点就是计算结果的精确性，是严格意义上的从头算（ab-initio）方法。但它也存在难以克服的困难，就是其计算量随着电子数的增多呈指数增加。这对计算机的内存大小和 CPU 的运算速度有非常苛刻的要求，因此多用于计算只含少量轻元素原子（如 C、H、O、N 等）的化学分子系统，而对具有较多电子数（如含有过渡元素或重金属元素）系统的计算则几乎不太实际，在很大程度上这也是导致密度泛函理论（Density Functional Theory，DFT）产生的驱动力。实际上，如前所述，由于 Hartree-Fock 近似本身忽略了多粒子系统中的关联相互作用，实际应用时往往要做一定的修正，所以它不能认为是从相互作用的多粒子系统证明单电子近似的严格理论依据，DFT 才是单电子近似的近代理论基础。在这层意义上，也可以将第一性原理计算方法定义为基于 Hartree-Fock 近似或 DFT 的计算方法。

3.9　金属自由电子气体模型

3.9.1　经典电子论

特鲁德（Paul Drude）电子气模型：特鲁德提出了第一个固体微观理论，利用微观概念计算宏观实验观测量。自由电子气在玻耳兹曼统计下，其运动特性导致电流与电压成正比，即遵循欧姆定律。电子的平均自由程，作为分子运动论中的一个关键参数，决定了电子在材料中传输热量的效率，从而影响了材料的电子热导率。

特鲁德模型的基本假设如下：

（1）自由电子近似：传导电子由原子的价电子提供，离子实对电子的作用可以忽略不计，离子实的作用维持整个金属晶体的电中性，与电子发生碰撞。

（2）独立电子近似：电子与电子之间的相互作用可以忽略不计。外电场为零时，忽略电子之间的碰撞，两次碰撞（与离子实碰撞）之间电子自由飞行（与经典气体模型不同，电子之间没有碰撞，电子只与离子实发生碰撞）。

（3）玻耳兹曼统计：自由电子服从玻耳兹曼统计。

（4）弛豫时间近似：电子在单位时间内碰撞一次的概率为 $1/\tau$，τ 称为弛豫时间（即平均自由时间）。每次碰撞时，电子失去它在电场作用下获得的能量，即电子和周围环境达到热平衡仅仅是通过与原子实的碰撞实现的。

特鲁德模型的成功之处是完美解释了欧姆定律。欧姆定律 $E=\rho j$（或 $j=\sigma E$），其中 E 为外加电场强度、ρ 为电阻率、j 为电流密度。

$$\begin{cases} j=\dfrac{I}{S}=-ne\boldsymbol{\nu} \\ \boldsymbol{\nu}=\boldsymbol{\nu}_0+\dfrac{-eEt}{m} \\ \boldsymbol{\nu}=-\dfrac{eE\tau}{m} \end{cases} \Rightarrow \begin{cases} j=\dfrac{ne^2\tau}{m}E \\ \sigma=\dfrac{1}{\rho}=\dfrac{ne^2\tau}{m} \end{cases} \Rightarrow E=\rho j$$

3.9.2 经典模型的另一困难：传导电子的热容

根据理想气体模型，一个自由粒子的平均热量为 $3/2k_BT$，故：

$$U = N_A\left(\frac{3}{2}k_BT\right) = \frac{3}{2}RT,\quad C_e = \frac{\partial U}{\partial T} = \frac{3}{2}R$$

$$C_v = C_{ph} + C_e = 3R + 3R/2 \approx 37.68\ [\mathrm{J/(mol\cdot K)}]$$

但是，金属在高温时实验值只有 25.12 J/(mol·K)，即 $C_v \approx 3R$。

3.9.3 Sommerfeld 的自由电子论

1925 年，奥地利物理学家沃尔夫冈·泡利提出了泡利不相容原理，这一原理揭示了原子中电子排布的基本规律，即不能有两个或两个以上的电子处于完全相同的量子态。这一原理的提出，为量子力学和原子结构理论的发展奠定了重要基础。

在 1926 年，恩里科·费米和保罗·狄拉克各自独立地提出了费米-狄拉克量子统计，也称为费米统计。这一统计规律适用于自旋量子数为半奇数的粒子（即费米子），如电子等。费米-狄拉克统计揭示了费米子系统的粒子分布特性，即在每一个量子态上，费米子只能占据一个粒子，这一规律对于理解物质的量子性质和热力学性质具有重要意义。

到了 1927 年，阿诺·索末菲在费米-狄拉克统计的基础上，进一步发展了半经典电子论。这一理论结合了经典物理和量子物理的思想，为解释金属等材料的电学、热学性质提供了有力工具。索末菲的半经典电子论不仅考虑了电子的量子特性，还引入了经典统计的方法，使得理论更加完善，也更具实用性。

从 1925 年的泡利不相容原理，到 1926 年的费米-狄拉克量子统计，再到 1927 年的索末菲半经典电子论，这一系列的理论发展不仅推动了量子力学和原子结构理论的进步，也为理解物质的微观性质和宏观性质提供了重要的理论支撑。索末菲的自由电子论抛弃了特鲁德模型中的玻耳兹曼统计，认为电子气服从费米-狄拉克量子统计，得出了费米能级、费米面等重要概念，并成功地解决了电子比热比经典值小等经典模型所无法解释的问题。

量子力学的索末菲模型如下：

（1）独立电子近似：所有离子实提供正电背景，忽略电子与电子之间的相互作用。

（2）自由电子近似：电子与原子实之间的相互作用也被忽略。

（3）采用费米统计代替玻耳兹曼统计。

下面介绍传导电子的索末菲模型。

3.9.3.1 自由电子模型

电子在一有限深度的方势阱中运动，电子间、电子与原子实之间的相互作用忽略不计。

电子按能量的分布遵从 Fermi-Dirac 统计，电子的填充满足 Pauli 不相容原理，电子在运动中存在一定的散射机制。

当 $V=0$ 时，薛定谔方程（不考虑自旋）为：

$$-\frac{\hbar^2}{2m}\nabla^2\psi(\boldsymbol{r})=E\psi(\boldsymbol{r})$$

作行波试探解为：

$$\psi_k(\boldsymbol{r})=\frac{1}{\sqrt{V}}\mathrm{e}^{i\boldsymbol{k}\cdot\boldsymbol{r}}$$

对应的能量本征值为：

$$E(k)=\frac{\hbar^2k^2}{2m}$$

式中，k 为与未知无关的矢量，已作归一化处理。

$$1=\int_V|\psi(\boldsymbol{r})|^2\mathrm{d}\boldsymbol{r}$$

引入周期性边界条件：

$$\begin{cases}\psi(x+L,y,z)=\psi(x,y,z)\\\psi(x,y+L,z)=\psi(x,y,z)\\\psi(x,y,z+L)=\psi(x,y,z)\end{cases}\Rightarrow\begin{cases}k_x=\dfrac{2\pi}{L}n_1\\k_y=\dfrac{2\pi}{L}n_2\\k_z=\dfrac{2\pi}{L}n_3\end{cases}$$

可见，状态是分立的（不考虑自旋），在 k 空间中每一分立的点代表一个状态，每个状态在 k 空间所占体积为 $(2\pi/L)^3$。

波矢空间是指在一个特定的波形中，由波的传播方向和波的振动方向（或波矢量的方向）所构成的空间。波矢，又称为波矢量，由带有方向的波数的矢量表示，其方向通常指的是波的传播方向（在各向同性的介质中）。波矢空间中的波矢描述了波在空间中传播的特性和方向性。以波矢 $\boldsymbol{k}$ 的三个分量 k_x、k_y、k_z 为坐标轴的空间称为波矢空间或 $\boldsymbol{k}$ 空间。

金属中自由电子波矢：$k_x=\frac{2\pi}{L}n_1$，$k_y=\frac{2\pi}{L}n_2$，$k_z=\frac{2\pi}{L}n_3$。

（1）在波矢空间每个（波矢）状态代表点占有的体积为：$\left(\frac{2\pi}{L}\right)^3$；

（2）波矢空间状态密度（单位体积中的状态代表点数）：$\left(\frac{L}{2\pi}\right)^3$；

（3）$\boldsymbol{k} \sim \boldsymbol{k}+\mathrm{d}\boldsymbol{k}$ 体积单元 $\mathrm{d}\boldsymbol{k}$ 中的（波矢）状态数为：$\mathrm{d}Z_0=\left(\frac{L}{2\pi}\right)^3\mathrm{d}^3\boldsymbol{k}$；

（4）$\boldsymbol{k} \sim \boldsymbol{k}+\mathrm{d}\boldsymbol{k}$ 体积单元 $\mathrm{d}\boldsymbol{k}$ 中的（波矢）状态数为：$\mathrm{d}Z_0=2\left(\frac{L}{2\pi}\right)^3$。

k 空间状态数是描述电子在晶体中可能占据状态数量的重要参数，它取决于电子的能量、晶体的结构以及电子间的相互作用等多种因素。通过计算 k 空间中的状态数，可以更深入地理解电子在晶体中的行为和材料的物理性质。

对半径为 k，各向同性的波矢分布，被电子占据的状态数为：

$$\frac{4\pi}{3}k^3 \cdot \frac{V}{8\pi^3}=\frac{Vk^3}{6\pi^2}$$

再考虑自旋为：$N=\frac{Vk^3}{3\pi^2}=\frac{V}{3\pi^2}\left(\frac{2mE}{\hbar^2}\right)^{3/2}$，对于 $k \sim k+\mathrm{d}k$ 球壳内电子占据的态数为：$2\cdot 4\pi k^2\mathrm{d}k\cdot\frac{V}{8\pi^3}=\frac{Vk^2}{\pi^2}\mathrm{d}k$。

费米球和费米面是物理学中两个紧密相关，但又不同的概念。费米球主要用于描述电子在金属或半导体中的动量分布状态，费米面则是描述这种分布状态在 k 空间中的具体表现，两者在理论研究和实际应用中都具有重要意义。

费米面：在绝对零度下，k 空间中被电子占据与未被占据的分界面。以 $n\approx 10^{22}$ 个/cm^3，代入得 $E_{\mathrm{F}}^0\approx 5$ eV 基态（$T=0$ K）。

泡利不相容原理是处理多体问题的重要工具之一。它不仅在原子和分子物理中发挥着基础性作用，还在固体物理学、量子统计力学以及量子计算和量子信息等领域具有广泛的应用。通过利用泡利不相容原理的约束条件，我们可以更深入地理解多体系统的微观结构和宏观性质，从而推动相关领域的理论研究和实际应用。

定义费米波矢：$N=\frac{V}{3\pi^2}k_{\mathrm{F}}^3$，$k_{\mathrm{F}}=(3\pi^2N/V)^{1/3}=(3\pi^2n)^{1/3}$。

定义费米能：$E_{\mathrm{F}}^0=\frac{\hbar^2k_{\mathrm{F}}^2}{2m}=\frac{\hbar^2}{2m}(3\pi^2n)^{2/3}$。

能态密度：$E\sim E+\mathrm{d}E$ 之间单位能量间隔中的能态数。

定义能态密度：单位能量的状态数 $N(E)=\mathrm{d}N/\mathrm{d}E$。

对于能量低于 E 的状态数有：$N=\frac{V}{3\pi^2}\left(\frac{2mE}{\hbar^2}\right)^{3/2}$。

态密度：$N(E)=\frac{\mathrm{d}N}{\mathrm{d}E}=\frac{V}{2\pi^2}\cdot\left(\frac{2m}{\hbar^2}\right)^{3/2}\cdot E^{1/2}=\frac{3}{2}\cdot\frac{N}{E}$。

电子的能态密度并不是均匀分布的，电子能量越高，能态密度就越大。

粒子的平均能量为：

$$\overline{E}=\frac{1}{N}\int_0^{E_F^0} E\cdot N(E)\,\mathrm{d}E=\frac{1}{N}\int_0^{E_F^0} E\cdot\frac{3}{2}\cdot\frac{N}{E}\mathrm{d}E$$

$$=\frac{1}{N}\int_0^{E_F^0}\frac{3}{2}\cdot\frac{V}{3\pi^2}\left(\frac{2m}{\hbar^2}\right)^{3/2}\cdot E^{3/2}\cdot\mathrm{d}E=\frac{3}{5}E_F^0\approx 3\ \mathrm{eV}$$

如果把电子比作费米子的理想气体分子，则在绝对零度，电子基态的平均能量相当于 $T\approx 23077$ K，对应于平均速度为：

$$|\boldsymbol{v}|=\sqrt{\boldsymbol{v}^2}=\sqrt{\frac{3k_BT}{m_e}}\approx 1\times10^6\ \mathrm{m/s}\sim 1/300\ \text{光速}$$

定义费米速度：$v_F=\dfrac{\hbar k_F}{m_e}\approx\dfrac{1}{226}c$。

若采用 Drude 模型计算出的 $\tau=2\times10^{-14}$ s，电子平均自由程：$\bar{l}=v_F\tau\approx 200$ nm，约 100 个原子间距。

量子统计：Bose-Einstein 统计和 Fermi-Dirac 统计公式为：

$$f(E)\approx\exp\left(-\frac{E}{k_BT}\right)$$

（1）Bose-Einstein 统计：

$$f(E)=\frac{1}{\mathrm{e}^{(E-\mu)/k_BT}-1}$$

式中，μ 为化学势，对于光子、声子，$\mu=0$。

（2）Fermi-Dirac 统计：

$$f(E)=\frac{1}{\mathrm{e}^{(E-\mu)/k_BT}+1}$$

式中，$T=0$ 的化学势 $\mu=$ 费米能 $E_F^0=5$ eV。

$T=0$ 时，费米能 $E_F^0=\dfrac{\hbar^2k_F^2}{2m}$，费米半径 $k_F=\sqrt{\dfrac{2mE_F^0}{\hbar^2}}$，费米动量 $P_F=\hbar k_F=mv_F$。

在 $E\sim E+\mathrm{d}E$ 中的电子数为：$\mathrm{d}N=f(E)N(E)\mathrm{d}E$。

系统的自由电子总数为：

$$N=\int_0^{\infty}f(E)\cdot N(E)\,\mathrm{d}E\xrightarrow{T=0}\int_0^{E_F}N(E)\,\mathrm{d}E$$

$$N=\int_0^{E_F}\frac{V}{2\pi^2}\cdot\left(\frac{2m}{\hbar^2}\right)^{3/2}\cdot E^{1/2}\cdot\mathrm{d}E=\frac{V(2m)^{3/2}}{3\pi^2\hbar^3}(E_F^0)^{3/2}$$

$$E_F^0=\frac{\hbar^2}{2m}\left(3\pi^2\frac{N}{V}\right)^{2/3}=\frac{\hbar^2}{2m}(3\pi^2n)^{2/3}$$

式中，n 为自由电子浓度。

定义 Fermi 温度为：

$$T_{\mathrm{F}}=\frac{E_{\mathrm{F}}^{0}}{k_{\mathrm{B}}}$$

物理意义：设想将 E_{F}^{0} 转换成热振动能，相当于多高温度下的振动能。

金属的 T_{F} 为：$10^{4}\sim10^{5}$ K。

3.9.3.2　托马斯-费米近似方法

用托马斯-费米模型处理原子中的问题，为方便起见，下面均采用原子单位。即 $\mathrm{e}=\hbar=\mu=1$ 的单位制。

基于统计的考虑，Thomas 和 Fermi 于 1927 年曾几乎是同时分别提出，将多电子运动空间划分为边长为 l 的小容积（立方元胞）$\Delta\nu=l^{3}$，其中含有 ΔN 个电子（不同的元胞中所含电子数不同）。假定在温度近于 0 K 时每一元胞中电子的行为是独立的 Fermi 粒子，并且各个元胞是无关的，则有三维有限势阱中自由电子的能级公式：

$$\varepsilon(n_{x},n_{y},n_{z})=\frac{h^{2}}{8ml^{2}}(n_{x}^{2}+n_{y}^{2}+n_{z}^{2})=\frac{h^{2}}{8ml^{2}}R^{2}$$

式中，量子数 $n_{x},n_{y},n_{z}=1,2,3,\cdots$；$h$ 为 Planck 常数；m 为电子质量。

对于高量子态上式中 R 值将是很大的。于是能量小于 ε 的分离能级数可以近似地由在空间（n_{x},n_{y},n_{z}）中以 R 为半径的球体的八分之一的容积来确定，即量子态数 $\phi(\varepsilon)$ 为：

$$\phi(\varepsilon)=\frac{1}{8}\left(\frac{4\pi}{3}R^{3}\right)=\frac{\pi}{6}\left(\frac{8ml^{2}\varepsilon}{h^{2}}\right)^{\frac{3}{2}}$$

在 $\varepsilon\sim\varepsilon+\delta\varepsilon$ 之间的能级数可给出如下：

$$g(\varepsilon)\Delta\varepsilon=\phi(\varepsilon+\delta\varepsilon)-\phi(\varepsilon)=\frac{\pi}{4}\left(\frac{8ml^{2}}{h^{2}}\right)^{\frac{3}{2}}\varepsilon^{\frac{1}{2}}\delta\varepsilon+O((\delta\varepsilon)^{2})$$

式中，$g(\varepsilon)$ 为能量 ε 的态密度。

为了求出含 ΔN 个电子元胞的总能量，需要用能量 ε 的占据概率 $f(\varepsilon)$。由 Fermi-Dirac 分布，有：

$$f(\varepsilon)=\frac{1}{1+\mathrm{e}^{\beta(\varepsilon-\mu)}}$$

在 0 K 附近温度，上式可转化为如下阶梯函数，即：

$$f(\varepsilon)=\begin{cases}1 & (\varepsilon<\varepsilon_{\mathrm{F}})\\ 0 & (\varepsilon>\varepsilon_{\mathrm{F}})\end{cases}\qquad(\text{当 } T\rightarrow0 \text{ 时})$$

式中，ε_{F} 为 Fermi 能级。

由此可知，能量小于 ε_{F} 的态是电子占据的，高于 ε_{F} 的态则是空的，ε_{F} 乃是化学位 μ 的零温度极限。

下面由不同能态贡献的加和求元胞中电子总能量，公式如下：

$$\Delta E=2\int\varepsilon f(\varepsilon)g(\varepsilon)\mathrm{d}\varepsilon=4\pi\left(\frac{2m}{h^2}\right)^{\frac{3}{2}}l^3\int_0^{\varepsilon_F}\varepsilon^{\frac{3}{2}}\mathrm{d}\varepsilon=\frac{8\pi}{5}\left(\frac{2m}{h^2}\right)^{\frac{3}{2}}l^3\varepsilon_F^{\frac{5}{2}}$$

式中，积分号前因子2是考虑到每一个能级是双占据的，即有电子自旋为α与β的电子各一个。由于ε_F与元胞内的电子数ΔN有关，因此有：

$$\Delta N=2\int f(\varepsilon)g(\varepsilon)\mathrm{d}\varepsilon=\frac{8\pi}{3}\left(\frac{2m}{h^2}\right)^{\frac{3}{2}}l^3\varepsilon_F^{\frac{3}{2}}$$

由此得出ΔE与ΔN的关系式如下：

$$\Delta E=\frac{3}{5}\Delta N\varepsilon_F=\frac{3h^2}{10m}\left(\frac{3}{8\pi}\right)^{\frac{2}{3}}l^3\left(\frac{\Delta N}{l^3}\right)^{\frac{5}{3}}$$

式中，$\Delta N/l^3=\Delta N/\Delta V=\rho$为每一元胞的电子密度，所以上式反映出电子动能与电子密度之间的联系。

加和所有元胞的贡献，便得总能量为：

$$T_{TF}[\rho]=C_F\int\rho^{\frac{5}{3}}(r)\mathrm{d}r$$

式中，$C_F=\frac{3}{10}(3\pi^2)^{\frac{2}{3}}=2.871$。

对于多电子原子，若只考虑核与电子以及电子间的相互作用，则能量公式为：

$$E_{TF}[\rho(r)]=C_F\int\rho^{\frac{5}{3}}(r)\mathrm{d}r-z\int\frac{\rho(r)}{r}\mathrm{d}r+\frac{1}{2}\iint\frac{\rho(r_1)\rho(r_2)}{|r_1-r_2|}\mathrm{d}r_1\mathrm{d}r_2$$

这就是原子的Thomas-Fermi理论的能量泛函公式。

3.9.3.3　哈特利-福克近似

我们写出N个电子的多体问题的哈密顿量为：

$$H=\sum_i\left(-\frac{\hbar^2}{2m}\right)\nabla_i^2+\frac{1}{2}\sum_{i\neq j}\frac{e^2}{|\boldsymbol{r}_i-\boldsymbol{r}_j|}-\sum_{i,l}\frac{Ze^2}{|\boldsymbol{r}_i-\boldsymbol{R}_l|}$$

为简单起见，取离子实的正电荷数$Z=1$，则上式右边最后一项代表晶格周期势，单个电子的晶格周期势用$V(r)$表示。系统的波函数用传统的斯莱特行列式形式，这样系统的能量平均值写为：

$$E=\sum_i\int\mathrm{d}^3r\psi_i^*(\boldsymbol{r})\left[-\frac{\hbar^2}{2m}\nabla^2+V(\boldsymbol{r})\right]\psi_i(\boldsymbol{r})+$$
$$\frac{1}{2}\sum_{i\neq j}\int\mathrm{d}^3r\mathrm{d}^3r'\left|\psi_i(\boldsymbol{r})\right|^2\frac{e^2}{|\boldsymbol{r}-\boldsymbol{r}'|}\left|\psi_j(\boldsymbol{r}')\right|^2-$$
$$\frac{1}{2}\sum_{i\neq j,//}\int\mathrm{d}^3r\mathrm{d}^3r'\psi_i^*(\boldsymbol{r})\psi_j^*(\boldsymbol{r}')\frac{e^2}{|\boldsymbol{r}-\boldsymbol{r}'|}\psi_i(\boldsymbol{r})\psi_j(\boldsymbol{r}')$$

其中，等式右边第二项是电子间的直接库仑作用，第三项是来源于泡利原理的平行自旋电子间交换作用。对上式波函数进行变分，由于波函数需要满足正交归一条件，在进行变分时引进拉格朗日乘子 ε_i[3]：

$$\left[-\frac{\hbar^2}{2m}\nabla^2+V(\boldsymbol{r})+\sum_j\int \mathrm{d}^3r'\,|\psi_j(\boldsymbol{r}')|^2\frac{e^2}{|\boldsymbol{r}-\boldsymbol{r}'|}\right]\psi_i(\boldsymbol{r})-$$

$$\sum_{j,//}\int \mathrm{d}^3r'\psi_j^*(\boldsymbol{r}')\frac{e^2}{|\boldsymbol{r}-\boldsymbol{r}'|}\psi_i(\boldsymbol{r}')\psi_j(\boldsymbol{r})=\varepsilon_i\psi_i(\boldsymbol{r})$$

这就是著名的哈特利-福克方程，等式左边方括号中包含了离子实的晶格周期势和体系中所有电子产生的平均库仑势，均是与所考虑的电子状态无关的，容易处理。但左边最后一项是交换作用势，是与考虑的电子状态 $\psi_i(\boldsymbol{r}')$ 有关的，只能通过迭代自洽求解，而且在此项中还涉及其他的电子态，使得求解时仍须处理 N 个电子的联立方程组，这是交换势的非定域性所导致的。

我们将上述哈特利-福克方程式写成：

$$\left[-\frac{\hbar^2}{2m}\nabla^2+V(\boldsymbol{r})+V_{\mathrm{c}}(\boldsymbol{r})+V_{ex}(\boldsymbol{r})\right]\psi_i(\boldsymbol{r})=\varepsilon_i\psi_i(\boldsymbol{r})$$

其中，$V_{\mathrm{c}}(\boldsymbol{r})=\int \mathrm{d}^3r'\rho(\boldsymbol{r}')\frac{e^2}{|\boldsymbol{r}-\boldsymbol{r}'|}$，$V_{ex}(\boldsymbol{r})=-\int \mathrm{d}^3r'\rho_{av}^{\mathrm{HF}}(\boldsymbol{r},\boldsymbol{r}')\frac{e^2}{|\boldsymbol{r}-\boldsymbol{r}'|}$分别代表电子所感受的体系中所有电子产生的平均库仑势场和定域交换势，而其中 $\rho(\boldsymbol{r})$ 和 $\rho_{av}^{\mathrm{HF}}(\boldsymbol{r},\boldsymbol{r}')$ 又分别为在哈特利近似下由所有已占据（occ）单电子波函数表示的 r 点电子数密度和一个仍然与所考虑的电子状态有关的非定域交换密度：

$$\rho(\boldsymbol{r})=\sum_i^{occ}|\psi_i(\boldsymbol{r})|^2$$

$$\rho_{av}^{\mathrm{HF}}(\boldsymbol{r},\boldsymbol{r}')=\sum_{j,//}^{occ}\frac{\psi_i^*(\boldsymbol{r})\psi_j(\boldsymbol{r})}{|\psi_i(\boldsymbol{r})|^2}\psi_j^*(\boldsymbol{r}')\psi_i(\boldsymbol{r}')$$

由于交换密度的求解仍然涉及 N 个联立方程组，斯莱特指出可以采用对其取平均的方法求解。这时描述多电子系统的哈特利-福克方程简化为下列单电子有效势方程：

$$\left[-\frac{\hbar^2}{2m}\nabla^2+V_{\mathrm{eff}}(\boldsymbol{r})\right]\psi_i(\boldsymbol{r})=\varepsilon_i\psi_i(\boldsymbol{r})$$

$$V_{\mathrm{eff}}(\boldsymbol{r})=V(\boldsymbol{r})+V_{\mathrm{c}}(\boldsymbol{r})+V_{ex}(\boldsymbol{r})$$

这就是传统固体物理学中单电子近似的来源，其中拉氏乘子 ε_i 通过进一步说明可知：ε_i 为在多电子体系中移走一个电子而同时保持所有其他电子的状态不变时，系统能量的改变，代表在状态 ψ_i 上的"单电子能量"，此即库普曼斯定理。

实际上，当一个电子状态发生改变时，很难保持其他（$N-1$）个电子的状态不变，另外这里哈特利-福克方程忽略了自旋反平行电子之间的相关能，在计算方面也是相当复杂的。

3.9.3.4　动态介电函数方法

在静电场下测得的介电常数称为静态介电常数，在交变电场下测得的介电常数称为动态介电常数，动态介电常数与测量频率有关。前面主要介绍了在静电场作用下的介电性质，下面介绍在交变电场作用下的介电性质。

因为电介质的极化强度是电子位移极化、离子位移极化和固有偶极矩取向极化三种极化机制的贡献。当电介质开始受静电场作用时，要经过一段时间后，极化强度才能达到相应的数值，这个现象称为极化弛豫，所经过的这段时间称为弛豫时间。电子位移极化和离子位移极化的弛豫时间很短（电子位移极化的弛豫时间比离子位移极化的还要短），取向极化的弛豫时间较长，所以极化弛豫主要是由取向极化造成的。当电介质受到交变电场的作用时，由于电场不断在变化，所以电介质中的极化强度也要跟着不断变化，即极化强度和电位移均将随时间做周期性的变化。如果交变电场的频率足够低，取向极化能跟得上外加电场的变化，这时电介质的极化过程与静电场作用下的极化过程没有多大的区别。如果交变电场的频率足够高，电介质中的极化强度就会跟不上外电场的变化而出现滞后，从而引起介质损耗。

动态介电常数也不同于静态介电常数。所谓介质损耗，就是在某一频率下供给介质的电能，其中有一部分因强迫固有偶极矩的转动而使介质变热，即一部分电能以热的形式消耗。可见，介质损耗可反映微观极化的弛豫过程。

若作用在电介质上的交变电场为：

$$\boldsymbol{E} = \boldsymbol{E}_0 \cos(\omega t)$$

由于极化弛豫，P 与 D 都将有一个相角落后于电场 E，设此角为 δ，则 D 可写为：

$$D = D_0 \cos(\omega t - \delta) = D_1 \cos(\omega t) + D_2 \sin(\omega t)$$

对于大多数电介质材料，D_0 与 E_0 成正比，不过比例系数不是常数，而是与频率有关。为了反映这个情况，引入以下两个与频率有关的介电常数。

$$\varepsilon_1 |\omega| = \frac{D_1}{E_0} = \frac{D_0}{E_0}\cos(\delta)$$

$$\varepsilon_2 |\omega| = \frac{D_2}{E_0} = \frac{D_0}{E_0}\sin(\delta)$$

3.10　近自由电子近似理论

近自由电子近似理论是能带理论中一个简单模型。该模型的基本出发点是晶体中的价电子行为很接近于自由电子，周期势场的作用可以看作是很弱的周期性起伏的微扰处理。尽管模型简单，但给出了周期势场中运动电子本征态的一些最基本特点。

3.10.1 模型与零级近似

近自由电子近似理论模型的基本思想是：模型认为金属中价电子在一个很弱的周期势场中运动（见图3-1），价电子的行为很接近于自由电子，又与自由电子不同。这里的弱周期势场设为 $\Delta V(x)$，可以当作微扰来处理，即：

（1）零级近似时，用势场平均值 $\overline{V}$ 代替弱周期势场 $V(x)$；

（2）所谓弱周期势场是指比较小的周期起伏 $[V(x)-\overline{V}]=\Delta V(x)$ 作为微扰处理。

为简单起见，我们先讨论一维情况，如图3-1所示。

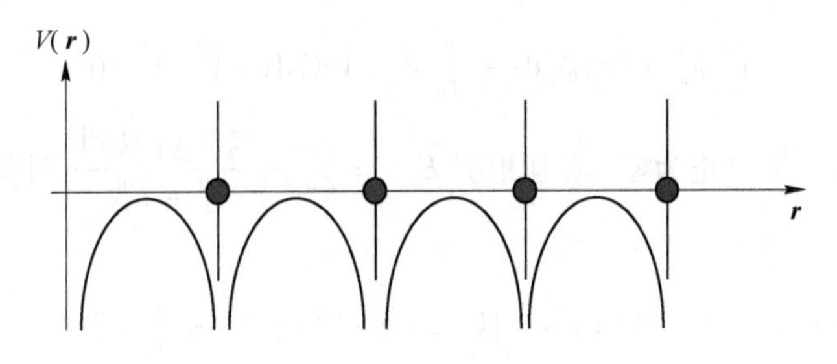

图3-1 单电子的周期性势场

零级近似下，电子只受到 $\overline{V}$ 作用，波动方程及电子波函数和电子能量分别为：

$$-\frac{\hbar}{2m}\cdot\frac{\mathrm{d}^2}{\mathrm{d}x^2}\psi^0+\overline{V}\psi^0=E^0\psi^0$$

$$\psi_k^0(x)=\frac{1}{\sqrt{L}}\mathrm{e}^{ikx}$$

$$E_k^0=\frac{\hbar^2k^2}{2m}+\overline{V}$$

由于晶体不是无限长而是有限长 L，因此波数 k 不能任意取值。当引入周期性边界条件，则 k 只能取下列值：$k=\frac{2\pi}{Na}l$，这里 l 为整数。

可见，零级近似的解为自由电子解的形式，故称为近自由电子近似理论。

3.10.2 微扰计算

根据量子力学的微扰理论，可知：

$$
\text{微扰理论重要公式}\begin{cases}\text{能量本征值}\begin{cases}\text{零级近似：} E_k^0 = \dfrac{\hbar^2 k^2}{2m} + \overline{V} \\ \text{一级修正：} E_k^{(1)} = \langle k | \Delta V | k \rangle \\ \text{二级修正：} E_k^{(2)} = \displaystyle\sum_{k'}{}' \dfrac{|\langle k' | \Delta V | k \rangle|^2}{E_k^0 - E_{k'}^0}\end{cases} \\ \text{电子波函数}\begin{cases}\text{零级近似：} \psi_k^0(x) = \dfrac{1}{\sqrt{L}} e^{ikx} \\ \text{一级修正：} \psi_k^{(1)}(x) = \displaystyle\sum_{k'}{}' \dfrac{\langle k' | \Delta V | k \rangle}{E_k^0 - E_{k'}^0} \psi_{k'}^0(x)\end{cases}\end{cases}
$$

首先计算能量的一级修正：

$$
\begin{aligned}
E_k^{(1)} &= \langle k | \Delta V | k \rangle = \int \psi_k^{0*} \Delta V \psi_k^0 \mathrm{d}x = \int_0^L \psi_k^{0*} [V(x) - \overline{V}] \psi_k^0 \mathrm{d}x \\
&= \int_0^L \psi_k^{0*} V(x) \psi_k^0 \mathrm{d}x - \int_0^L \psi_k^{0*} \overline{V} \psi_k^0 \mathrm{d}x = \overline{V} - \overline{V} = 0
\end{aligned}
$$

因此有能量的一级修正为零，必须根据 $E_k^{(2)} = \sum_{k'}{}' \dfrac{|\langle k' | \Delta V | k \rangle|^2}{E_k^0 - E_{k'}^0}$ 计算二级修正。

因为：

$$
\langle k' | \Delta V | k \rangle = \langle k' | V(x) - \overline{V} | k \rangle = \langle k' | V(x) | k \rangle = \int_0^L \psi_{k'}^{0*} V(x) \psi_k^0 \mathrm{d}x
$$

代入波函数表达式并按元胞划分，可得：

$$
\langle k' | \Delta V | k \rangle = \frac{1}{L} \int_0^L e^{-i(k'-k)x} V(x) \mathrm{d}x = \frac{1}{Na} \sum_0^{N-1} \int_{na}^{(n+1)a} e^{-i(k'-k)x} V(x) \mathrm{d}x
$$

这里令 $x = \xi + na$，则 $V(x) = V(\xi + na) = V(\xi)$，因此有：

$$
\langle k' | \Delta V | k \rangle = \langle k' | V(x) | k \rangle = \frac{1}{Na} \sum_0^{N-1} e^{-i(k'-k)na} \int_0^a e^{-i(k'-k)\xi} V(\xi) \mathrm{d}\xi
$$

整理上式为：

$$
\langle k' | \Delta V | k \rangle = \left[\frac{1}{a} \int_0^a e^{-i(k'-k)\xi} V(\xi) \mathrm{d}\xi \right] \frac{1}{N} \sum_0^{N-1} \left(e^{-i(k'-k)a} \right)^n
$$

下面分为两种情况讨论：

(1) 当 $k' - k = n \cdot \dfrac{2\pi}{a}$ 时，有 $\dfrac{1}{N} \sum_0^{N-1} \left(e^{-i(k'-k)a} \right)^n = 1$，则设 $\langle k' | \Delta V | k \rangle = \left[\dfrac{1}{a} \int_0^a e^{-in \cdot \frac{2\pi}{a} \xi} V(\xi) \mathrm{d}\xi \right] = V_n$，所以二级修正为：

$$
E_k^{(2)} = \sum_{k'}{}' \frac{|\langle k' | \Delta V | k \rangle|^2}{E_k^0 - E_{k'}^0} = \sum_{k'}{}' \frac{|V_n|^2}{\dfrac{\hbar^2}{2m} \left[k^2 - \left(k + \dfrac{2\pi n}{a} \right)^2 \right]}
$$

（2）$k'-k\neq n\cdot\frac{2\pi}{a}$时，有$\frac{1}{N}\sum_{0}^{N-1}[e^{-i(k'-k)a}]^n=\frac{1}{N}\cdot\frac{1-e^{-i(k'-k)Na}}{1-e^{-i(k'-k)a}}=0$，则有$E_k^{(2)}=\sum_{k'}{}'\frac{|\langle k'|\Delta V|k\rangle|^2}{E_k^0-E_{k'}^0}=0$。所以，在周期势场的情况下，计入能量的二级修正后晶体中电子的能量本征值为：

$$E_k=E_k^{(0)}+E_k^{(1)}+E_k^{(2)}=\frac{\hbar^2k^2}{2m}+\sum_{k'}{}'\frac{|V_n|^2}{\frac{\hbar^2}{2m}\left[k^2-\left(k+\frac{2\pi n}{a}\right)^2\right]}$$

在周期性结构计算中，存在多种近似方法，这些方法旨在简化计算过程，同时保持足够的精度以描述系统的关键性质。表 3-1 是一些主要的近似方法及其内容和用途。

表 3-1 周期性结构计算中的各种近似

名 称	内 容	用 途
GW 近似	GW 近似是一种基于格林函数（Green's function）和屏蔽库仑势（Screened Coulomb potential）的近似方法，用于计算固体的准粒子能带结构和自能，它通过求解单粒子格林函数和自能来修正 DFT 中的单粒子能级	GW 近似能够更准确地描述固体的能带结构和带隙，特别是在处理强关联体系和半导体时。然而，GW 近似的计算量较大，通常需要较高的计算资源
单电子近似（Single-Electron Approximation）	单电子近似是将多电子问题简化为单电子问题的一种方法。它假设每个电子都在其他电子和原子核产生的平均势场中运动，从而忽略了电子之间的相互作用	单电子近似是量子化学和固体物理学中常用的近似方法，用于计算电子的能级、波函数等性质
动态平均场理论（Dynamical Mean-Field Theory，DMFT）	DMFT 是一种处理强关联电子系统的方法，它将系统划分为局域化的强关联子系统和非局域化的弱关联子系统，并通过自洽迭代求解这两个子系统的性质	DMFT 在描述过渡金属氧化物、重费米子体系等强关联电子材料的性质方面具有重要应用
固定近似（Fixed Approximation，非标准术语，可能指固定原子核位置）	虽然“固定近似”不是一个标准的术语，但可以理解为其含义与绝热近似相似，即固定原子核的位置，只考虑电子的运动。这种近似在绝热近似的基础上进一步简化了问题，因为在实际计算中，原子核的位置往往被当作参数输入	与绝热近似类似，固定近似也用于简化电子结构的计算，特别是在处理特定物理过程时，如电子激发、电子散射等
广义梯度近似（GGA）	GGA 是对 LDA 的改进，它考虑了电子密度梯度对交换关联能的影响。通过引入电子密度的梯度作为额外的变量，GGA 能够更准确地描述电子密度的空间变化对系统性质的影响	GGA 在描述金属、半导体和绝缘体的电子结构时通常比 LDA 更准确，特别是在处理表面、界面和纳米结构等复杂体系时
哈崔-福克方法（Hartree-Fock Method）	哈崔-福克方法是一种基于单电子近似的量子化学计算方法。它考虑了电子之间的交换相互作用，通过自洽场迭代求解单电子方程，得到电子的能级和波函数	哈崔-福克方法广泛应用于原子、分子和固体的电子结构计算，特别是在量子化学领域

续表 3-1

名　称	内　容	用　途
紧束缚近似（Tight-Binding Approximation）	紧束缚近似是一种用于描述晶体中电子行为的近似方法。它假设电子主要被束缚在原子周围，形成所谓的“原子轨道”，而电子在相邻原子间的跳跃（即隧穿效应）则被视为微扰。通过求解紧束缚哈密顿量，可以得到电子的能带结构等性质	紧束缚近似特别适用于描述具有强局域化电子的体系，如半导体和某些绝缘体。在周期性结构计算中，紧束缚近似常用于计算电子的能带结构和光学性质等
近自由电子近似	近自由电子近似假设电子在晶体中几乎像自由电子一样运动，只受到周期性势场的微弱影响，这种近似忽略了电子与离子之间的相互作用以及电子之间的关联效应	近自由电子近似是固体物理中最简单的近似之一，用于理解金属中的电子行为。尽管它忽略了许多重要的物理效应，但在某些情况下仍能给出合理的定性描述
局域密度近似（LDA）	LDA 假设电子密度在空间中是缓慢变化的，因此可以将系统划分为许多小的体积元，每个体积元内的电子密度可以视为常数。在每个体积元内，采用均匀电子气的结果来近似描述该区域的电子性质	LDA 是密度泛函理论（DFT）中最简单的近似之一，广泛用于计算固体的电子结构和总能量。尽管它忽略了电子密度的空间变化对交换关联能的影响，但在许多情况下仍能提供合理的结果
绝热近似（Born-Oppenheimer Approximation）	绝热近似，也称为玻恩-奥本海默近似，是将原子核的运动与电子的运动分开考虑的一种近似方法。它基于原子核的质量远大于电子的质量，因此原子核的运动速度远小于电子的运动速度。在这个近似下，可以认为原子核是静止的，而电子在原子核产生的势场中运动	绝热近似极大地简化了多体问题的处理，使得电子结构的计算成为可能，广泛应用于量子力学、分子物理学、固体物理学等领域
零外场假设	零外场假设是指在计算过程中不考虑外部电场、磁场等外场对系统的影响。这种假设简化了系统的哈密顿量，使得计算更加容易	零外场假设常用于研究系统本身的性质，如能带结构、态密度等，而不考虑外部条件对系统的影响
密度泛函理论（Density Functional Theory，DFT）	密度泛函理论是一种用于计算多电子体系电子结构的理论方法。它将多电子体系的波函数问题转化为求解电子密度的泛函问题，从而大大简化了计算过程。在 DFT 中，电子间的交换和关联作用通过交换-关联泛函来近似描述	DFT 是周期性结构计算中最常用的方法之一，广泛应用于材料科学、化学、物理等领域。它可以计算材料的电子结构、能带结构、光学性质、磁学性质等多种物理量，为材料设计和性能预测提供重要依据
屏蔽交换局域密度近似（Screened Exchange LDA，非标准术语，可能是指某种修正的 LDA）	这种近似可能指的是在 LDA 基础上引入屏蔽效应来修正交换能的方法。屏蔽效应是指电子间的相互作用被其他电子或离子所屏蔽，导致实际感受到的相互作用减弱	通过引入屏蔽效应，可以改进 LDA 对交换能的描述，从而提高计算结果的准确性。然而，这种近似的具体形式和效果可能因不同的实现方式而异

续表 3-1

名　称	内　容	用　途
随机相位近似(Random Phase Approximation, RPA)	RPA 是一种用于计算电子关联效应的方法，它假设电子之间的相互作用可以通过一系列无相互作用的电子响应函数来近似描述	RPA 在描述电子的集体激发（如等离激元）和关联能方面具有重要应用
托马斯-费米近似(Thomas-Fermi Approximation)	托马斯-费米近似是一种在量子力学中用于计算原子或分子中电荷分布及电场的近似方法。它基于均匀电子气模型，假设电子在原子或分子中均匀分布，且彼此间无相互作用。通过求解托马斯-费米方程，可以得到电子的密度分布和其他物理量	主要用于计算原子和分子的总能量、电离能等物理量，以及在教学和理论研究中帮助学生理解量子力学的基本概念。然而，该方法在描述靠近原子核或远离原子核的电子行为时存在局限性
原子价近似(Valence Approximation)	原子价近似是指只考虑原子的价电子，忽略内层电子对系统性质的影响。这种近似基于内层电子对系统性质的贡献相对较小，且在不同化学环境中变化不大的事实	原子价近似广泛应用于化学、材料科学等领域，特别是在研究化学键、化学反应机理等方面
长波近似	长波近似通常用于处理波动方程中的长波长分量，忽略短波长的快速变化部分。在固体物理中，它可能用于简化声子、光子等波动模式的计算	长波近似有助于降低计算复杂度，同时保留波动模式的主要特征。然而，在需要精确描述短波长效应的情况下，这种近似可能不够准确。虽然托马斯-费米近似在周期性结构计算中不直接应用，但其作为量子力学中的一种近似方法，对于理解周期性结构计算中的近似思想有一定帮助
周期性边界条件(Periodic Boundary Conditions, PBCs)	在周期性结构计算中，为了模拟无限大的晶体结构，通常采用周期性边界条件。这意味着在计算单元（如超胞）的边界上，电子和原子的行为被假设为与相邻单元相同，这种近似方法使得计算单元可以代表整个晶体结构	周期性边界条件使得计算过程更加高效，同时保持了晶体结构的周期性特征。它广泛应用于 DFT 计算、分子动力学模拟等领域，是周期性结构计算中不可或缺的一部分
准经典近似	准经典近似将量子力学问题转化为经典力学问题来处理，通常通过引入波粒二象性的概念来实现。在固体物理中，它可能用于描述电子在晶体中的运动轨迹或声子的传播路径	准经典近似有助于直观理解量子力学现象，并在某些情况下提供简化的计算方法。然而，它忽略了量子力学的许多基本特征，如不确定性原理和量子隧穿效应等
原子价近似(Valence Approximation)	原子价近似是指只考虑原子的价电子，而忽略内层电子对系统性质的影响。这种近似基于内层电子对系统性质的贡献相对较小，且在不同化学环境中变化不大的事实	原子价近似广泛应用于化学、材料科学等领域，特别是在研究化学键、化学反应机理等方面

在周期性结构计算中，存在多种近似方法，包括托马斯-费米近似（尽管不直接应用于周期性结构计算）、紧束缚近似、密度泛函理论以及周期性边界条件等。这些方法各有其特点和适用范围，共同构成了周期性结构计算的理论基础。通过合理选择和应用这些近似方法，可以高效地计算周期性结构的各种物理性质，为材料科学、化学、物理等领域的研究提供有力支持。

3.11 结 论

本章综述了周期性结构数值计算中的几种常用近似方法，尽管每种方法都有其优势和局限性，但它们共同促进了材料科学的进步。未来的研究可以集中在改进现有近似的方法，以及开发新的计算技术，以实现更高的计算精度和效率。

尽管这些方法各有优劣，实际应用中往往需要根据具体问题的需求选择合适的近似方法。对于大规模系统，混合使用不同方法的策略也许是更优的选择。

参 考 文 献

[1] KOHN W, SHAM L J. Self-Consistent equations including exchange and correlation effects [J]. Physical Review, 1965, 140 (4A): A1133-A1138.

[2] LOWDIN PER OLOV. Band Theory, Valence Bond, and Tight-Binding calculations [J]. Journal of Applied Physics, 1962, 33 (1): 251.

[3] BARONI S, DE GIRONCOLI S, DAL CORSO A, et al. Phonons and related crystal properties from density functional perturbation theory [J]. Reviews of Modern Physics, 2001, 73 (2): 515-562.

[4] 梁铎强. 电子结构计算研究导论 [M]. 北京：冶金工业出版社，2020.

[5] HALDANE F D M. O(3) Nonlinear σ model and the topological distinction between integer and half-integer quantum hall states [J]. Physical Review Letters, 1988, 61: 201-204.

[6] DREXLER K H. Quantum Mechanics in Solid State Physics [M]. Springer, 2014.

[7] S R S P O D S J H L D S J S. Computational Methods in Quantum Mechanics [M]. Wiley, 2017.

[8] https://max. book118. com/html/2017/0806/126311687. shtm.

4　薛定谔方程在周期性结构中的数值求解——以密度泛函理论为例

薛定谔方程作为量子力学的基础方程之一，在描述粒子行为及其相互作用方面发挥着重要作用。尤其是在周期性结构中，诸如晶体和量子点等系统的研究，对理解固态物理的性质至关重要。本章旨在探讨薛定谔方程在周期性结构中的数值求解方法，包括紧束缚模型、平面波展开法及有限差分法等。通过对不同方法的比较，分析其适用范围和精确度，为后续研究提供参考。

4.1　概　　述

薛定谔方程的基本形式为：

$$i\hbar \frac{\partial \Psi(\boldsymbol{r},t)}{\partial t} = \hat{H}\Psi(\boldsymbol{r},t)$$

式中，$\hat{H}$ 为哈密顿算符。

对于周期性结构，哈密顿算符通常具有周期性特征，导致解的性质具有重要的对称性。研究周期性结构的动力学行为，不仅对基础物理研究具有意义，还对半导体、超导体等材料的应用开发具有重要影响。

4.1.1　能带计算方法的物理思想

能带计算方法的物理思想主要基于量子力学理论，特别是单电子近似理论，旨在研究固体内部电子的运动规律及其与固体宏观性质的关系。

为使问题简化，首先假定固体中的原子核固定不动，并按一定规律做周期性排列。进一步认为每个电子都是在固定的原子实周期势场及其他电子的平均势场中运动，这就把整个问题简化成单电子问题。能带理论就属于这种单电子近似理论，它首先由 F. 布洛赫和 L. N. 布里渊在解决金属的导电性问题时提出。

能带计算以量子力学为基础，利用薛定谔方程等量子力学方程描述电子在固体中的运动状态。然而，由于固体中的电子数量庞大，直接求解多体薛定谔方程几乎不可能，因此需要通过各种近似方法将问题简化为单电子问题。

当原子相互靠近形成晶体时，由于原子间的相互作用，原子的能级会发生分裂，形成由密集能级组成的准连续能带，这些能带反映了电子在晶体中的可能能量状态，如图 4-1 所示。根据电子占据能带的情况，可以将能带分为满带、空带和导带。满带中的电子不能参与导电过程，而导带中的电子则能够导电。

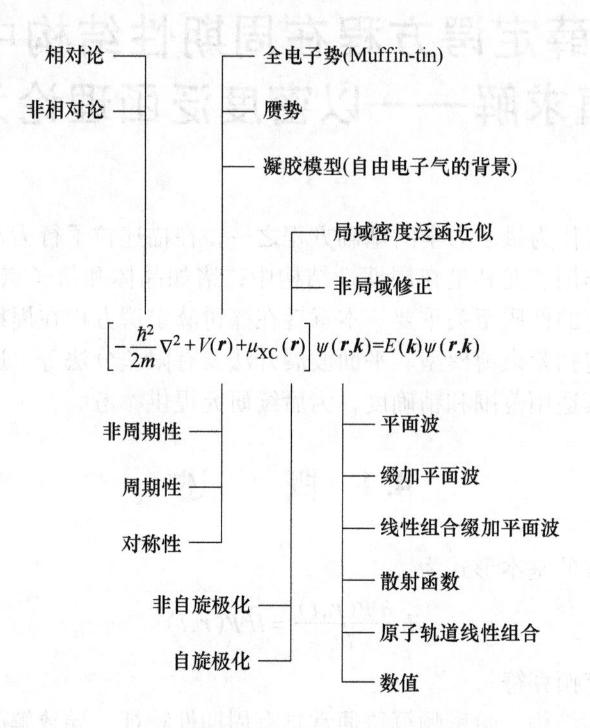

图 4-1　能带计算方法的物理思想

4.1.2　常用方法

为了计算固体的能带结构，科学家们发展了多种计算方法，包括自由电子近似法、紧束缚近似法、正交化平面波法、原胞法、密度泛函理论等，见表 4-1。

表 4-1　常用计算方法概述

名称	思想	流程	优点	缺点
紧束缚方法（Tight-Binding Method）	紧束缚方法基于原子轨道的线性组合（LCAO）来近似描述固体中电子的波函数。它假设电子主要被束缚在原子周围，而原子间的相互作用较弱，因此可以通过将原子轨道叠加起来构建整个晶体的电子态	（1）选择局部化的基函数：通常选择孤立原子的波函数作为基函数。 （2）构建哈密顿量：通过考虑原子间的重叠积分和能量积分，构建出整个晶体的哈密顿量。 （3）对角化哈密顿量：将哈密顿量对角化，求解本征值和本征态，即得到能带结构和电子波函数	计算量相对较小，物理图像清晰，能够直观地描述电子在原子间的跳跃过程。计算效率高，适用于大规模系统和长时间尺度的模拟	对基函数的选择敏感，且难以准确描述电子间的强关联效应，对于高精度要求和复杂系统可能不够准确

续表 4-1

名 称	思 想	流 程	优 点	缺 点
原胞法 (Cellular Method, Wigner-Seitz, 1933)	原胞法通常不是特指某一具体的电子能带结构计算方法，但在广义上，它可能指的是基于原胞（即晶体结构的基本重复单元）的模拟或计算方法。在固体物理中，通过考虑原胞的周期性结构来理解和计算材料的性质是常见的做法	(1) 确定材料的晶体结构，定义原胞。 (2) 根据量子力学原理，在原胞内建立电子的哈密顿量。 (3) 求解薛定谔方程，得到电子的波函数和能量本征值。 (4) 分析能带结构和其他电子性质	概念直观，易于理解晶体结构与电子性质之间的关系。简单直观，适用于周期性材料的基本电子结构计算	对于复杂材料或需要高精度计算的情况，可能不够精确或计算量大
缀加（增广）平面波法 (Augmented Plane Wave Method, APW, Slater, 1937)	缀加平面波法（APW）是一种结合了平面波方法和局部基函数的电子结构计算方法。它通过引入一种所谓的“Muffin-Tin 势”模拟原子核周围的势场，并在此基础上展开电子的波函数。将平面波和局部基函数相结合，以改进平面波法对原子核附近电子的处理	(1) 定义 Muffin-Tin 势，包括球对称的势和间隙部分的常数势。 (2) 在球对称势内解薛定谔方程，得到球简谐解。使用平面波展开描述周期性部分。 (3) 在原子区域内使用局部基函数进行细化。将球简谐解与平面波相乘，形成缀加平面波函数。 (4) 匹配不同区域的波函数，确保在数值和对数微分上的一致性。 (5) 求解能带结构和电子性质，解出 Kohn-Sham 方程	能够较好地描述原子核周围的电子行为，适用于多种材料。提高了平面波方法的精度，特别是在原子核附近	计算复杂，对参数选择敏感，需要较高的计算资源
正交平面波法 (Orthogonalized Plane Wave Method, OPW, Herring, 1940)	在平面波方法的基础上，通过正交化处理，使得平面波基函数之间正交。正交平面波法是一种将价带和导带电子态用平面波展开的方法。通过正交化过程，可以消除平面波之间的冗余，提高计算效率	(1) 将电子态用平面波基展开。 (2) 对平面波基进行正交化处理。 (3) 求解正交化后平面波基下的薛定谔方程。 (4) 分析能带结构和电子性质	改进了平面波方法的精度，计算效率高，处理较复杂的系统时表现较好	计算开销较大，算法实现较复杂。对于某些材料或特定性质，可能不够精确
赝势法 (Pseudopotential, Harrison, 1966)	赝势法通过构造一个平滑的、易于计算的势函数替代原子核周围的复杂势场，从而简化电子结构计算。这种势函数能够较好地描述价电子的行为，同时忽略芯态电子的影响	(1) 构造赝势，通常基于全电子计算的结果。 (2) 使用赝势和价电子进行电子结构计算。 (3) 分析能带结构和电子性质	计算效率高，能够处理大体系。降低计算复杂度，尤其在处理重元素时有优势	无法精确描述芯态电子的行为，对于需要高精度计算的情况可能不适用

4.2 数值求解方法

4.2.1 紧束缚模型

紧束缚模型作为一种有效的近似方法，在描述电子在周期性晶格中的行为时具有显著优势。

周期性结构如晶体，其内部原子或分子的排列具有空间周期性，这种周期性导致了电子波函数和能谱的特殊性。薛定谔方程作为量子力学的基本方程，用于描述电子在周期性势场中的行为。然而，直接求解薛定谔方程往往面临计算复杂度高、解析解难以获得等问题。紧束缚模型作为一种近似方法，通过考虑电子在单个原子或分子附近的局域化行为，以及相邻原子或分子之间的相互作用，将复杂的薛定谔方程简化为可数值求解的形式。

紧束缚模型的基本思想是将每个原子或分子看作是一个独立的势阱，电子主要被束缚在这些势阱内部。在周期性晶格中，相邻势阱之间的电子可以通过隧穿效应发生相互作用。因此，紧束缚模型下的波函数可以表示为各个势阱内波函数的线性组合。

$$\psi(\boldsymbol{r}) = \sum_i c_i \phi_i(\boldsymbol{r} - \boldsymbol{R}_i)$$

式中，$\phi_i(\boldsymbol{r} - \boldsymbol{R}_i)$为位于第 i 个格点 $\boldsymbol{R}_i$ 处的原子或分子的局域波函数；c_i 为展开系数。

将上述波函数代入薛定谔方程，并利用局域波函数的正交性和归一化条件，可以得到关于展开系数 c_i 的线性方程组。进一步简化后，可以得到描述电子在周期性晶格中运动的哈密顿量矩阵，其本征值和本征向量分别对应于电子的能谱和波函数。

数值求解方法在紧束缚模型中，哈密顿量矩阵通常是一个大型稀疏矩阵，其维度等于晶格中的格点数。为了数值求解该矩阵的本征值和本征向量，可以采用多种数值方法，如幂法、雅可比迭代法、共轭梯度法等。对于大型稀疏矩阵，高效的数值库如 ARPACK、LAPACK 等提供了强大的支持。

以一维简单晶格为例，我们考虑每个格点上只有一个能级的紧束缚模型。在该模型中，哈密顿量矩阵可以表示为三对角矩阵，其中对角元素表示格点上的能量，非对角元素表示相邻格点之间的相互作用能。通过数值求解该矩阵的本征值问题，我们可以得到电子的能带结构。进一步地，我们可以考虑更复杂的二维或三维晶格结构，以及包含多个能级的紧束缚模型。在这些情况下，哈密顿量矩阵的维度和复杂度都会显著增加，但紧束缚模型的基本思想和方法仍然适用。通过紧束缚模型的数值求解，可以获得周期性结构中电子的能带结构。这些结果不仅与实验观测相符，而且为理解电子在周期性势场中的行为提供了重要理论。

4.2.2 平面波展开法

平面波展开法常用于处理无限周期性系统，特别适合求解 Bloch 定理下的薛定谔方程。将波函数表示为平面波的叠加形式：

$$\Psi(\boldsymbol{r})=\sum_{\boldsymbol{k}} C_{\boldsymbol{k}}\mathrm{e}^{i\boldsymbol{k}\cdot\boldsymbol{r}}$$

代入薛定谔方程并进行变换，可以得到关于系数 $C_{\boldsymbol{k}}$ 的线性方程组。利用数值线性代数方法求解该方程组，能够高效获得能带结构。

4.2.2.1 能带理论

A 薛定谔方程

晶体由大量原子周期性排列构成，原子由原子核和核外电子组成。由于内层电子不参与晶体的物理过程，因此可认为晶体是由原子最外层电子和失去电子的离子组成的。若用 $\boldsymbol{r}_1,\boldsymbol{r}_2,\boldsymbol{r}_3,\cdots,\boldsymbol{r}_i,\cdots$表示电子的位矢、用 $\boldsymbol{R}_1,\boldsymbol{R}_2,\boldsymbol{R}_3,\cdots,\boldsymbol{R}_j,\cdots$表示失去电子的离子的位矢，则晶体定态薛定谔方程为：

$$\hat{H}\psi=E\psi \tag{4-1}$$

式中，ψ 为波函数；E 为能量本征值；$\hat{H}$ 为哈密顿算符，且：

$$\hat{H}=\hat{T}_{\mathrm{e}}+\hat{T}_{\mathrm{Z}}+\hat{u}_{\mathrm{e}}+\hat{u}_{\mathrm{Z}}+\hat{u}_{\mathrm{eZ}}+\hat{V} \tag{4-2}$$

式中，$\hat{T}_{\mathrm{e}}=\sum_i \hat{T}_i=\sum_i\left(-\frac{\hbar^2}{2m}\nabla_i^2\right)$ 为全部电子的动能算符；m 为电子质量；$\nabla_i^2=\frac{\partial^2}{\partial x_i^2}+\frac{\partial^2}{\partial y_i^2}+\frac{\partial^2}{\partial z_i^2}$为第 i 个电子的拉普拉斯算符；$\hat{T}_{\mathrm{Z}}=\sum_\alpha \hat{T}_\alpha=\sum_\alpha\left(-\frac{\hbar^2}{2M_\alpha}\nabla_\alpha^2\right)$ 为全部离子的动能算符；M_α 为离子质量；∇_α^2为第 α 个离子的拉普拉斯算符；$\hat{u}_{\mathrm{e}}=\frac{1}{2}\sum_{i,j\neq i}\frac{e^2}{4\pi\varepsilon_0|\boldsymbol{r}_i-\boldsymbol{r}_j|}=\frac{1}{2}\sum_{i,j\neq i}\hat{u}_{ij}$ 为电子之间的相互作用能；$\hat{u}_{\mathrm{Z}}=\frac{1}{2}\sum_{\alpha,\beta\neq\alpha}\frac{z_\alpha z_\beta e^2}{4\pi\varepsilon_0|\boldsymbol{R}_\alpha-\boldsymbol{R}_\beta|}=\frac{1}{2}\sum_{\alpha,\beta\neq\alpha}\hat{u}_{\alpha\beta}$为离子之间的相互作用能；$z_\alpha e,z_\beta e$ 分别为 α,β 离子的电荷量；$\hat{u}_{\mathrm{eZ}}=-\sum_{i,\alpha}\frac{z_\alpha e^2}{4\pi\varepsilon_0|\boldsymbol{r}_i-\boldsymbol{R}_\alpha|}=\sum_{i,\alpha}\hat{u}_{i\alpha}$为电子-离子之间的相互作用能；$\overline{V}=V(\boldsymbol{r}_1,\boldsymbol{r}_2,\cdots,\boldsymbol{r}_n,\boldsymbol{R}_1,\boldsymbol{R}_2,\cdots,\boldsymbol{R}_N)$ 为所有电子和离子在外场中的势能。

晶体中原子体密度约为 $5\times10^{22}\ \mathrm{cm}^3$，方程数量过大，就目前的计算资源而言，上述方程不能严格求解，故一般情况下采用单电子近似方法处理。

B 绝热近似与原子价近似法

a 绝热近似

固体是由原子核和核外的电子组成的，在原子核与电子之间、电子与电子之间、原子核与原子核之间都存在着相互作用。从物理学的角度来看，固体是一个多体的量子力学体系，相应的体系哈密顿量可以写成如下形式：

$$H\psi(r,R) = E^{\mathrm{H}}\psi(r,R) \tag{4-3}$$

式中，r、R 分别为所有电子坐标的集合、所有原子核坐标的集合。

在不计外场作用下，体系的哈密顿量包括体系所有粒子（原子核和电子）的动能和粒子之间的相互作用能，即：

$$H = H_{\mathrm{e}} + H_{\mathrm{N}} + H_{\mathrm{e-N}} \tag{4-4}$$

式中，H_{e} 为电子部分的哈密顿量，形式为：

$$H_{\mathrm{e}}(r) = -\sum_i \frac{\hbar^2}{2m}\nabla_{r_i}^2 + \frac{1}{2}\sum_{\substack{i,i' \\ i\neq i'}} \frac{e^2}{|r_i - r_i'|} \tag{4-5}$$

上式的前一项代表电子的动能，后一项表示电子与电子之间的库仑相互作用能，m 是电子的质量。

原子核部分的哈密顿量 H_{N}，可以写成：

$$H_{\mathrm{N}}(R) = -\sum_j \frac{\hbar^2}{2M_j}\nabla_{R_j}^2 + \frac{1}{2}\sum_{\substack{j,j' \\ j\neq j'}} V_{\mathrm{N}}(R_j - R_{j'}) \tag{4-6}$$

原子核与电子的相互作用项可以写成：

$$H_{\mathrm{e-N}}(r,R) = -\sum_{i,j} V_{\mathrm{e-N}}(r_i - r_j) \tag{4-7}$$

对于这样一个多粒子体系要对其实际精确求解是非常困难的，因此对其进行简化和近似是非常必要的。考虑到电子的质量比原子核的质量小很多（约 10^3 个数量级），相对来说，电子的运动速度比核的运动速度要快近千倍。当电子在做高速运动时，原子核只在平衡位置附近缓慢振动，电子能够绝热于原子核的运动。因此，可以将上面的多体问题分成两部分考虑：当考虑电子运动时，原子核要处在它们的瞬时位置上；当考虑原子核运动时，就不需要考虑电子在空间的具体分布。这就是玻恩和奥本海默提出的绝热近似，或称玻恩-奥本海默近似，即玻恩-奥本海默绝热近似。此时，系统的哈密顿量简化为：

$$H = -\sum_i \frac{\hbar^2}{2m}\nabla_{r_i}^2 + \frac{1}{2}\sum_{\substack{i,i' \\ i\neq i'}} \frac{e^2}{|r_i - r_i'|} - \sum_{i,j} V_{\mathrm{e-N}}(r_i - R_j) \tag{4-8}$$

一般地，重粒子（如原子核）与轻粒子（如核外电子）平衡时其平均动能为同一个数量级。由于 $M_\alpha \gg m$，故电子速度远大于核运动速度（约 2 个数量级），从而把晶体中电子的运动同原子核的运动分开加以考虑近似地来说是可以的。这种简化是以原子的整体运动对电子运动的影响比较弱的假定为前提，就好像原子整体运动和电子运动之间不交换能量一样，通常称这种简化为绝热近似。

进一步，如果再假设原子核固定不动，这时核坐标不再是变量，而是以 $\boldsymbol{R}_{10}$，$\boldsymbol{R}_{20}, \cdots, \boldsymbol{R}_{\alpha 0}, \cdots, \boldsymbol{R}_{\mathrm{N}0}$ 的形式出现，表示晶格格点的坐标。这种情况下，核动能为

零，而其相互作用能 $\hat{u}_z$ 是常数，可选为零。此外，若不存在外场，则有 $\hat{V}=0$。

此时，晶体的薛定谔方程可简化为描述固定核场中的电子运动方程：

$$\begin{aligned}\hat{H}\psi_e &= (\hat{T}_e + \hat{u}_e + \hat{u}_{eZ})\psi_e \\ &= \left[\sum_i \left(-\frac{\hbar^2}{2m}\nabla_i^2\right) + \frac{1}{2}\sum_{i,j\neq i}\frac{e^2}{4\pi\varepsilon_0 |\boldsymbol{r}_i - \boldsymbol{r}_j|} - \sum_{i,\alpha}\frac{z_\alpha e^2}{4\pi\varepsilon_0 |\boldsymbol{r}_i - \boldsymbol{R}_\alpha|}\right]\psi_e = E_e\psi_e\end{aligned} \tag{4-9}$$

b　原子价近似

为进一步简化上述方程，采用了所谓的原子价近似。也就是，除了价电子外，所有电子都与其原子核形成固定的离子实。

c　单电子近似——哈特利-福克方法

晶体中含有大量的电子，属多电子体系，体系中的每个电子都要受其他电子的库仑作用。因此即使只研究电子运动的问题，也仍然十分复杂。目前，处理多电子问题的最有效方法是所谓的单电子近似法，即把每个电子的运动分别地单独考虑，单电子近似法也称哈特利-福克法。在该方法中，为了近似地把每个电子的运动分开来处理，采用了适当的简化：在研究一个电子的运动时，其他电子在晶体各处对该电子的库仑作用，按照它们的概率分布，被平均地加以考虑，这种平均考虑是通过引入自洽电子场来完成的。例如：对第 i 个电子，假定借助于外加势场，在任一时刻都能在该电子的位置上施加一个与其他电子的作用相同的势场，记为 Ω_i，则 Ω_i 只与 i 电子的位矢 $\boldsymbol{r}_i$ 有关，可记为 $\Omega_i = \Omega_i(\boldsymbol{r}_i)$，称自洽电子场。对所有其他电子都作相同处理，则有：

$$\sum_i \Omega_i(\boldsymbol{r}_i) = \frac{1}{2}\sum_{i,j\neq i}\hat{u}_{ij} = \frac{1}{2}\sum \frac{e^2}{4\pi\varepsilon_0|\boldsymbol{r}_i - \boldsymbol{r}_j|} \tag{4-10}$$

假定 $\Omega_i(\boldsymbol{r}_i)$ 已知，体系哈密顿算符则可写成：

$$\begin{aligned}\hat{H}_e &= \sum_i -\frac{\hbar^2}{2m}\nabla_i^2 + \frac{1}{2}\sum_{i,j\neq i}\hat{u}_{ij} + \sum_{i,\alpha}\hat{u}_{i,\alpha} \\ &= \sum_i -\frac{\hbar^2}{2m}\nabla_i^2 + \sum_i \Omega_i(\boldsymbol{r}_i) + \sum_i\left(\sum_\alpha \hat{u}_{i,\alpha}\right) = \sum_i \hat{H}_i\end{aligned} \tag{4-11}$$

故对第 i 电子，哈密顿算符为：

$$\hat{H}_i = -\frac{\hbar^2}{2m}\nabla_i^2 + \Omega_i(\boldsymbol{r}_i) + \sum_\alpha \hat{u}_{i\alpha} = -\frac{\hbar^2}{2m}\nabla_i^2 + \Omega_i(\boldsymbol{r}_i) + \hat{u}_i(\boldsymbol{r}_i) \tag{4-12}$$

式中，$\hat{u}_i(\boldsymbol{r}_i)$ 为第 i 电子在所有离子场中的势能；$\Omega_i(\boldsymbol{r}_i)$ 为第 i 电子在所有其他电子场中的势能。

因此，体系本征函数可表示为每个电子波函数的乘积，总能量为每个电子的能量之和。

$$\psi_e(\boldsymbol{r}_1, \boldsymbol{r}_2, \cdots, \boldsymbol{r}_n) = \prod_i \psi_i(\boldsymbol{r}_i) \tag{4-13}$$

$$E_e = \sum_i E_i \tag{4-14}$$

其中，$\psi_i(\boldsymbol{r}_i)$ 和 E_i 满足单电子的薛定谔方程，公式为：

$$\hat{H}_i\psi_i(\boldsymbol{r}_i) = E_i\psi_i(\boldsymbol{r}_i) \tag{4-15}$$

这样通过引入自洽电子场概念就将多电子问题转化为单电子问题了。由于第 i 电子可以是任何电子，故上述单电子方程可一般地表示为：

$$\hat{H}\psi(\boldsymbol{r}) = E\psi(\boldsymbol{r}) \tag{4-16}$$

式中，$\hat{H} = -\frac{\hbar^2}{2m}\nabla^2 + V(\boldsymbol{r})$，$V(\boldsymbol{r}) = \Omega(\boldsymbol{r}) + \hat{u}(\boldsymbol{r})$；$-\frac{\hbar^2}{2m}\nabla^2$为单电子的动能算符；$V(\boldsymbol{r})$为它的势能算符，包含所有其他电子对它的平均库仑作用能和所有离子（原子实）对它的库仑作用能。

对于具体的晶体，只要写出势函数 $V(\boldsymbol{r})$，原则上通过求解薛定谔方程就可找到一系列能量谱值 E 和相应的波函数 $\psi(\boldsymbol{r})$。

d 原子轨道与晶格轨道

晶体中的电子有两种不同类型的单电子波函数，一种称为原子轨道，另一种称为晶格轨道。在原子轨道中，电子未摆脱原子的束缚，基本上绕原子运动，其波函数只在个别原子附近才有较大值。原子轨道适于晶体中的内电子。在晶格轨道中，电子除了绕每个原子运动外，还在原子之间转移，在整个晶体中做共有化运动，其波函数延展于整个晶体。晶格轨道对于外电子比较适合。

通常关心的是晶体中的外电子，一般选择晶格轨道。另外，认为原子都静止在其平衡位置，故外电子的势能 $V(\boldsymbol{r})$ 应具有晶格的对称性，特别是周期性。

e 电子的状态分布

当找到了单个电子所有可能的能量谱值和运动状态后，如果还知道晶体中的大量电子在这些单电子态中的分布情况，则晶体中电子运动问题也就解决了。

电子在状态中的分布问题属于量子统计问题。在热平衡情况下，电子在状态中的分布近似地由费米-狄拉克分布决定。在非平衡情况下也可以找到新的分布函数。

C 布洛赫定理

晶体中单电子波动方程：

$$\left[-\frac{\hbar^2}{2m}\nabla^2 + V(\boldsymbol{r})\right]\psi(\boldsymbol{r}) = E\psi(\boldsymbol{r})$$

中的势函数 $V(\boldsymbol{r})$ 具有晶格的微观对称性，特别是具有晶格的周期性。例如，一维周期性势场中电子势函数的形式如图 4-2 所示。

布洛赫定理可表述为，若 $V(\boldsymbol{r})$ 具有晶格周期性，即 $V(\boldsymbol{r} + \boldsymbol{R}_m) = V(\boldsymbol{r})$，则晶体的薛定谔方程的解一般可以写成下面的布洛赫函数形式：

$$\psi(\boldsymbol{r}) = e^{i\boldsymbol{k}\cdot\boldsymbol{r}}u(\boldsymbol{r}) \tag{4-17}$$

式中，$u(\boldsymbol{r})$ 为具有晶格周期性的函数，即 $u(\boldsymbol{r}+\boldsymbol{R}_{\mathrm{m}})=u(\boldsymbol{r})$；$\boldsymbol{k}$ 为实数，称为波矢量；$\boldsymbol{R}_{\mathrm{m}}$ 为晶格矢量。

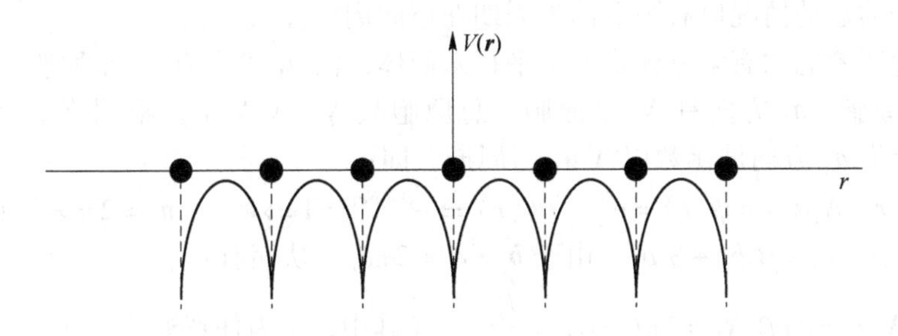

图 4-2 一维周期性势场中电子势函数的形式

布洛赫定理的另一种常见形式为：

$$\psi(\boldsymbol{r}+\boldsymbol{R}_{\mathrm{m}})=\mathrm{e}^{i\boldsymbol{k}\cdot\boldsymbol{R}_{\mathrm{m}}}\psi(\boldsymbol{r}) \tag{4-18}$$

该式表明，周期性势场中的电子波函数 $\psi(\boldsymbol{r})$ 经过任意一个晶格矢量 $\boldsymbol{R}_{\mathrm{m}}$ 平移后，得到波函数 $\psi(\boldsymbol{r}+\boldsymbol{R}_{\mathrm{m}})$，这两个波函数之间只差一个模量为 1 的常数因子。

总之，周期性势场中电子波函数可一般地表示为一个平面波和一个周期性因子的乘积。平面波的波矢量就是实数矢量 $\boldsymbol{k}$，$\boldsymbol{k}$ 可以用来标志电子的运动状态，不同 $\boldsymbol{k}$ 代表不同状态。因此，$\boldsymbol{k}$ 同时也起着量子数作用。为了明确起见，以后在波函数和能量谱值（本征值）上附加一个指标 $\boldsymbol{k}$，即：

$$\psi_{\boldsymbol{k}}(\boldsymbol{r})=\mathrm{e}^{i\boldsymbol{k}\cdot\boldsymbol{r}}u_{\boldsymbol{k}}(\boldsymbol{r}) \tag{4-19}$$

$$E=E(\boldsymbol{k}) \tag{4-20}$$

由式（4-20）可知，欲使电子波无阻尼地在整个晶体中传播，波矢 $\boldsymbol{k}$ 只能取实数值。可以给波函数一个粗略解释：平面波因子 $\mathrm{e}^{i\boldsymbol{k}\cdot\boldsymbol{r}}$ 与自由电子波函数相同，它描述电子在各原胞之间运动；周期性因子 $u_{\boldsymbol{k}}(\boldsymbol{r})$ 则描述电子在单个原胞中的运动，因为它在各原胞之间只是周期性重复。由于 $|\psi_{\boldsymbol{k}}(\boldsymbol{r}+\boldsymbol{R}_{\mathrm{m}})|^2=|\mathrm{e}^{i\boldsymbol{k}\cdot\boldsymbol{R}_{\mathrm{m}}}\psi_{\boldsymbol{k}}(\boldsymbol{r})|^2=|\psi_{\boldsymbol{k}}(\boldsymbol{r})|^2$，这一结果表明，电子在各原胞中的相应点上出现的概率相等。

由于晶体中电子的动量算符 $-i\hbar\nabla=\frac{\hbar}{i}\nabla$ 与 $\hat{H}$ 不可交换，其波函数不是单纯平面波，还有一个周期性因子。波矢 $\boldsymbol{k}$ 与 $\hbar$ 的乘积具有动量的量纲，对于周期性场中运动的电子，通常把 $\hbar\boldsymbol{k}$ 称为电子的"准动量"，用 $\boldsymbol{p}$ 表示：$\boldsymbol{p}=\hbar\boldsymbol{k}$。因此，准动量也称为晶格动量。

D 周期性边界条件

周期性边界条件也叫玻恩-卡门边界条件。由布洛赫定理得知，周期场中电子的波函数可以表示为一个平面波和一个周期性因子的乘积。当考虑到边界条件后，$\boldsymbol{k}$ 要受到限制，只能取断续值。实际晶体的大小总是有限的，电子在表面附近的原胞中所处的环境与内部原胞中的相应位置上的环境是不同的，因而周期性被破坏，这给理论分析带来一定的不便。为了克服这一困难，通常采用玻恩-卡门周期性边界条件：假设一个无限大晶体是由有限晶体周期性重复而生成的，并要求电子的运动情况以有限晶体为周期在空间周期性重复。

设想所考虑的有限晶体是一个平行六面体，沿 $\boldsymbol{a}_1$ 方向有 N_1 个原胞，$\boldsymbol{a}_2$ 方向有 N_2 个原胞，$\boldsymbol{a}_3$ 方向有 N_3 个原胞，总原胞数 $N = N_1N_2N_3$。根据周期性边界条件，要求沿 $\boldsymbol{a}_1$ 方向波函数以 $N_1\boldsymbol{a}_1$ 为周期，即：

$$\psi(\boldsymbol{r}+N_1\boldsymbol{a}_1)=\psi(\boldsymbol{r})=\mathrm{e}^{i\boldsymbol{k}\cdot N\boldsymbol{a}_1}\psi(\boldsymbol{r})\Rightarrow \mathrm{e}^{i\boldsymbol{k}\cdot N\boldsymbol{a}_1}=1\Rightarrow \boldsymbol{k}\cdot N_1\boldsymbol{a}_1=2\pi\times\text{整数}$$

令 $\boldsymbol{k}=\beta_1\boldsymbol{b}_1+\beta_2\boldsymbol{b}_2+\beta_3\boldsymbol{b}_3$，由于 $\boldsymbol{b}_i\cdot\boldsymbol{a}_j=2\pi\delta_{ij}$，从而有：

$$\boldsymbol{k}\cdot N_1\boldsymbol{a}_1=2\pi\beta_1N_1=2\pi l_1\Rightarrow\beta_1=\frac{l_1}{N_1}\qquad(\text{其中，}l_1\text{ 为任意整数，共 }N_1\text{ 个})$$

同理有：

$$\beta_2=\frac{l_2}{N_2},\quad \beta_3=\frac{l_3}{N_3}\qquad(\text{其中，}l_2\text{、}l_3\text{ 为任意整数共有 }N_2\text{、}N_3\text{ 个})$$

从而有：

$$\boldsymbol{k}=\frac{l_1}{N_1}\boldsymbol{b}_1+\frac{l_2}{N_2}\boldsymbol{b}_2+\frac{l_3}{N_3}\boldsymbol{b}_3\tag{4-21}$$

即在周期性边界条件下，$\boldsymbol{k}$ 只能取断续值，从而与这些波矢相应的能量 $E(\boldsymbol{k})$ 也只能取断续值。由式（4-21）决定的波矢 $\boldsymbol{k}$，它们在倒空间的代表点都处在一些以$\frac{\boldsymbol{b}_1}{N_1}$、$\frac{\boldsymbol{b}_2}{N_2}$、$\frac{\boldsymbol{b}_3}{N_3}$为三条边的平行六面体的顶角上。在倒空间中，每个波矢 $\boldsymbol{k}$ 代表点所占的体积为：

$$\frac{\boldsymbol{b}_1}{N_1}\cdot\left(\frac{\boldsymbol{b}_2}{N_2}\times\frac{\boldsymbol{b}_3}{N_3}\right)=\frac{\Omega^*}{N_1N_2N_3}=\frac{(2\pi)^3/\Omega}{N}=\frac{(2\pi)^3}{N\Omega}=\frac{(2\pi)^3}{V}\tag{4-22}$$

式中，V 为整个有限晶体的体积。

因此，单位倒空间中的波矢数为$\frac{V}{(2\pi)^3}$，该值即为 $\boldsymbol{k}$ 的代表点在倒空间中的分布密度。于是每个倒原胞中 $\boldsymbol{k}$ 的代表点数为：

$$\frac{\Omega^*V}{(2\pi)^3}=\frac{(2\pi)^3N\Omega}{(2\pi)^3\Omega}=N\tag{4-23}$$

即：在每个倒原胞中，$\boldsymbol{k}$ 的代表点数与晶体的总原胞数 N 相等，这是由周期性边界条件导出的一个重要结论。每个波矢 $\boldsymbol{k}$ 代表电子在晶体中的一个空间运动状态（量子态），从而波矢量在 $\mathrm{d}\boldsymbol{k}=\mathrm{d}k_x\mathrm{d}k_y\mathrm{d}k_z$ 范围内的电子状态数为：

$$\frac{V}{(2\pi)^3}\mathrm{d}\boldsymbol{k}=\frac{V}{(2\pi)^3}\mathrm{d}k_x\mathrm{d}k_y\mathrm{d}k_z\tag{4-24}$$

E 能带及其一般特性

a 能带

能带是晶体中电子运动的波函数为布洛赫函数，公式为：

$$\psi_{\boldsymbol{k}}(\boldsymbol{r}) = \mathrm{e}^{i\boldsymbol{k}\cdot\boldsymbol{r}} u_{\boldsymbol{k}}(\boldsymbol{r})$$

给定一个 $\boldsymbol{k}$，则平面波部分就确定下来了。为确定 $u_{\boldsymbol{k}}(\boldsymbol{r})$，需解波动方程：

$$\hat{H}\psi_{\boldsymbol{k}}(\boldsymbol{r}) = \left[-\frac{\hbar^2}{2m}\nabla^2 + V(\boldsymbol{r})\right]\psi_{\boldsymbol{k}}(\boldsymbol{r}) = E(\boldsymbol{k})\psi_{\boldsymbol{k}}(\boldsymbol{r}) \tag{4-25}$$

由

$$\left[-\frac{\hbar^2}{2m}\nabla^2 + V(\boldsymbol{r})\right]\mathrm{e}^{i\boldsymbol{k}\cdot\boldsymbol{r}} u_{\boldsymbol{k}}(\boldsymbol{r}) = E(\boldsymbol{k})\mathrm{e}^{i\boldsymbol{k}\cdot\boldsymbol{r}} u_{\boldsymbol{k}}(\boldsymbol{r})$$

$$\Rightarrow \left[-\frac{\hbar^2}{2m}(\nabla^2 + i2\boldsymbol{k}\cdot\nabla - k^2) + V(\boldsymbol{r})\right]u_{\boldsymbol{k}}(\boldsymbol{r}) = E(\boldsymbol{k})u_{\boldsymbol{k}}(\boldsymbol{r})$$

$$\Rightarrow \left[\frac{\hbar^2}{2m}\left(\frac{1}{i}\nabla + \boldsymbol{k}\right)^2 + V(\boldsymbol{r})\right]u_{\boldsymbol{k}}(\boldsymbol{r}) = E(\boldsymbol{k})u_{\boldsymbol{k}}(\boldsymbol{r}) \tag{4-26}$$

式中，$u_{\boldsymbol{k}}(\boldsymbol{r})$ 为所满足的微分方程，且有 $u_{\boldsymbol{k}}(\boldsymbol{r}+\boldsymbol{R}_{\mathrm{m}}) = u_{\boldsymbol{k}}(\boldsymbol{r})$。

对于给定的问题，$V(\boldsymbol{r})$ 是一定的，当 $\boldsymbol{k}$ 给定后，微分方程的形式便确定了。一般来说，对于这种性质的本征方程，可以有很多个分离的能量谱值：

$$E_1(\boldsymbol{k}), E_2(\boldsymbol{k}), \cdots, E_n(\boldsymbol{k}), \cdots \tag{4-27}$$

将这些能量谱值分别代入微分方程，则可解出与其相应的函数 $u_{\boldsymbol{k}}(\boldsymbol{r})$ 为

$$u_{1,\boldsymbol{k}}(\boldsymbol{r}), u_{2,\boldsymbol{k}}(\boldsymbol{r}), \cdots, u_{n,\boldsymbol{k}}(\boldsymbol{r}), \cdots \tag{4-28}$$

这些函数乘上平面波因子 $\mathrm{e}^{i\boldsymbol{k}\cdot\boldsymbol{r}}$ 就得到相应的波函数：

$$\psi_{1,\boldsymbol{k}}(\boldsymbol{r}), \psi_{2,\boldsymbol{k}}(\boldsymbol{r}), \cdots, \psi_{n,\boldsymbol{k}}(\boldsymbol{r}), \cdots \tag{4-29}$$

以上关系可简写为：

$$\begin{cases} E_n(\boldsymbol{k}) \\ \psi_{n,\boldsymbol{k}}(\boldsymbol{r}) = \mathrm{e}^{i\boldsymbol{k}\cdot\boldsymbol{r}} u_{n,\boldsymbol{k}}(\boldsymbol{r}) \qquad (n = 1, 2, 3, \cdots) \end{cases} \tag{4-30}$$

晶体中电子能谱值 $E_n(\boldsymbol{k})$ 具有以下性质：

(1) $E_n(-\boldsymbol{k}) = E_n(\boldsymbol{k})$，即 $E_n(\boldsymbol{k})$ 具有反演对称性。特别地，对一维情况，$E_n(\boldsymbol{k})$ 为偶函数。

(2) $E_n(\boldsymbol{k}+\boldsymbol{K}_l) = E_n(\boldsymbol{k})$，$\boldsymbol{K}_l$ 为倒格矢，$\boldsymbol{K}_l = l_1\boldsymbol{b}_1 + l_2\boldsymbol{b}_2 + l_3\boldsymbol{b}_3$，这是因为 $\boldsymbol{k}$ 与 $\boldsymbol{k}+\boldsymbol{K}_l$ 的物理意义是等价的。

因此，晶体中电子运动状态和相应的能量谱值需要用两个量子数 n 和 $\boldsymbol{k}$ 标志。

由于 $\boldsymbol{k} = \frac{l_1}{N_1}\boldsymbol{b}_1 + \frac{l_2}{N_2}\boldsymbol{b}_2 + \frac{l_3}{N_3}\boldsymbol{b}_3$ 取分立值，故 $E_n(\boldsymbol{k})$ 为准连续的能带，即 $E_n(\boldsymbol{k})$ 与 $\boldsymbol{k}$ 的变化关系为准连续的。指标 n 是能带的标号，不同的 n，相应于不同的能带 $E_n(\boldsymbol{k})$；$\boldsymbol{k}$ 是每个能带中不同状态和能级的标号，每个 $\boldsymbol{k}$ 又由倒空间中一个点来表示，该点就是把矢量 $\boldsymbol{k}$ 的始点置于原点时其末端所指的点子。对于每个能带而言，倒空间中的一点可代表一个单电子状态和能级，这样的 $\boldsymbol{k}$ 点数目为 N 个。

图 4-3 给出了一维情况下准自由电子的能带结构：$E_n(\boldsymbol{k}) = \frac{\hbar^2 k^2}{2m}$。

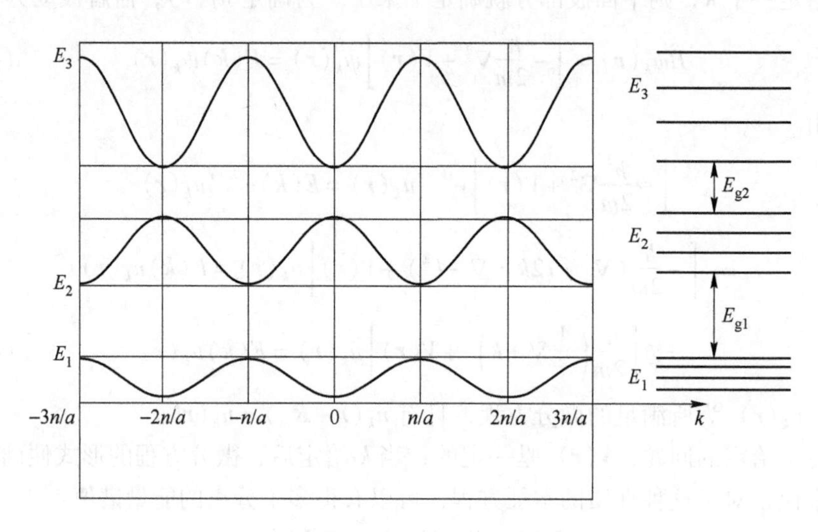

图 4-3 一维准电子的能带结构示意图

b 平面波

平面波是自由电子气的本征函数，由于金属中离子芯与类似的电子气有很小的作用，因此很自然的选择是用它描述简单金属的电子波函数。众所周知，最简单的正交、完备的函数集是平面波 $\exp[i(k+\overline{G})\cdot r]$，这里 $\overline{G}$ 是原胞的倒格矢。根据晶体的空间平移对称性，布洛赫定理证明，能带电子的波函数 $\psi(\overline{r},k)$ 总是能够写成：

$$\psi(\overline{r},k)=\mu(\overline{r})\exp(ik\cdot\overline{r}) \tag{4-31}$$

式中，k 为电子波矢；$\mu(\overline{r})$ 为具有晶体平移周期性的周期函数。

对于理想晶体的计算，这是很自然的，因为其哈密顿量本身具有平移对称性，只要取它的一个原胞就行了。对于无序系统（如无定型结构的固体或液体）或表面、界面问题，只要把原胞取得足够大，以至于不影响系统的动力学性质，还是可以采用周期性边界条件的。因此，这种利用平移对称性计算电子结构的方法，对有序和无序系统都是适用的。采用周期性边界条件后，单粒子轨道波函数可以用平面波基展开为：

$$\psi(\overline{r})=\frac{1}{\sqrt{N\Omega}}\sum_{G}\mu(\overline{G})\exp[i(\overline{K}+\overline{G})\cdot\overline{r}] \tag{4-32}$$

式中，$1/\sqrt{N\Omega}$ 为归一化因子；Ω 为原胞体积，$\overline{G}$ 为原胞的倒格矢；$\overline{K}$ 为第一布里渊区的波矢；$\mu(\overline{G})$ 为展开系数。

布洛赫定理表明，在对真实系统的模拟中，由于电子数目的无限性，$\overline{K}$ 矢量的个数从原则上讲是无限的，每个 $\overline{K}$ 矢量处的电子波函数都可以展开成离散的平面波基组形式，这种展开形式包含的平面波数量是无限多的。基于计算成本的考虑，实际计算中只能取有限个平面波数。采用的具体办法是，一方面由于 $\psi(\overline{r})$ 随 $\overline{K}$ 点的变化在 $\overline{K}$ 点附近是可以忽略的，因此可以使用 $\overline{K}$ 点取样通过有限个 $\overline{K}$ 点进行计算。另一方面，为了得到对波函数的准确表示，$\overline{G}$ 矢量的个数也应该是无限的，但由于对有限个数的 $\overline{G}$ 矢量求和已经能够达到足够的准确性，因此对 $\overline{G}$ 的求和可以截断成有限的。给定一个截断能：

$$E_{\text{cut}} = \frac{\hbar^2 (\overline{G} + \overline{K})^2}{2m} \tag{4-33}$$

对 $\overline{G}$ 的求和可以限制在（$\overline{G}+\overline{K})^2/2 \leqslant E_{\text{cut}}$ 的范围内，即要求用于展开波函数的能量小于 E_{cut}。当 $\overline{K}=0$ 时，即在 Γ 点，有很大的计算优势，因为这时波函数的相因子是任意的，就可以取实的单粒子轨道波函数。这样，对傅里叶系数满足关系式 $\mu_l(-\overline{G}) = \mu_l^*(\overline{G})$，利用这一点，就可以节约不少的计算时间。

c 对于非金属需要修正平面波法采用的模型

（1）赝势引入。平面波函数作为展开基组具有很多优点，然而截断能的选取与具体材料体系密切相关。由于原子核与电子的库仑相互作用在靠近原子核附近具有奇异性，导致在原子核附近电子波函数将剧烈振荡。因此，需要选取较大的截断能量才能正确反映电子波函数在原子核附近的行为，这势必大大地增加计算量。另外，在真正反映分子或固体性质的原子间成键区域，其电子波函数较为平坦。基于这些特点，将固体看作价电子和离子实的集合体，离子实部分由原子核和紧密结合的芯电子组成，价电子波函数与离子实波函数满足正交化条件，由此发展出所谓的赝势方法。1959 年，基于正交化平面波方法，菲利普斯和克兰曼提出了赝势的概念，基本思路是：适当选取一平滑赝势，波函数用少数平面波展开，使计算出的能带结构与真实的接近。换句话说，使电子波函数在原子核附近表现更为平滑，而在一定范围以外又能正确反映真实波函数的特征，如图 4-4 所示。

所谓赝势，即在离子实内部用假想的势取代真实的势，求解波动方程时，能够保持能量本征值和离子实之间区域的波函数不变。原子周围的所有电子中，基本上仅有价电子具有化学活性，而相邻原子的存在和作用对芯电子状态影响不大。这样，对一个由许多原子组成的固体，坐标空间根据波函数的不同特点可分成两部分（假设存在某个截断距离 r_c）。1）r_c 以内的核区域，即是所谓的芯区。波函数由紧束缚的芯电子波函数组成，对周围其他原子是否存在不敏感，即与近邻原子的波函数相互作用很小；2）r_c 以外的电子波函数（称为价电子波函数）承担周围其他原子的作用而变化明显。

（2）原子赝势。全电子 DFT 理论处理价电子和芯电子时采取等同对待，而

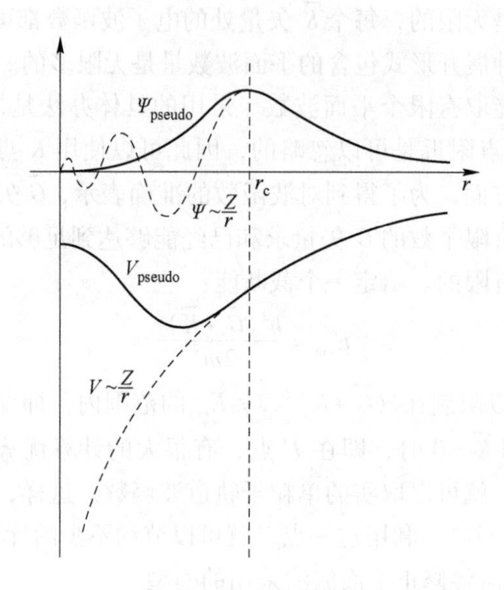

图 4-4　赝波函数与势

在赝势中离子芯电子是被冻结的，因此采用赝势计算固体或分子性质时认为芯电子是不参与化学成键的，在体系结构进行调整时也不涉及离子的芯电子。在赝势近似中用较弱的赝势替代芯电子所受的强烈库仑势，得到较平缓的赝波函数，此时只需考虑价电子；在不影响计算精度情况下，可以大大降低体系相应的平面波截断能 E_{cut}，从而降低计算量。图 4-5 为 Si 原子的赝势示意图。赝原子用于描述真实原子自身性质时是不正确的，但是它对原子-原子之间相互作用的描述是近似正确的。近似程度的好坏，取决于截断距离 r_c 的大小。r_c 越大，赝波函数越平缓，与真实波函数的差别越大，近似带来的误差越大；反之，r_c 越小，与真实波函数相等的部分就越多，近似引入的误差就越小。

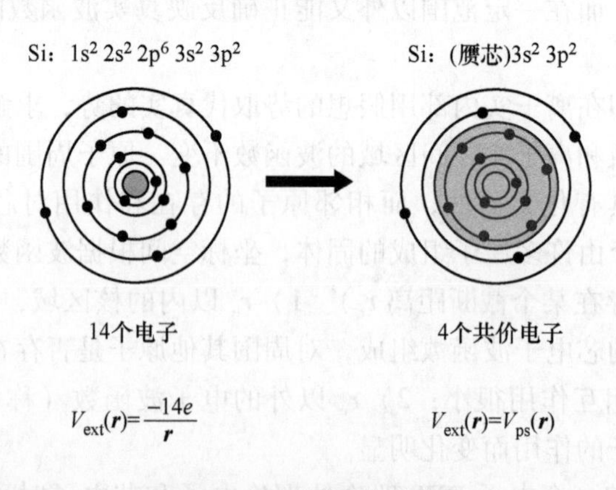

图 4-5　Si 原子赝势示意图

可将真实价波函数 $\psi_n(\bar{r},\bar{k})$ 看作是由赝势波函数 $\lambda_n(\bar{r},\bar{k})$ 和内层波函数 $\phi_J(\bar{r},\bar{k})$ 线性组合，即：

$$\psi_n(\bar{r},\bar{k}) = \lambda_n(\bar{r},\bar{k}) - \sum_J \sigma_{nJ}(\bar{k})\phi_J(\bar{r},\bar{k}) \tag{4-34}$$

式中，系数 $\sigma_{nJ}(\bar{k})$ 可由正交条件 $\int \mathrm{d}\bar{r}'\phi_J^*(\bar{r},\bar{k})\psi_n(\bar{r},\bar{k}) = 0$ 确定，即：

$$\sigma_{nJ}(\bar{k}) = \int \mathrm{d}\bar{r}'\phi_J^*(\bar{r},\bar{k})\lambda_n(\bar{r},\bar{k})$$

联合真实波函数 $\psi_n(\bar{r},\bar{k})$ 所满足的薛定谔方程：

$$[T + V(\bar{r})]\psi_n(\bar{r},\bar{k}) = E_n(\bar{k})\psi_n(\bar{r},\bar{k})$$

可得到赝波函数满足如下方程：

$$[T + U_{\mathrm{ps}}]\lambda_n(\bar{r},\bar{k}) = E_n(\bar{k})\lambda_n(\bar{r},\bar{k})$$

$$U_{\mathrm{ps}}\lambda_n(\bar{r},\bar{k}) = V(\bar{r})\lambda_n(\bar{r},\bar{k}) + \int \mathrm{d}\bar{r}'V_R(\bar{r},\bar{r}')\lambda_n(\bar{r}',\bar{k}) \tag{4-35}$$

式中，$V_R(\bar{r},\bar{r}') = \sum_J \phi_J^*(\bar{r}',\bar{k})[E_n(\bar{k}) - E_J]\phi_J(\bar{r}',\bar{k})$，$U_{\mathrm{ps}}$称为原子赝势。

根据密度泛函理论，原子赝势包括离子赝势 $U_{\mathrm{ps}}^{\mathrm{ion}}$、价电子库仑势和交换-相关势：$U_{\mathrm{ps}} = U_{\mathrm{ps}}^{\mathrm{ion}} + V_H^{\mathrm{ps}}(\bar{r}) + V_{xc}(\bar{r})$，其中后两项 $V_H^{\mathrm{ps}}(\bar{r})$ 和 $V_{xc}(\bar{r})$ 可以从真实电荷密度计算，此时等于对应的全电子势 $V(\bar{r})$ 和 V_{xc}。

由此可知，赝势应具有以下特征：

(1) 赝波函数和真实波函数具有完全相同的能量本征值 $E_n(\bar{k})$，这是赝势方法的重要特点；

(2) 赝势第二项是排斥势，与真实的吸引势有相消趋势，因此比真实势弱；

(3) 赝势包括局域项，其中非局域项同时与 $\bar{r}$ 和 $\bar{r}'$处的赝波函数 $\lambda_n(\bar{r},\bar{k})$ 和 $\lambda_n(\bar{r}',\bar{k})$ 有关，而且依赖于能量本征值 $E_n(\bar{k})$。

4.2.2.2 HK 定理和 KS 方程

密度泛函理论的基本理论基础是霍恩伯格和科恩提出的非均匀电子气理论的第一、第二定理。

A HK 定理

1964 年，霍恩伯格和科恩基于非均匀电子气理论，证明了以下两个定理。

定理一： 对于处于外势 $V(\boldsymbol{r})$ 中的多电子系统，其基态的电子密度分布与体系所处外势场存在一一对应关系，因此可以确定体系的所有性质。

定理一又可以表述为：基态分子的电子性质是电子密度的泛函。

定理一表明，处于外势 $V_{\mathrm{ext}}(\boldsymbol{r})$ 中不计自旋的电子体系，不可能存在另外一个外势。$V'_{\mathrm{ext}}(\boldsymbol{r})$ 也有相同的密度函数，即其外势 $V_{\mathrm{ext}}(\boldsymbol{r})$ 可由电子密度唯一决定。此时系统的哈密顿量 $H = T + V + U$，这里 T 为电子动能、V 为外势、U 为电子相互作用势。在不同体系的哈密顿量 H 中，外势 V 是不一样的，而电子动能 T 和电子相互作用势 U 的表达式是相同的。因此只要外势确定，体系的哈密顿量 H 也就确定了。根据公式 $H\Psi = E\Psi$，只要 H 是确定的，系统的波函数也确定，也可以说电子密度决定了系统波函数的所有性质。

这里的“唯一”代表唯一，或至多差一个常数值；若基态为非简并态，此定理证明如下：

设 $n(\boldsymbol{r})$ 为基态电子密度，电子数为 N，外位为 $V_1(\boldsymbol{r})$，系统的基态为 $\Psi_1(\boldsymbol{r})$，而能量为 E_1，则：

$$E_1 = \langle \Psi_1, H_1\Psi_1 \rangle = \int V_1(\boldsymbol{r})n(\boldsymbol{r})\mathrm{d}\boldsymbol{r} + \langle \Psi_1, (T+U)\Psi_1 \rangle$$

式中，T、U 分别为动能及电子间的作用位能。

现若有另一外位 $V_2(\boldsymbol{r})$，其对应的基态为 $\Psi_2(\boldsymbol{r})$，其中 $V_2(\boldsymbol{r}) \neq V_1(\boldsymbol{r}) +$ const，而：

$$\Psi_2(\boldsymbol{r}) \neq \mathrm{e}^{i\theta}\Psi_1(\boldsymbol{r})$$

但 $\Psi_1(\boldsymbol{r})$ 与 $\Psi_2(\boldsymbol{r})$ 给出相同的密度 $n(\boldsymbol{r})$，则有：

$$E_2 = \langle \Psi_2, H_2\Psi_2 \rangle = \int V_2(\boldsymbol{r})n(\boldsymbol{r})\mathrm{d}\boldsymbol{r} + \langle \Psi_2, (T+U)\Psi_2 \rangle$$

现因 $\Psi_1(\boldsymbol{r})$ 为非简并，由 Rayleigh-Rirz 原理得：

$$E_1 < \langle \Psi_2, H_1\Psi_2 \rangle = \int V_1(\boldsymbol{r})n(\boldsymbol{r})\mathrm{d}\boldsymbol{r} + \langle \Psi_2, (T+U)\Psi_2 \rangle$$
$$= E_2 + \int [V_1(\boldsymbol{r}) - V_2(\boldsymbol{r})]n(\boldsymbol{r})\mathrm{d}\boldsymbol{r}$$

同样方式可以证明

$$E_2 \leqslant \langle \Psi_1, H_2\Psi_1 \rangle = E_1 + \int [V_2(\boldsymbol{r}) - V_1(\boldsymbol{r})]n(\boldsymbol{r})\mathrm{d}\boldsymbol{r}$$

以上两式相加得到：

$$E_1 + E_2 < E_1 + E_2$$

这个矛盾的结论表示，一开始的假设不成立，亦即不可能存在不同（或仅相差一个常数）的 $V_1(\boldsymbol{r})$ 与 $V_2(\boldsymbol{r})$，而给出同一电子密度 $n(\boldsymbol{r})$。对于非简并基态的证明，亦于 1985 年由科恩完成。由于 $n(\boldsymbol{r})$ 可决定 N 以及 $V(\boldsymbol{r})$，系统的哈密顿量 H 也因此决定，所有可由 H 导出的物理量也因而由 $n(\boldsymbol{r})$ 决定。

定理二：（HK 变分定理）：对于任意的函数 $\rho'(r)$，若满足条件：$\rho'(r) \geqslant 0$，$\int \rho'(r)\mathrm{d}r = N$，则 $E[\rho'(r)] \geqslant E_0$，$N$ 是体系包含的电子数，E_0 是体系基态能量。

由定理一可知，体系总能量 $E[\rho]$、动能 $T[\rho]$，电子间相互作用能 $E_{\mathrm{ee}}[\rho]$ 都是 $\rho(r)$ 的泛函，且有：

$$E[\rho] = T[\rho] + E_{\mathrm{ee}}[\rho] + \int \rho(r)V(r)\mathrm{d}r = F[\rho] + \int \rho(r)V(r)\mathrm{d}r$$

式中，$F[\rho]=T[\rho]+E_{ee}[\rho]$，$F[\rho]$ 与外势场 $V(r)$ 无显著关系，为普适性密度泛函。

定理二为计算体系基态能量和电子密度分布提供了一种变分计算方法，按照拉格朗日不定乘子变分方法，得欧拉-拉格朗日方程为：

$$\mu=\frac{\delta E[\rho]}{\delta\rho}=V(r)+\frac{\delta F[\rho]}{\delta\rho}$$

其中，$F[\rho]$ 与外势 $V(r)$ 无关，是一个 $\rho(r)$ 的普适性泛函。如果能够找到它的近似形式，欧拉-拉格朗日方程就可将用于任何体系，因此此式是密度泛函理论的基本方程。

然而，霍恩伯格-科恩定理虽然明确了可以通过求解基态电子密度分布函数得到系统的总能量，但并没有说明如何确定电子密度分布函数 $\rho(r)$、动能泛函 $T[\rho]$ 和电子间相互作用泛函 $E_{ee}[\rho]$，直到 1965 年科恩-沈方程的提出，才真正将密度泛函理论引入实际应用。

定理二表明：对于给定的外势，系统基态能量即能量泛函 $E(n'(r))$ 的极小值。对于不计自旋的全同电子体系，其能量泛函 $E(n'(r))$ 可写为：

$$E(n'(r))=\int V(r)n'(r)\mathrm{d}r+T[n'(r)]+\frac{e^2}{2}\iint\frac{Cn'(r)}{|r-r'|}\mathrm{d}r\mathrm{d}r'+E_{xc}[n(r)] \tag{4-36}$$

其中，第一项是电子在外势场中的势能，第二项表示无相互作用电子气的动能，第三项是电子间的库仑作用能，第四项是电子间的交换-相关能。定理二的基本点是在粒子数不变条件下求能量对密度函数的变分，就可以得到体系基态的能量 $E(n)$。但是，霍恩伯格-科恩定理中还存在一些不足之处：

(1) 电子密度分布函数 $n'(r)$ 的具体形式不明确；

(2) 无相互作用电子气的动能泛函 $T[n'(r)]$ 不知道；

(3) 电子间的交换-相关能泛函 $E_{xc}[n(r)]$ 不清楚。

针对前两个问题可以用科恩-沈方程解决，第三个问题通常是采用各种近似得到电子间的交换关联能。

B KS 方程

1965 年，科恩和沈提出了这样一个假设：体系的电荷密度可以用电子波函数构造。此时电荷密度：

$$n(r)=\sum_{i=1}^{N}|\Psi_i(r)|^2 \tag{4-37}$$

这样前面遇到的问题就可以顺利解决了。将 $\Psi_i(r)$ 代到式 (4-16) 变形成；

$$E[n(r)]=T_o[n(r)]+\int n(r)V_{\mathrm{ext}}(r)\mathrm{d}r+E_h[n(r)]+E_{xc}[n(r)] \tag{4-38}$$

其中，$T_o[n(r)]=-\frac{\hbar^2}{2m_e}\sum_{i=1}^{N}\langle\Psi_i|\nabla^2|\Psi_i\rangle$，$E_h[n(r)]=\frac{1}{2}\iint\frac{n(r)n(r')}{r-r'}\mathrm{d}r\mathrm{d}r'$。

虽然 $E_{xc}[n(r)]$ 与电子密度 $n(r)$ 之间的函数表达式不知道，但是科恩和沈成功地将多电子体系的薛定谔方程问题简单地归结为单电子在周期性势场中运动的单电子方程。此时，只要求解在周期性势场 N 个无相互作用的单电子方程：

$$\left[-\frac{\hbar^2}{2m}\nabla^2+V_{\mathrm{KS}}[n(r)]\right]\Psi_i(r)=\varepsilon_i\Psi_i(r) \tag{4-39}$$

其中，$V_{\mathrm{KS}}=V[n(r)]+\dfrac{\delta E_h[n(r)]}{\delta n(r)}+\dfrac{\delta E_{xc}[n(r)]}{\delta n(r)}$。

根据科恩-沈的本征值 ε_i，体系的总能量可写成：

$$E=\sum_i^N\varepsilon_i-\frac{1}{2}\iint\frac{n(r)n(r')}{r-r'}\mathrm{d}r\mathrm{d}r'-\int V_{xc}[n(r)]n(r)\mathrm{d}r+E_{xc}[n(r)] \tag{4-40}$$

需要注意的是，科恩-沈方程中本征值没有实际的物理意义。唯一的例外是体系的最高占据轨道，它的本征值对应于体系的离子化能。

下面和实际的轨道联系起来，假想存在一个电子间无相互作用的参考体系，其电子密度与实际体系的电子密度一致。

(1) 引入 KS 轨道，$\{\theta_i\}$ 为正交归一：

$$\hat{H}_{\mathrm{KS}}\varphi_i=\left[-\frac{1}{2}\nabla_1^2+\hat{\nu}_{\mathrm{s}}(1)\right]\theta_i(1)=\varepsilon_i\theta_i(1)$$

其中，$\hat{\nu}_{\mathrm{s}}(1)=V(r)+\displaystyle\int\frac{\rho(r')}{|r-r'|}\mathrm{d}r'+V_{xc}(r)$；$V_{xc}(r)=\dfrac{\delta E_{xc}[\rho]}{\delta\rho(r)}$，$V_{xc}(r)$ 称为交换相关势，由 $E_{xc}[\rho]$ 求出，求得科恩-沈方程即可得基态电子密度 $\rho(r)$ 和能量 $E(\rho)$。

(2) 自旋 KS 轨道：$u_i=\theta_i\eta_i$，$\eta_i=\alpha,\beta$，则假想体系的状态可以取为 Slater 行列式波函数：$\Psi_0=|u_1u_2\cdots u_N\rangle$，值得注意的是，KS 轨道是假想的单电子态，其物理意义为 $\rho=\sum\limits_{i=1}^N|\theta_i|^2$。

假想体系（科恩-沈体系）的能量泛函为：

$$E[\rho]=T[\rho]+V_{eN}[\rho]+V_{ee}[\rho]$$

其中，$T[\rho]=\overline{T}[\rho]+\Delta T[\rho]$，$V_{eN}[\rho]=-\sum\limits_\alpha Z_\alpha\displaystyle\int\frac{\rho(\boldsymbol{r}_1)}{r_{1\alpha}}\mathrm{d}\boldsymbol{r}_1$，$V_{ee}[\rho]=\dfrac{1}{2}\displaystyle\iint\frac{\rho(\boldsymbol{r}_1)\rho(\boldsymbol{r}_2)}{r_{12}}\mathrm{d}\boldsymbol{r}_1\mathrm{d}\boldsymbol{r}_2+$非经典项，前一项是经典库仑排斥项（哈特利项），二分之一是为了避免重复计算，因此有：

$$E[\rho]=\overline{T}[\rho]-\sum_\alpha Z_\alpha\int\frac{\rho(\boldsymbol{r}_1)}{r_{1\alpha}}\mathrm{d}\boldsymbol{r}_1+\frac{1}{2}\iint\frac{\rho(\boldsymbol{r}_1)\rho(\boldsymbol{r}_2)}{r_{12}}\mathrm{d}\boldsymbol{r}_1\mathrm{d}\boldsymbol{r}_2+E_{xc}[\rho]$$

其中，$E_{xc}[\rho]$ 称为交换-相关能（交换-相关泛函），包括 V_{ee} 中的非经典项，以及实际体系与假想体系的动能之差。它与外势无关，是电子密度的一个普适性泛函。

若泛函 $E_{xc}[\rho]$ 已知，则可以从 ρ 求基态能量 E_0。而 ρ 可由 θ_i 决定，因此问题归结为求 KS 轨道 θ_i。

KS 方程为：

$$\left[-\frac{1}{2}\nabla_1^2-\sum_{\alpha}\frac{Z_\alpha}{r_{1\alpha}}+\int\frac{\rho(2)}{r_{12}}\mathrm{d}\boldsymbol{r}_2+\hat{\nu}_{xc}(1)\right]\theta_i(1)=\varepsilon_i\theta_i(1)$$

因 E_{xc} 是电子密度 ρ 的泛函，它对 ρ 的泛函导数也是 ρ 的泛函，而 ρ 是 x、y、z 的函数，因此交换-相关势可表示为坐标的函数。

$$\nu_{xc}(\boldsymbol{r})=\nu_{xc}[\rho]=\nu_{xc}(\rho(\boldsymbol{r}))$$

KS 方程的等价形式：

$$\hat{h}^{\mathrm{KS}}(1)\theta_i(1)=\varepsilon_i^{\mathrm{KS}}\theta_i(1)$$

其中，$\hat{h}^{\mathrm{KS}}(1)=-\frac{1}{2}\nabla_1^2-\sum_{\alpha}\frac{Z_\alpha}{r_{1\alpha}}+\int\frac{\rho(2)}{r_{12}}\mathrm{d}\boldsymbol{r}_2+\hat{\nu}_{xc}(1)$。$\hat{h}^{\mathrm{KS}}(1)$ 相当于 HF 方法中的福克算符，但它不仅包含库仑作用和交换作用，也包含相关作用。除最后一项，各项的物理意义，与 HF 方程相似。

值得注意的是，θ_i 是假想参考体系的轨道，严格来说无物理意义，人们只是用它计算电子密度。但经验表明，占据的 KS 轨道与 HF 方法中计算的轨道相似，可以用来讨论分子的性质和化学反应。除 HOMO 外，KS 轨道的轨道能一般不服从科普曼斯定理。

C　交换-相关能密度泛函与交换-相关势

交换-相关泛函表示为 $E_{xc}[\rho]$，通过其可计算出交换-相关势 $\nu_{xc}(\boldsymbol{r})=\frac{\delta E_{xc}[\rho(\boldsymbol{r})]}{\delta\rho(\boldsymbol{r})}$。一般可分为：$E_{xc}[\rho]=E_x[\rho]+E_c[\rho]$，因此 $\nu_{xc}=\nu_x+\nu_c$。

严格的 $E_{xc}[\rho]$ 具体形式目前尚不知道，理论工作者采用各种模型进行了专门研究，并已提出一些近似的 $E_{xc}[\rho]$。经常使用的大约有十多种，采用哪种往往取决于要研究的实际问题。

1965 年问世的科恩-沈（Kohn-Sham）方程，现已成为密度泛函理论（DFT）计算领域的基石与标准范式。该方程精妙地拆解了复杂的多体问题，其各项组分承载着不同的物理意义。

第一项：动能项，它精准地刻画了电子在体系中运动时所具备的动能，而此时原子核被视为静止不动的背景，从而简化了问题处理。

第二项：外势项，这一项承载着材料结构的核心信息，它源自于原子核（或更具体地说，是原子芯）在空间中的特定排列方式。原子，这一自然界的基本构建单元，通常被视作由原子核与围绕其旋转的全体电子构成；但在计算实践中，为了减轻计算负担，尤其是考虑到靠近原子核区域电子波函数的剧烈振荡，常采用非全电子模型，即仅考虑价电子的贡献，而将内层电子与原子核共同视为一个有效电荷中心——原子芯。

关于非全电子计算与赝势：在诸如 VASP 这样的先进计算软件包中，非全电子计算策略因效率优势而备受青睐。为实现这一目标，引入了“赝势”的概念。简而言之，当我们将目光聚焦于价电子时，原本由原子芯内所有电子共同贡献的复杂势场被简化为一个仅由原子芯（排除了芯电子后）产生的有效势场，即赝势。这一替代势场虽然在形式上简化了，却能在不牺牲太多物理精度的前提下，有效模拟价电子在原子芯影响下的运动行为，从而极大地推动了复杂材料体系的理论研究进程。可以证明，将薛定谔方程中的势能换成赝势为：

$$(H+V)\psi = E\psi \rightarrow (H+V_{\mathrm{ps}})\psi_{\mathrm{ps}} = E\psi_{\mathrm{ps}}$$

在采用赝势方法时，我们不仅确保了体系本征值的保留，还伴随着相应赝波函数的引入，这些赝波函数在特定条件下能够准确再现体系的本征能量特征。固体物理学中的“正交化平面波”法，便是对此原理的一种有力验证，它证明了在赝势框架下，体系的基本能量特性得以保持。

然而，仅仅保证本征值的真实性是不够的，因为在实际研究中，我们还需要探索与波函数或电荷密度紧密相关的信息。因此，我们追求的是赝波函数同样具备高度的真实性，以便能够准确反映电子在材料中的行为。

“从头赝势”的概念应运而生，它旨在构建一个赝势，该赝势在某一特定的截断半径（r_c）之外，能够确保赝原子的能量本征值以及赝波函数与全电子计算下“整个原子”的解完全一致。这意味着，在远离原子芯的区域，赝势方法能够无缝对接真实物理情况，保证了计算的准确性和可靠性。

在截断半径之内，赝势的设计则侧重于平滑性，以减少波函数的剧烈振荡，进而简化计算过程。同时，这一区域内的赝波函数被设计为无节点，进一步增强了其数值稳定性和计算效率。

值得庆幸的是，对于绝大多数的原子种类，科学家们已经成功构造出了相应的赝势，这些赝势广泛应用于材料模拟和计算物理的各个领域。

此外，投影缀加波（PAW）方法作为一种先进的理论工具，巧妙地结合了赝势和缀加平面波法的优点，为处理复杂材料体系提供了更为强大和灵活的计算手段。

第三项：Hartree 势，这一术语类比于经典的库仑势，它描述了电子间因电荷相互作用而产生的平均电场效应，是电子间相互排斥作用的体现。

第四项：交换-关联势（Exchange-correlation potential），它是密度泛函理论中一个至关重要的部分，用于描述电子间的交换和关联相互作用。这一项的引入，使得我们能够更加全面地捕捉电子在材料中的复杂行为，进而对材料的物理和化学性质进行更为深入和准确的研究。通常的两种近似处理方式是 LDA 近似和 GGA 近似。

(1) LDA 近似 (Local Density Approximation)。那么，方程中的交换关联势近似为：

$$V_{xc}[n(\boldsymbol{r})]=\frac{\delta E_{xc}[n]}{\delta n}\approx\frac{\mathrm{d}}{\mathrm{d}n(\boldsymbol{r})}\left[n(\boldsymbol{r})\,\varepsilon_{xc}[n(\boldsymbol{r})]\right]$$

实际的应用中，需要采用参数化的办法，例如：

交换能 $\varepsilon_x[n(r)]=-\frac{3}{4}\left(\frac{3}{\pi}\right)^{1/3}\cdot n^{1/3}(r)=-\frac{3}{4}\left(\frac{9}{4\pi^2}\right)^{1/3}\cdot\frac{1}{r_s}=-\frac{0.458}{r_s}a.u.$

其中，$r_s=\left(\frac{3}{4\pi n}\right)^{1/3}$。

关联能，常用的是 T. P. Perdew 和 A. Zunger 根据 D. M. Ceperley 和 B. L. Alder 用最精确的 Monte-Carlo 方法计算的均匀电子气的结果，公式为：

$$\varepsilon_c(r_s)=\begin{cases}-0.2846/(1+1.0529\sqrt{r_s}+0.3334r_s) & (r_s\geqslant 1)\\ -0.0960+0.0622\ln r_s-0.0232r_s+0.0040r_s\ln r_s & (r_s\leqslant 1)\end{cases}$$

(2) GGA 近似 (Generalized Gradient Approximation)：VASP (Vienna Ab initio Simulation Package) 程序包中常用的两类 GGA (Generalized Gradient Approximation，广义梯度近似) 函数主要包括 PW91 (Perdew-Wang 91) 和 PBE (Perdew-Burke-Ernzerhof)，这两类函数都是用来处理电子间的交换-相关能的，它们在密度泛函理论 (DFT) 计算中起着重要作用。

1) Perdew-Wang 91 (PW91) 交换关联函数为：

$$\varepsilon_x=\varepsilon_x^{\mathrm{hom}}\left[\frac{1+a_1 s\sinh^{-1}(a_2 s)+(a_3+a_4 e^{-100s^2})s^2}{1+a_1 s\sinh^{-1}(a_2 s)+a_5 s^4}\right]$$

其中，$a_1=0.19645$，$a_2=7.7956$，$a_3=0.2743$，$a_4=-0.1508$，$a_5=0.004$。

$$\varepsilon_c=\varepsilon_c^{\mathrm{LDA}}+nH[n,s,t]$$

$$H[n,s,t]=\frac{\beta}{2\alpha}\ln\left(1+\frac{2\alpha}{\beta}\cdot\frac{t^2+At^4}{1+At^2+A^2t^4}\right)+C_{c0}[C_c(n)-C_{c1}]t^2e^{-100s^2}$$

$$A=\frac{2\alpha}{\beta}[e^{-2\alpha\varepsilon_c[n(r)]/\beta^2}-1]^{-1}$$

其中，$\alpha=0.09$，$\beta=0.0667263212$，$C_{c0}=15.7559$，$C_{c1}=0.003521$，$t=\frac{|\nabla n(\boldsymbol{r})|}{2k_s n}$，

而 $k_s=\left(\frac{4k_F}{\pi}\right)^{1/2}$，$n\varepsilon_c[n(\boldsymbol{r})]=\varepsilon_c^{\mathrm{hom}}[n(\boldsymbol{r})]$。

2) Perdew-Burke-Ernerhof (PBE) 交换关联函数为：

$$E_{xc}[n(\boldsymbol{r})]=\int n(\boldsymbol{r})\,\varepsilon_x^{\mathrm{hom}}[n(\boldsymbol{r})]F_{xc}(n,\zeta,s)\,\mathrm{d}\boldsymbol{r}$$

式中，n 为局域密度；ζ 为相对自旋极化率；$s=\dfrac{|\nabla n(\boldsymbol{r})|}{2k_{\mathrm{F}}n(\boldsymbol{r})}$，则：

$$F_x(s)=1+\kappa-\frac{\kappa}{1+\mu s^2/\kappa}$$

其中，$\mu=\beta\left(\dfrac{\pi^2}{3}\right)=0.21951$，而 $\beta=0.066725$ 是与二级梯度展开有关的。对所有的 $\boldsymbol{r}$ 都有 $F_x(s)\leqslant 1.804$，则 $\kappa\leqslant 0.804$，Perdew-Burke-Ernzerhof 采用的是 $\kappa=0.804$。关联能可以写成与 Perdew-Wang 91 类似的形式，即：

$$E_c^{\mathrm{GGA}}[n^{\uparrow},n^{\downarrow}]=\int n(\boldsymbol{r})[\varepsilon_{\mathrm{c}}^{\mathrm{hom}}(r_{\mathrm{s}},\zeta)+H(r_{\mathrm{s}},\zeta,t)]\mathrm{d}\boldsymbol{r}$$

其中，$H(r_{\mathrm{s}},\zeta,t)=\left(\dfrac{e^2}{a_0}\right)\gamma\phi^3\ln\left[1+\dfrac{\beta\gamma^2}{t}\left(\dfrac{1+At^2}{1+At^2+A^2t^4}\right)\right]$。

这里 $t=\dfrac{|\nabla n(\boldsymbol{r})|}{2\phi k_{\mathrm{s}}n(\boldsymbol{r})}$，$k_{\mathrm{s}}=\left(\dfrac{4k_{\mathrm{F}}}{\pi a_0}\right)^{1/2}$ 是 Thomas-Fermi 屏蔽波矢，$\phi(\zeta)=\dfrac{(1+\zeta)^{2/3}+(1-\zeta)^{2/3}}{2}$ 是自旋放大系数，β 的值与交换项中的相同，即 $\beta=0.066725$，$\gamma=\dfrac{1-\ln 2}{\pi^2}$，函数 A 的形式如下：

$$A=\frac{\beta}{\lambda}\left[\exp\left(-\varepsilon_{\mathrm{c}}^{\mathrm{hom}}[n]\Big/\left(\gamma\phi^3\frac{e^2}{a_0}\right)\right)-1\right]^{-1}$$

D　Kohn-Sham 方程是一个自洽方程

Kohn-Sham 方程是一个自洽方程：

$$\left\{-\frac{1}{2}\nabla^2+[V(\boldsymbol{r})+\mu_{xc}(n)]\right\}\psi_i(\boldsymbol{r})=\varepsilon_i\psi_i(\boldsymbol{r})$$

或写成：

$$H[n(r)]\psi_i(r)=\varepsilon\,\psi_i(r)$$

其中，$n(r)=\sum_{i=1}^{occ}\psi_i^*(r)\psi_i(r)$。

在哈密顿量 H 中含有需要求解的未知“波函数”（这里是 Kohn-Sham 轨道，即未知的需要求解的电荷密度或波函数被嵌套在必须已知的哈密顿量中），故方程是一个自洽方程，必须做自洽求解。

自洽解法常见的步骤为：

（1）从一个随意给定的 ψ_0 出发，构造电荷密度：$n_0(r)=\sum_{i=1}^{occ}\psi_o^*(r)\psi_0(r)$，从而得知哈密顿量 $H[n_0]$（这样哈密顿量就确定了，但通常还不是系统真正的 H）就可以解方程：

$$H[n_0(r)]\psi(r)=\varepsilon\,\psi(r)\tag{4-41}$$

得到 ψ_1（这样得到的 ψ_1 一般说还不是体系的解，因为刚才的哈密顿量还是猜测的）。

（2）现在可以有了更好的出发点 ψ_1，可以再构造密度：$n_1(r) = \sum_{i=1}^{occ} \psi_1^*(r)\psi_1(r)$，从而得知 $H[n_1]$，再解方程：

$$H[n_1(r)]\psi(r) = \varepsilon\,\psi(r) \tag{4-42}$$

可以得到 ψ_2（ψ_2 应该比 ψ_1 更加趋近于最后的解）。

为了确保数值求解的收敛性，实践中常采用一种策略，即巧妙地将两种不同参数进行恰当混合，比如 ψ_{n+1}是 ψ_n 与 ψ_{n-1}的恰当混合。这一混合策略旨在优化计算过程，提升结果的稳定性和准确性。通过反复迭代这一过程，直至达到自洽状态，当迭代结果之间的差异缩小至一个可接受的微小范围内视为收敛成功。

由此观之，整个自洽求解流程的核心，实质上可归结为求解一个由已知哈密顿量 H 定义的方程。这一过程不仅体现了物理问题向数学模型的精准映射，也彰显了数值方法在复杂系统分析中的强大能力。

E 已知 H 的 Kohn-Sham 方程两种常见解法

在量子化学与密度泛函理论（DFT）的广阔领域中，面对 Kohn-Sham 方程的求解挑战，研究者们开发了多种高效且精确的方法。其中，矩阵的对角化方法（亦称直接法或标准解法），以其直接求解线性特征值问题的能力而著称，成了一种基石性的策略。与此同时，迭代法凭借逐步逼近真实解的优势，在大型复杂系统的计算中展现出非凡的灵活性和效率，成了不可或缺的另一关键手段。这两种方法相辅相成，共同推动了量子化学与 DFT 在计算精度与效率上的双重飞跃。

a 矩阵对角化

对于一个已知其哈密顿量 H 的 Kohn-Sham 或薛定谔方程：

$$\hat{H}\psi(\boldsymbol{r}) = \varepsilon\,\psi(\boldsymbol{r})$$

的标准做法有：

（1）ψ 可用一组正交归一的完整集 $\{\varphi_i\}$ 来展开：$\psi = \sum_{i=1}^{\infty} C_i\varphi_i(r)$，实际中为了可以处理，必须做切断，以便数值解，即：$\psi = \sum_{i=1}^{N} C_i\varphi_i(r)$，$N$ 取到足够大为止。

（2）代入方程，则：$H\sum_{i=1}^{N} C_i\varphi_i(r) = \varepsilon\sum_{i=1}^{N} C_i\varphi_i(r)$。

（3）两边同乘 $\varphi_j^*(r)$，再对 r 空间积分，则：$\sum_{i=1}^{N} C_i\int\varphi_j^*(r)\hat{H}\varphi_i(r)\,\mathrm{d}\boldsymbol{r} = \varepsilon\sum_{i=1}^{N} C_i\int\varphi_j^*(r)\varphi_i(r)\,\mathrm{d}\boldsymbol{r}$。

在已知哈密顿量和你自己选择的基函数的情况下，以上积分都是确定值。

记 $\int \varphi_j^*(r)\hat{H}\varphi_i(r)\mathrm{d}\boldsymbol{r} = H_{ij}$，而 $\int \varphi_j^*(r)\varphi_i(r)\mathrm{d}\boldsymbol{r} = \delta_{ij}$（这里假设基函数是正交归一的），则：$\sum\limits_{i=1}^{N} C_i H_{ij} = \varepsilon \sum\limits_{i=1}^{N} C_i \delta_{ij}$。

$$\sum_{i=1}^{N} C_i [H_{ij} - \varepsilon\delta_{ij}] = 0 \tag{4-43}$$

以上线性方程组有非零解的条件是其系数行列式为零，则有：

$$|H_{ij} - \varepsilon\delta_{ij}| = 0$$

也即：

$$\begin{vmatrix} H_{11}-\varepsilon & H_{12} & \cdots & H_{1N} \\ H_{21} & H_{22}-\varepsilon & \cdots & H_{2N} \\ \vdots & \vdots & \vdots & \vdots \\ H_{N1} & H_{N2} & \cdots & H_{NN}-\varepsilon \end{vmatrix} = 0$$

这样，K-S 方程或薛定谔方程的解转化成一个标准的“矩阵对角化”数学问题，这至少可以使用标准的计算机程序来完成。

对上面矩阵进行对角化，可解出 N 个本征值 ε_i，每个本征值都可以代回方程式（4-43），该式就成为一个已知系数的线性方程组，就可以解出一组 $\{C_i, i = 1, N\}$，即本征函数（波函数）。

对于正交归一完整集 $\{\varphi_i\}$ 的说明：在量子化学与材料科学的计算实践中，基集的选择策略展现出丰富多样性，不仅限于传统的正交归一化或完备集的要求。这些基集设计上的灵活性，旨在更好地适应不同系统特性和计算精度的需求。

当选择平面波作为展开函数集时，该方法被誉为“平面波法”。它凭借简洁高效的数学形式和广泛的应用场景，在处理周期性系统及固体物理问题时展现出独特的优势。

此外，基集选择领域还涌现出诸如“加缀平面波”（APW）方法，该方法通过巧妙地在平面波基础上引入特定修正，以更好地描述系统的局部化特性，从而在复杂材料的电子结构计算中取得了显著成效。

同样值得一提的还有“线性组合原子轨道”（LCAO）方法，它将原子的轨道作为基本构建块，通过线性组合模拟分子的电子结构，为有机化学和分子物理研究提供了强大的工具。

“线性缀加平面波”（LAPW）方法则是结合了 LCAO 方法与平面波法的优点，既保留了平面波处理周期性体系的便捷性，又通过原子轨道的引入增强了对局域化电子态的描述能力。

最后，“线性 Muffin-Tin 轨道”（LMTO）方法，以其独特的轨道构造方式，为材料电子结构的深入理解开辟了新的途径，特别适用于分析过渡金属及复杂化合物的电子特性。

这些基集选择方法的多样性和创新性，不仅丰富了量子化学与材料科学的计算手段，也为揭示微观世界的奥秘提供了更为广阔和精准的视角。

迭代法（Iterative methods）简介如下：

$$\hat{H}\psi(\boldsymbol{r}) = \varepsilon\,\psi(\boldsymbol{r})$$

ψ 还可用一组正交归一的完整集 $\{\varphi_i\}$ 来展开：

$$\psi = \sum_{i=1}^{\infty} C_i\varphi_i(r)$$

一样做切断，以便数值解：

$$\psi = \sum_{i=1}^{N} C_i\varphi_i(r)$$

b 迭代法

从随意猜测的一组 $\{\Psi_0\}$ 出发，进行能带结构计算，对每个 k 点，每个能带为 ψ_{nk}。

（1）随意猜测方程的解为 ψ_1，则一般有：$H\psi_1 \neq \varepsilon\psi_1$，所以就有“剩余”矢量残量 $\Delta\psi_1 = H\psi_1 - \varepsilon\psi_1$，$\psi_1$ 是一个 $1\times N$ 矩阵，或说是一个 N 维矢量。

（2）下一次的猜测可用：$\psi_2 = \psi_1 + \alpha\Delta\psi_1$，则一般地仍然有：$H\psi_2 \neq \varepsilon\psi_2$，但是残量 $\Delta\psi_2 = H\psi_2 - \varepsilon\psi_2$ 应该变小。

（3）重复以上过程，只要方法合适，残量应该越来越小，到残量近似零时，就是方程的解。

能带结构计算之后，再构筑 $n(r) = \sum_{nk}^{occ} \psi_{nk}^{*}(r)\psi_{nk}(r)$，再重复进行。

目前，迭代法对处理大的体系非常有用。因为可以不必存储 $N\times N$ 个矩阵元，当系统很大时，矩阵元数目是海量的，而且对目前的算法水平，迭代法的速度较矩阵对角化方法快很多。特别是并行计算技术的快速发展，更使迭代法的优势得到发挥。

当然，若要不存储 $N\times N$ 个矩阵元，理论处理上必须能够使 $H\psi_0 \to \psi_0'$，不能回归到使用 H 矩阵元。

F 交换-相关泛函

a 交换关联能近似

电子间的交换关联能泛函 $E_{xc}[n(r)]$ 表示的是所有其他多体项对总能的贡献。它的物理含义是：单电子在一个多电子体系运动中，由于考虑电子之间的库仑排斥，电子与体系之间就有交互关联作用。换句话说，就是在同一时刻两个电子不可能占据同一个位置，也就产生了交换关联能 $E_{xc}[n(r)]$。在霍恩伯格-科恩-沈的理论框架下，多电子体系基态的薛定谔方程问题转化成了有效的单电子方程问题，这种形式的描述比薛定谔方程更严密更简洁。但是，前提是要处理好交换关联能后这个理论才有实际的应用价值，所以交换关联能泛函在密度泛函理论中占有非常重要的地位。

b　局域密度近似（LDA）

1965 年科恩和沈提出了局域密度近似。局域密度近似的主要原理是假设非均匀电子体系的电荷密度变化是相当的缓慢，可以将这个体系分成很多个足够小的体积元，近似地认为每个小体积元中的电荷密度是一个常数 $n(r)$，则在这样一个小体积元中的电子气分布是均匀的并且没有相互作用；对于整个非均匀的电子体系总体来说，各个小体积元的电荷密度只与它所处的空间位置 r 有关。因此，交换关联能可以写成如下形式：

$$E_{xc}^{LDA} = \int n(r)\,\varepsilon_{xc}(n(r))\,dr$$

对应的交换关联势写为：

$$V_{xc}^{LDA}[n(r)] = \frac{\delta E_{xc}^{LDA}[n]}{\delta n} = \varepsilon_{xc}[n] + n\frac{\delta \varepsilon_{xc}[n]}{\delta n}$$

式中，$\varepsilon_{xc}(n)$ 为均匀电子气中的交换关联能密度。

交换关联近似的形式多种多样，目前在 LDA 自洽从头算中用得最多的交换关联势是切珀利-阿尔德交换关联势，它是采用目前最精确的量子蒙特卡罗方法计算均匀电子气的结果，并由佩尔杜参数化得到的交换关联函数。一般分为交换和关联两个部分：

$$\varepsilon_{xc}[n] = \varepsilon_{x}[n] + \varepsilon_{c}[n]$$

由狄拉克给出的交换能可写为：

$$\varepsilon_{x}[n] = -C_{x}n(r)^{1/3}$$

其中，$C_{x} = \frac{3}{4}\left(\frac{3}{\pi}\right)^{1/3}$。

关联能的精确值最早由切珀利通过量子蒙特卡罗方法计算获得，而 $\varepsilon_{xc}(n)$ 由佩尔杜参数得到。

交换能形式为：$\varepsilon_{x}[T_{s}] = -\frac{0.9164}{r_{s}}$。

关联能形式为：$\varepsilon_{c}(r_{s}) = \begin{cases} -0.2846/(1+1.0529\sqrt{r_{s}}+0.3334r_{s}) & (r_{s}\geqslant 1) \\ -0.0960+0.0622\ln r_{s}-0.0232r_{s}+0.0040r_{s}\ln r_{s} & (r_{s}\leqslant 1) \end{cases}$

式中，r_{s} 为维格纳-赛兹半径，在均匀电子气模型中，表达式为 $r_{s} = \left(\frac{3}{4\pi n(r)}\right)^{1/3}$。

对于价电子 r 的值通常是 1 ~ 6，对于芯电子而言 r_{s} 通常是小于 1 的。

LDA 近似一般适用于电子密度变化比较平缓的体系，对于一些强关联系统如过渡金属和稀土金属等缺陷是很明显的。因此，需要对其进行一些适当的改进和修正，这就使得各种广义梯度近似（GGA）得到了发展的空间。

c 广义梯度近似

广义梯度近似就是在局域密度近似的基础上考虑了电荷密度的梯度，换个说法是：交换关联能密度不仅和该体积元内的局域电荷密度有联系，还与邻近小体积元的电荷密度有关，这时就要考虑这个空间电荷密度的变化，考虑到电荷密度分布的不均匀性，就要引入电荷密度梯度。此时：

$$E_{xc}[n] = \int n(r)\varepsilon_{xc}(n(r))\mathrm{d}r + E_{xc}^{GGA}(n(r)|\nabla n(r)|)$$

近年来发展起来的广义梯度近似（GGA）已经有很多种样式，比较常见的交换关联能有佩尔杜-王（PW91）、佩尔杜-Burke-Emerhof（PBE）和贝克 88。

需要说明的是：GGA 和 LDA 两种交换关联能近似没有孰优孰劣之分，只能由实际计算的体系来判定。

4.2.2.3 周期性固体的 DFT 计算

A 周期性固体的 KS 方程和电荷密度

周期性固体的特点在于，对电子体系而言，其外势是一种单体势，它对于平移矢量 R_i 的操作是不变的：

$$\nu(r+R_i) = \nu(r) \tag{4-44}$$

式中，R_i 为实空间周期晶格的一组布拉维矢量：

$$R_i = i_1 a_1 + i_2 a_2 + i_3 a_3 \tag{4-45}$$

式中，a_1, a_2, a_3 为初基平移矢量；i_1, i_2, i_3 为整数（负、0 或正）。

方程式（4-44）只适应于“局域”势的情况。

一般说来，电子系统在基态时是不会自发破坏外势的平移对称性的，故电子密度也有与外势一样的平移对称性：

$$n(r+R_i) = n(r) \tag{4-46}$$

电子密度也有出现破坏平移对称性的情形，如存在电荷密度波（CDW）的情形，但只限于处理电子浓度具有与外势相同周期性的情况。这时，交换关联势和 KS 哈密顿量也是周期性的。

通过布洛赫定理，可用布里渊区中的波矢 k 来标记波函数，每一个波函数都是布洛赫函数，它是平面波（有位相因子）与一个周期函数的乘积：

$$\psi_k(r) = N\mathrm{e}^{ik\cdot r}u_k(r) \tag{4-47}$$

$$u_k(r+R_i) = u_k(r) \tag{4-48}$$

它与外势 $\nu(r)$ 有同样的平移周期性，N 是归一化常数。

由于布里渊区是由周期倒格基矢 b_j 定义的，而 $b_j(j=1\sim3)$ 的线性组合组成倒格矢 G_j。它满足如下关系：

$$\mathrm{e}^{iR_i\cdot G_j} = 1 \tag{4-49}$$

在 DFT 中，波函数满足如下方程：

$$\left[-\frac{1}{2}\nabla^2 + \nu_{\text{KS}}(r)\right]\psi_i(r) = \varepsilon_i\psi_i(r) \tag{4-50}$$

把式（4-47）代入式（4-50），便得到布洛赫函数的周期部分满足的 KS 方程：

$$\left[-\frac{1}{2}(\nabla + ik)^2 + \nu_{\text{KS}}(r)\right]u_{nk}(r) = \varepsilon_{nk}u_{nk}(r) \tag{4-51}$$

由于这个方程必须满足周期边界条件，因此，对于一个固定的波矢 k，其解是一系列分立的值。故增加指标 n，表示它所属的态，n 称为能带指标。在能带内，能量是 k 的连续函数。

对于有限大小的体系，价电子波函数必须受正交归一条件的限制：

$$\langle\psi_i \mid \psi_j\rangle = \delta_{ij} \tag{4-52}$$

由上式容易证明，不同波矢的波函数也会自动地满足正交归一化条件，故 k 相同的布洛赫函数的周期部分满足：

$$\langle u_{nk} \mid u_{n'k}\rangle = \delta nn' \tag{4-53}$$

上述标积是在固体原胞中定义的，标积的一般定义是：

$$\langle f \mid g\rangle = \frac{1}{\Omega_{0r}}\int_{\Omega_{0r}} f^*(r)g(r)\,\mathrm{d}r \tag{4-54}$$

式中，Ω_{0r}为原胞体积。

把 DFT 用到周期固体要求知道如何从布洛赫函数获得电子密度。对于有限体系，可以对有限的态数求和得到：

$$n(r) = \sum_{i=1}^{N}\psi_i^*(r)\cdot\psi_i(r) \tag{4-55}$$

但是，周期固体有无限的态数，因此要有特殊的技术处理。

B 布里渊区的取样

为了构造电子密度和总能的表达式，首先审查周期情形下波函数的归一化问题。从式（4-52）和式（4-54），可得：

$$1 = \langle u_{nk} \mid u_{nk}\rangle = \frac{1}{\Omega_{0r}}\int_{\Omega_{0r}} u_{nk}^*(r)u_{nk}(r)\,\mathrm{d}r \tag{4-56}$$

波函数 u_{nk}的归一化要求它可以描述原胞内一个电子的概率振幅。为了构造密度，必须考虑所有的态。它们在布里渊区中是不同的矢量，属于不同的能带，同时有自旋向上和自旋向下。如果原胞中的价电子数为 N，则应有：

$$N = \int_{\Omega_{0r}} n(r)\,\mathrm{d}r \tag{4-57}$$

式中，$n(r)$ 为电子密度，定义如下：

$$n(r) = \frac{1}{\Omega_{0r}}\int_{\Omega_{0r}} s\cdot\sum_{n=occ}\frac{1}{\Omega_{0r}}u_{nk}^*(r)u_{nk}(r)\,\mathrm{d}k \tag{4-58}$$

式中，Ω_{0r}为布里渊区体积，表示每个态的贡献是对布里渊区求平均的。

通常取 $s=2$，表示自旋求和，每个占有态从 1 到费米能求和。

对于绝缘体或半导体，填满的价带数目 = 每个原胞的价电子数，考虑自旋简并要除于 2。

一般认为，周期固体中没有平移对称性破坏的机制，故由波函数确定的电荷密度是平移不变的。不过有些对关联效应敏感，也会被驱动出现破坏对称性的情况。

至此，在 LDA 近似下，每个原胞的电子能量可写成：

$$E^{\mathrm{el}}[u_{nk}] = \frac{1}{\Omega_{0r}}\int_{\Omega_{0r}} s\cdot\sum_{n=occ}\left\langle u_{nk}\left|-\frac{1}{2}(\nabla+ik)^2\right|u_{nk}\right\rangle \mathrm{d}k + \int_{\Omega_{0r}}\left[\nu(r)+\frac{1}{2}\nu_{\mathrm{H}}(r)+\varepsilon_{\mathrm{xc}}(n(r))\right]n(r)\,\mathrm{d}r \tag{4-59}$$

上式第二项来自有限体系公式，其能量是单位原胞的，被积函数遍及周期实空间。注意这里只计算和提及价带，故计算得到的能量只是价电子的能量。如果其中的交换关联能包括非线性交换关联修正，则式（4-59）也需作相应修正。

式（4-59）价电子能量的第一部分可按式（4-58）的方式理解，差别只在于式（4-58）表示的密度是单位体积的量，其中有因子$\frac{1}{\Omega_{0r}}$，而式（4-59）中是每个原胞的能量。

价电子能量公式第二项中的哈特利势 $\nu_{\mathrm{H}}(r)$ 是对这个实空间积分的，对于有限体系也一样：

$$\nu_{\mathrm{H}}(r) = \int\frac{n(r')}{|r'-r|}\mathrm{d}r' \tag{4-60}$$

至此，已经有计算周期体系电子能量所需要各个量的表达式。但是，为计算布里渊区积分还有一些技术问题，主要困难是其中涉及实空间原胞的积分。解析计算是不可能的，如式（4-58）和式（4-59）的积分必须用有限求和来代替。值得注意，布里渊区积分来自空间的周期性和无穷性。

为此目的所用的技术，对于处理半导体（绝缘体）和金属是有差别的。下面先介绍处理半导体的情形。

首先要证明，式（4-58）与式（4-59）中的被积函数是倒格空间的周期函数。由于 $u_{nk}(r)$ 满足式（4-51），即

$$\left[-\frac{1}{2}(\nabla+ik)^2+\nu_{\mathrm{KS}}(r)\right]u_{nk}(r) = \varepsilon_{nk}u_{nk}(r)$$

容易证明下式成立：

$$\left[-\frac{1}{2}(\nabla+ik+iG)^2+\nu_{\mathrm{KS}}(r)\right]\mathrm{e}^{-iG\cdot r}u_{nk}(r) = \varepsilon_{nk}\mathrm{e}^{-iG\cdot r}u_{nk}(r) \tag{4-61}$$

但是，按定义有：

$$\left[-\frac{1}{2}(\nabla+ik+iG)^{2}+\nu_{\mathrm{KS}}(r)\right]u_{n,k+G}(r)=\varepsilon_{n,k+G}u_{n,k+G}(r) \tag{4-62}$$

比较式（4-61）和式（4-62），可以看出 $\mathrm{e}^{-iG\cdot r}u_{nk}(r)$ 既满足薛定谔方程，又满足周期边界条件，因此可写为：

$$u_{n,k+G}(r)=\eta\mathrm{e}^{-G\cdot r}u_{n,k}(r) \tag{4-63}$$

$$\psi_{n,k+G}(r)=\eta\psi_{n,k}(r) \tag{4-64}$$

利用式（4-63），容易证明式（4-58）与式（4-59）中的被积函数在倒格空间也是周期性的。

对于绝缘体，被积函数是波矢的缓变函数，因此可以用均匀网格点取样方法代替积分。数学上已经证明，这个积分关于网格点密度的线性增加是指数收敛的。因为历史原因，通常把这种方法称为特殊点技术。在特殊点方法中：

$$\frac{1}{\Omega_{0k}}\int_{\Omega_{0k}}X_k\mathrm{d}k\Rightarrow\sum_k w_kX_k\,,\quad \sum_k w_k=1 \tag{4-65}$$

对于金属，由于其被积函数在费米能与价带交叉时会有大幅度变化，通常采用另外两种办法进行布里渊区积分：

（1）把能级人为地变宽，而不用突变的费米分布函数；

（2）利用线性内插方法，如“四面体”方法。

注意：方法（1）必须小心控制由于能级增宽带来的数值误差，而方法（2）的收敛要比特殊点方法慢得多。

总之，在求解周期性有效势的 KS 方程时，必须确定布里渊区 k 点的取样方法。在假定被积函数为缓变的条件下，通常采用布里渊区中的均匀网格点。对称性的考虑，不必遍及整个布里渊区，只需面向不可约布里渊区即可。由能带本征值数据求电子 DOS，也需要进行布里渊区积分，这时常用四面体（内插）方法，只需一次计算，没有收敛快慢的问题。

C 无限固体中势的静电发散

对于无限固体，必须处理哈特利势和外部（电子-离子）势的积分发散问题。因为 KS 有效势由外势、哈特利势和交换关联势三部分组成，它们是 KS 方程式（4-51）需要的。

$$\nu_{\mathrm{KS}}(r)=\nu(r)+\nu_{\mathrm{H}}(r)+\frac{\delta E_{\mathrm{xc}}[n]}{\delta n(r)} \tag{4-66}$$

先看哈特利势，它由式（4-67）定义：

$$\nu_{\mathrm{H}}(r)=\int\frac{n(r')}{|r'-r|}\mathrm{d}r' \tag{4-67}$$

假定式（4-67）有均匀的电子密度 n_0，则对整个空间积分有：

$$\nu_H(r) = \to \int \frac{n_0}{|r' - r|} dr' = n_0 \int \frac{1}{|r''|} dr'' = 4\pi n_0 \int_0^{\infty} \frac{1}{r''} r''^2 dr'' = 4\pi n_0 \int_0^{\infty} r'' dr'' \tag{4-68}$$

明显可以看出，以上积分是发散的，其值为∞，而不是个别的奇异点。

如果电子密度是非均匀的，正如周期固体的电子密度是周期变化的，为此引入任意周期函数 $f(r)$ 的傅里叶变换，公式为：

$$f(G) = \frac{1}{\Omega_{0R}} \int_{\Omega_{0R}} e^{-G \cdot r} f(r) dr \tag{4-69}$$

在此，G 取遍倒格空间的所有格矢，r 是实空间的矢量。其反变换是：

$$f(r) = \sum_G e^{iG \cdot r} f(G) \tag{4-70}$$

把傅里叶变换应用到哈特利势的方程式（4-67），经计算后得：

$$\nu_H(G) = \frac{4\pi}{G^2} n(G) \tag{4-71}$$

显然，式（4-71）对于倒格空间的所有矢量 G 都是有效的。但是，当 $G=0$ 时，式（4-71）要发散。

利用式（4-69），$G=0$ 的电子密度为：

$$n(G=0) = \frac{1}{\Omega_{0r}} \int_{\Omega_{or}} n(r) dr \tag{4-72}$$

式（4-72）实际上表示密度的平均值。若非均匀电子密度的平均值不为 0，哈特利势就会发散，这与均匀电子密度的情形一致。

众所周知，倒格空间短距离上出现的特征（通过傅里叶变换）是与实空间的渐近行为有关的。这里，看到与缓慢减小的 $1/r$ 函数式（4-67）的卷积产生 $1/G^2$ 函数，它在小 G 下有奇异性。

D 外势 $\nu(\mathrm{r})$ 的静电发散

外势是每个原胞中各个原子局域势的总和，公式为：

$$\nu(r) = \sum_{i,k} \nu_k[r - (R_i + \tau_k)] \tag{4-73}$$

式中，i 为跑遍原胞；k 为原胞中的不同离子；τ_K 为离子 k 在原胞中的相对位置。

每个离子的局域势在截断半径 r_c 之外有如下行为：

$$\nu_k(r) = -\frac{Z_k}{r} \quad (r \geqslant r_c) \tag{4-74}$$

可以校验有上述行为的离子局域势之和是否会发散。为此，定义一个假想的离子电荷密度 $n_k(r)$，由它的库仑相互作用将给出电子感受到的离子局域势。

$$\nu_k(r) = -\int \frac{n_k(r')}{|r' - r|} dr' \tag{4-75}$$

式中，负号表示电子带负电荷。

从式（4-74）和高斯静电定理分析，假想离子电荷为：

$$Z_k = \int n_k(r)\mathrm{d}r \tag{4-76}$$

这个假想离子电荷在 r_c 外面将趋近于 0，由它的电荷分布产生的势就是外势。

$$\nu(r) = -\int \frac{\sum_{i,k} n_k[r' - (R_i + \tau_k)]}{|r' - r|}\mathrm{d}r' \tag{4-77}$$

由式（4-76）可知，这个电荷分布的平均值不等于 0。故结果与式（4-71）类似，上述外势也是发散的。

产生上述问题的部分原因是，不应当把势的静电部分解为 $\nu(r) + \nu_\mathrm{H}$ 两部分，另一个原因是周期体系的正电荷不应该趋近于∞，这是因为原胞内不可能有剩余电荷，而必须保持电中性。

E　原胞的电中性条件

周期固体中，原胞内的正负电荷必须完全相互抵消，即服从电中性条件：

$$\sum_k Z_k - \int_{\Omega_{0r}} n(r)\mathrm{d}r = 0 \tag{4-78}$$

电中性条件保证原胞中离子正电荷之和等于原胞中的电子数，不可能处理没有这个条件约束的周期固体。对于宏观大小的有限固体，这个条件一般都会满足。

电中性条件还迫使哈特利势和外势的发散有相反的符号，其绝对值相等。于是，根据式（4-77）和式（4-62），有：

$$\nu(r) + \nu_\mathrm{H}(r) = \int \frac{n(r') \sum_{i,k} n_k[r' - (R_i + \tau_k)]}{|r' - r|}\mathrm{d}r' \tag{4-79}$$

其中，电荷的平均值为：

$$\begin{aligned}\frac{1}{\Omega_{0r}}\int_{\Omega_{0r}} n(r) - \sum_{i,k} n_k[r - (R_i + \tau_k)]\mathrm{d}r &= \frac{1}{\Omega_{0r}}\left[\int_{\Omega_{0r}} n(r)\mathrm{d}r\right] \\ &= \frac{1}{\Omega_{0r}}\left[\int_{\Omega_{0r}} n(r)\mathrm{d}r - \sum_k Z_k\right] = 0\end{aligned} \tag{4-80}$$

解决 $\nu(r)$ 和 $\nu_\mathrm{H}(r)$ 发散问题的方法：电子密度重整化。重新定义分离的哈特利势和外势，把电荷的均匀部分扣除：

$$\nu'_\mathrm{H}(r) = \int \frac{n(r') - n(G=0)}{|r' - r|}\mathrm{d}r' \tag{4-81}$$

$$\nu'(r) = -\int \frac{\sum_{i,k} n_k[r' - (R_i + \tau_k)] - n(G=0)}{|r' - r|}\mathrm{d}r' \tag{4-82}$$

新定义的上述两个势的和等于原来两个势的和，而分开时它们都不会发散，这时已经扣除了均匀的“背景”电子密度。

F 解决 $\nu(r)$ 和 $\nu_{\mathrm{H}}(r)$ 发散问题的方法

已经扣除的均匀背景密度就是每个原胞中电子的平均密度，利用式（4-72）和式（4-78）可知：

$$n(G=0)=\frac{1}{\Omega_{0r}}\int_{\Omega_{0r}}n(r)\mathrm{d}r=\frac{1}{\Omega_{0r}}\sum_{k}Z_k \tag{4-83}$$

至此，已经解决了哈特利势与外势的发散问题，KS 势的最后一部分是交换关联势。对于均匀电子气，单位体积的交换关联能总是有限的，而且它是电子密度的连续函数，故：

$$\frac{\delta E_{\mathrm{xc}}[n]}{\delta n(r)}=\text{有限的交换相关势}$$

现已知道，在 LDA 及 GGA 下，交换关联势都不会发散，但还不知道普遍的证明方法。不过，非均匀固体系统的交换关联能不发散是可证明的。

下面介绍总能的静电发散及其解决方法。首先排除交换关联能发散的可能性，根据：

$$E_{\mathrm{xc}}[n]\approx\int n(r_1)\varepsilon_{\mathrm{xc}}(r_1;n)\mathrm{d}r_1 \tag{4-84}$$

$$\varepsilon_{\mathrm{xc}}(r_1;n)=\int\frac{1}{2}\cdot\frac{\overline{n}^{\mathrm{xc}}(r_2|r_1;n)}{|r_1-r_2|}\mathrm{d}r_2 \tag{4-85}$$

由于上述交换关联空穴积分为 -1，说明有精确的 1 个正电荷，即空穴，而且每一点的交换关联空穴值有一个上限，故 DFT 下的交换关联能绝不会趋于∞。同理，LDA 下它也不发散，而且非线性交换关联芯态修正也不趋于∞。但是，单位原胞总能的哈特利、电子–离子和离子–离子部分会出现发散。

哈特利能 $E_{\mathrm{H}}[n]$ 的静电发散，哈特利能的表达式为：

$$E_{\mathrm{H}}[n]=\frac{1}{2}\int_{\Omega_{0r}}n(r)\int\frac{n(r')}{|r'-r|}\mathrm{d}r'\mathrm{d}r=\frac{1}{2}\int_{\Omega_{0r}}n(r)\nu_{\mathrm{H}}(r)\mathrm{d}r \tag{4-86}$$

利用下式进行傅里叶变换：

$$\frac{1}{\Omega_{0r}}\int_{\Omega_{0r}}f(r)g(r)\mathrm{d}r=\sum_{G}f^*(G)g(G) \tag{4-87}$$

得到：

$$E_{\mathrm{H}}[n]=\frac{1}{2}\int_{\Omega_{0r}}n(r)\nu_{\mathrm{H}}(r)\mathrm{d}r=\frac{1}{2}\Omega_{0r}\sum_{G}n^*(G)\nu_{\mathrm{H}}(r) \tag{4-88}$$

由于 $G=0$ 时导致哈特利势发散，可以看出，在此也会导致周期固体总能的哈特利能 $E_{\mathrm{H}}[n]$ 发散的处理。

像处理势的发散那样，仍然考虑正负电荷的相互抵消，计算电子与赝势假想电荷系统单位原胞的静电能，公式为：

$$E_{n-\mathrm{psp}} = \frac{1}{2}\int_{\Omega_{0r}}\int \frac{\left[n(r)-\sum_{i,k} n_k(r-(R_i+\tau_k))\right]\cdot\left[n(r')-\sum_{i,k} n_k(r'-(R_i+\tau_k))\right]}{|r'-r|}\mathrm{d}r\mathrm{d}r' \tag{4-89}$$

由于电中性，周期固体的这个量是不会发散的。利用式（4-81）与式（4-82），它是：

$$E_{n-\mathrm{psp}} = \int_{\Omega_{0r}} \nu'(r)n(r)\mathrm{d}r + \frac{1}{2}\int_{\Omega_{0r}} \nu'_{\mathrm{H}}(r)n(r)\mathrm{d}r +$$

$$\frac{1}{2}\int_{\Omega_{0r}}\int \frac{\left[\sum_{i,k} n_k(r-(R_i+\tau_k))-n(G=0)\right]\cdot\left[\sum_{i,k} n_k(r'-(R_i+\tau_k))-n(G=0)\right]}{|r'-r|}\mathrm{d}r\mathrm{d}r' \tag{4-90}$$

对于周期固体，式（4-90）的每一项都可以分开确定。

如果是有限大小的物体，可以定义一个相应地对整个体系（而不是原胞）的量：

$$E_{n-\mathrm{psp}} = \int\nu(r)n(r)\mathrm{d}r + E_{\mathrm{H}}[n] + \frac{1}{2}\iint \frac{\left[\sum_{k} n_k(r-\tau_k)\right]\cdot\left[\sum_{i,k} n_k(r'-\tau_k)\right]}{|r'-r|}\mathrm{d}r\mathrm{d}r' \tag{4-91}$$

在式（4-91）中，k 标记所有的离子，其位置是 τ_k，它说明前两项之和是：

$$\int\nu(r)n(r)\mathrm{d}r + E_{\mathrm{H}}[n] = E_{n-\mathrm{psp}}[n] - \frac{1}{2}\iint \frac{\left[\sum_{k} n_k(r-\tau_k)\right]\cdot\left[\sum_{k} n_k(r'-\tau_k)\right]}{|r'-r|}\mathrm{d}r\mathrm{d}r' \tag{4-92}$$

于是系统的电子能量为：

$$E^{\mathrm{el}}[n] = T_0[n] + E_{\mathrm{xc}}[n] + E_{n-\mathrm{psp}}[n] - \frac{1}{2}\iint \frac{\left[\sum_{k} n_k(r-\tau_k)\right]\cdot\left[\sum_{k} n_k(r'-\tau_k)\right]}{|r'-r|}\mathrm{d}r\mathrm{d}r' \tag{4-93}$$

式（4-93）前三项都不发散，可以计算，但最后一项依然发散趋于∞。

G　宏观物质系统的总能 $E^{\mathrm{el}}[n]$

虽然宏观物体的电子能量发散，但可证明，当它是周期固体时，总能并不发散。原因是除电子能量之外，总能还包括离子–离子相互作用能：

$$E = U_{\mathrm{N}} + E^{\mathrm{el}} \tag{4-94}$$

$$U_{\mathrm{N}} = \frac{1}{2}\sum_{k\neq\lambda}\frac{Z_k Z_\lambda}{|\tau_k - \tau_\lambda|} \tag{4-95}$$

式中，k、λ表示离子，它们跑遍 $1\cdots N$；因子 1/2 是因为离子对有双求和。将会看到，离子间相互作用能会与式（4-93）最后一项中的一部分严格抵消。为此，要进一步分析如下表达式：

$$-\frac{1}{2}\iint\frac{\left[\sum_{k}n_k(r-\tau_k)\right]\cdot\left[\sum_{k}n_k(r'-\tau_k)\right]}{|r'-r|}\mathrm{d}r\mathrm{d}r'$$

如果把上式对离子求和，改写为对离子对的求和，并把它的对角项（表示假想离子电荷与它自身的自相互作用能）分离出来，则有：

$$-\frac{1}{2}\iint\frac{\left[\sum_{k}n_k(r-\tau_k)\right]\cdot\left[\sum_{k}n_k(r'-\tau_k)\right]}{|r'-r|}\mathrm{d}r\mathrm{d}r'$$
$$=-\frac{1}{2}\sum_{k\neq\lambda}\iint\frac{n_k(r-\tau_k)n_\lambda(r'-\tau_\lambda)}{|r'-r|}\mathrm{d}r\mathrm{d}r'-\frac{1}{2}\sum_{k}\iint\frac{n_k(r)n_\lambda(r')}{|r'-r|}\mathrm{d}r\mathrm{d}r' \tag{4-96}$$

第一项是一组非交叠的、球对称的电荷分布的相互作用能，这里非交叠是假定每一个小于 r_c 的球所包含的电荷不交叠，这个要求对于赝势的应用相当重要。利用高斯定理可知，第一项严格地等于这一组点电荷的相互作用能并包含同样的电荷量。因此，由于式（4-76），这一项会严格地与离子间的相互作用排斥能抵消。

于是得到总能为：

$$E=T_0+E_{\mathrm{xc}}+E_{n-\mathrm{psp}}-\frac{1}{2}\sum_{k}\iint\frac{n_k(r)n_\lambda(r')}{|r'-r|}\mathrm{d}r\mathrm{d}r' \tag{4-97}$$

当体系变成无穷大时，式（4-97）的每一项对能量的贡献都与体积成比例。故对于每个原胞的总能而言是不发散的。最后一项是离子电荷本身的自相互作用能。

最后，利用式（4-47）、式（4-59）、式（4-65）、式（4-90）要计算的每个原胞的总能为：

$$\begin{aligned}E=&\sum_{k}w_k s\sum_{n=occ}\left\langle u_{nk}\left|-\frac{1}{2}(\nabla+ik)^2\right|u_{nk}\right\rangle-\frac{1}{2}\sum_{k}\iint\frac{n_k(r)n_k(r)}{|r'-r|}\mathrm{d}r\mathrm{d}r'+\\&\int_{\Omega_{0r}}n(r)\varepsilon_{\mathrm{xc}}[n(r)]\mathrm{d}r+\int_{\Omega_{0r}}\nu'(r)n(r)\mathrm{d}r+\frac{4\pi}{2}\Omega_{0r}\sum_{G\neq0}\frac{|n(G)^2|}{G^2}+\\&\frac{1}{2}\int_{\Omega_{0r}}\int\frac{\left[\sum_{i,k}n_k(r-(R_i+\tau_k))-n(G=0)\right]\cdot\left[\sum_{i,k}n_k(r'-(R_i+\tau_k))-n(G=0)\right]}{|r'-r|}\mathrm{d}r\mathrm{d}r'\end{aligned} \tag{4-98}$$

哈特利能的处理涉及式（4-71）、式（4-81）、式（4-88）。注意式（4-98）

右边第二项对离子的求和跑遍原胞中的离子。而式（4-91）中，是跑遍有限固体所有的离子。注意式（4-98）右边的2.6两项（红色）只使用几何数据如原子位置、赝势，而1，3~5项与波函数有关，要进行自洽数值计算。

H　埃瓦尔德能和能量的静电赝势修正

如果把式（4-98）中的第2~6项联合起来，可以写成如下的形式：

$$\frac{1}{2}\int_{\Omega_{0r}}\int\frac{I(r,r')}{|r'-r|}\mathrm{d}r\mathrm{d}r' \tag{4-99}$$

$$\begin{aligned}I(r,r') = &\left[\sum_{i,k}n_k(r-(R_i+\tau_k))-n(G=0)\right]\cdot\\&\left[\sum_{j,\lambda}n_\lambda(r-(R_j+\tau_\lambda))-n(G=0)\right]-\\&\left[\sum_{i,k}n_k(r-(R_i+\tau_k))\cdot n_k(r'-(R_j+\tau_k))\right]\end{aligned} \tag{4-100}$$

注意式（4-100）中的第二行抑制了第一行中电荷分布的自相互作用，继续处理这个量可得：

$$\begin{aligned}I(r,r') = &\sum_{i,k}\sum_{\substack{j,k\\(j,k)\neq(i,k)}}n_k(r-(R_i+\tau_k))\cdot n_\lambda(r-(R_j+\tau_\lambda))-\\&n(G=0)\sum_{i,k}n_k(r-(R_i+\tau_k))-n(G=0)\sum_{i,k}n_k(r'-(R_i+\tau_k))+\\&n(G=0)n(G=0)\end{aligned} \tag{4-101}$$

$$n_\mu(r) = |n_\mu(r)-Z_\mu\delta(r)|+Z_\mu\delta(r) \tag{4-102}$$

$$\begin{aligned}I(r,r') = &\sum_{i,k}\sum_{\substack{j,\lambda\\(j,\lambda\neq(i,k))}}[n_k(r-(R_i+\tau_k))-Z_k\delta(r-(R_i+\tau_k))]\cdot\\&[n_\lambda(r'-(R_j+\tau_\lambda))-Z_\lambda\delta(r'-(R_j+\tau_\lambda))]+\\&\sum_{i,k}\sum_{\substack{j,\lambda\\(j,\lambda\neq(i,k))}}Z_k\delta(r-(R_i+\tau_k))\cdot[n_\lambda(r'-(R_j+\tau_\lambda))-Z_\lambda\delta(r'-(R_j+\tau_\lambda))]+\\&\sum_{i,k}\sum_{\substack{j,\lambda\\(j,\lambda\neq(i,k))}}[n_k(r-(R_i+\tau_k))-Z_k\delta(r-(R_i+\tau_k))]\cdot Z_\lambda\delta(r'-(R_j+\tau_\lambda))+\\&\sum_{i,k}\sum_{\substack{j,\lambda\\(j,\lambda\neq(i,k))}}Z_k\delta(r(R_i+\tau_k))\cdot Z_\lambda\delta(r'-(R_j+\tau_\lambda))-\\&n(G=0)\left[\sum_{i,k}n_k(r-(R_i+\tau_k))-Z_K\delta(r-(R_i+\tau_K))\right]-\\&n(G=0)\left[\sum_{i,k}n_k(r'-(R_i+\tau_k))-Z_K\delta(r-(R_i+\tau_K))\right]-\\&n(G=0)\left[\sum_{i,K}Z_K\delta(r'-(R_i+\tau_K))+Z_K\delta(r'-(R_i+\tau_K))\right]+\\&n(G=0)n(G=0)\end{aligned} \tag{4-103}$$

当把以上 $I(r,r')$ 代入式（4-99）后，前三行的贡献等于0，因为它们涉及的是球对称电荷分布的、空间上分离的中性电荷之间的静电相互作用。注意第四项中，点电荷的自相互作用已经消除。第五、六项代入式（4-99）将给出“背景”负电子密度与局域赝势和库仑势之差之间的相互作用能。这个能量被称为“对能量的静电赝势修正（elpsp）”。

$$E_{\mathrm{elsps}}=\left(\frac{1}{\Omega_{0r}}\sum_{K}Z_{K}\right)\cdot\left[\sum_{K}\int\left(V_{K}(r)+\frac{Z_{K}}{|r|}\right)\mathrm{d}r\right] \tag{4-104}$$

推导式（4-104）时，已利用了式（4-83），注意在 r_{c} 之外，括号中第二项的积分贡献为0。

式（4-103）中的第4、7、8项组合起来就是埃瓦尔德能，即在中性背景下，类点电荷系统每个原胞的静电能，在此没有类点电荷的自相互作用。

$$E_{\mathrm{Ewald}}=\frac{1}{2}\int_{\Omega_{0r}}\int\frac{I_{\mathrm{Ewald}}(r,r')}{|r'-r|}\mathrm{d}r\mathrm{d}r' \tag{4-105}$$

$$\begin{aligned}I_{\mathrm{Ewald}}(r,r')=&\sum_{i,K}\sum_{\substack{j,\lambda\\(j,\lambda)\neq(i,K)}}Z_{K}\delta(r-(R_{i}+\tau_{K}))\cdot Z_{\lambda}\delta(r'-(R_{j}+\tau_{\lambda}))-\\&n(G=0)\left[\sum_{i,K}\sum_{\substack{j,\lambda\\(j,\lambda)\neq(i,K)}}Z_{K}\delta(r-(R_{i}+\tau_{K}))\cdot Z_{\lambda}\delta(r'-(R_{i}+\tau_{K}))\right]+\\&n(G=0)n(G=0)\end{aligned} \tag{4-106}$$

两个 δ 函数在同一点的乘积是有意义的，于是得到：

$$\begin{aligned}I_{\mathrm{Ewald}}(r,r')=&\sum_{i,j,K,\lambda}(Z_{K}\delta(r-(R_{i}+\tau_{K}))-N(G=0))\cdot\\&(Z_{K}\delta(r'-(R_{j}+\tau_{\lambda}))-n(G=0))-\\&\sum_{i,K}Z_{K}\delta(r-(R_{i}+\tau_{K}))Z_{K}\delta(r'-(R_{i}+\tau_{K}))\end{aligned} \tag{4-107}$$

I 埃瓦尔德能的计算

计算晶体的埃瓦尔德能并不是一件轻而易举的事。不过已知一种求和技术，它来自连续的傅里叶变换：

$$\frac{1}{(2\pi)^{3}}\int\mathrm{e}^{ikr}\frac{4\pi}{k^{2}}\mathrm{e}^{-k^{2}/4P}\mathrm{d}k=\frac{1}{r}-\frac{\mathrm{erfc}(\sqrt{P}r)}{r} \tag{4-108}$$

式中，误差函数 $\mathrm{ercf}(x)$ 定义为：

$$\mathrm{ercf}(x)=\frac{2}{\sqrt{\pi}}\int_{x}^{\infty}\mathrm{e}^{-y^{2}}\mathrm{d}y \tag{4-109}$$

当 $x=0\rightarrow\infty$ 时，其值从1迅速减小到0。通过式（4-108）得知，$1/r$ 被分解成两项，即倒格空间的积分和一项实空间函数：

$$\frac{1}{r}=\frac{1}{(2\pi)^{3}}\int\mathrm{e}^{ikr}\frac{4\pi}{k^{2}}\mathrm{e}^{-k^{2}/4P}\mathrm{d}k+\frac{\mathrm{erfc}(\sqrt{P})r}{r} \tag{4-110}$$

注意式（4-110）第一项积分在倒格空间是迅速减小的，而第二项余误差函数则是在实空间迅速减小。在常数 P 改变的情况下，求和不变。P 用于这两项之间的平衡。当 r 很大时，第一项与很大时，第一项与 $1/r$ 有相同的渐近行为，$r\to 0$ 时，第二项与 $1/r$ 有相同的奇异性。

经过一些代数运算，埃瓦尔德能量是：

$$E_{\mathrm{Ewald}}=\sum_{K,\lambda}Z_K Z_\lambda\left[\sum_{G\neq 0}\frac{4\pi}{\Omega_{0r}}\mathrm{e}^{iG(\tau_K-\tau_\lambda)}\frac{1}{G^2}\mathrm{e}^{-G^2/4P}+\sum_{\substack{i\\R_j\neq 0,ifk=\lambda}}\left.\frac{\mathrm{erfc}(\sqrt{P}x)}{x}\right|_{x=|R_j+\tau_K-\tau_\lambda|}-\frac{2}{\sqrt{\pi}}\sqrt{P}\delta_{K\lambda}-\frac{\pi}{\Omega_{0r}P}\right] \tag{4-111}$$

式（4-111）是非常容易数值计算的，因为方括号中的前两项求和非常快速收敛。

现在引入“非局域”赝势的可能性。因为赝势的非局域部分是短程的，它被限制在 r_c 球内，因此没有静电发散问题。

考虑总“电子-离子”势，它是所有离子的“非局域”赝势之和并已加上赝势的“局域”部分，是没有静电发散的。这个算子的内核可写成：

$$\nu'(r,r')=\nu_{\mathrm{NL}}(r,r')+\nu'_{\mathrm{lo\nu}}(r)\delta(r-r') \tag{4-112}$$

“电子-离子”势作用在波函数上，按如下方式进行：

$$\nu'(r)=\int\nu'(r,r')\psi(r')\mathrm{d}r' \tag{4-113}$$

晶体的平移对称性则要求式（4-112）满足：

$$\nu'(r+R_i,r'+R_i)=\nu'(r,r') \tag{4-114}$$

式（4-114）表明，两个宗量同时平移布拉维矢量时，ν' 是不变的。

J 周期固体中的非局域势

让我们回顾平移对称性对“局域”势及有关的量的影响：

$$\nu(r+R_i)=\nu(r)$$

$$\psi_k(r)=N\mathrm{e}^{ik\cdot r}u_k(r)$$

$$u_k(r+R_i)=u_k(r)$$

$$u_{n,k+G}(r)=\eta\mathrm{e}^{-G\cdot r}u_{n,k}(r)$$

现在引入内核 $M_{kk'}$，它满足如下关系：

$$M_{kk'}(r+R_i,r'+R_j)=\mathrm{e}^{ikR_i}M_{kk''}(r,r')\mathrm{e}^{-ik'R_j} \tag{4-115}$$

$$M_{k+G,k'+G}(r,r')=\mathrm{e}^{-iGr}M_{kk'}(r,r')\mathrm{e}^{iG'r} \tag{4-116}$$

可以证明，周期性为式（4-114）的内核可以唯一地表示为形式如式（4-116）的内核（用 $k=k'$）的布里渊区积分。

回到电子能量的计算上，单位原胞的“电子-离子”能量是：

$$E_{\mathrm{el-ion}}=\sum_k w_k s\cdot\sum_{n=occ}\langle u_{nk}|\nu'_{kk}|u_{nk}\rangle \tag{4-117}$$

式中，ν'_{kk} 为 $\nu'(r,\ r')$ 的傅里叶变换。

$$\nu'_{kk}(r,r') = \frac{1}{N_{R_i}N_{R_j}} \sum_{R_i,R_j} \mathrm{e}^{ik(R_i - r)} \nu'(r + R_i, r' + R_j) \mathrm{e}^{-ik(R_j - r)} \tag{4-118}$$

虽然实空间晶格布拉维矢量有无穷多，但进行求和的格矢都要除于它们的总数，使得最后得到的是平均值，甚至对于周期固体也是确定的。

用以上定义，可得：

$$\nu_{\mathrm{lov},kk}(r,r') = \nu_{\mathrm{lov}}(r,r') = \delta(r - r')\nu_{\mathrm{loc}}(r) \tag{4-119}$$

$$\nabla_{kk} = \nabla + ik \tag{4-120}$$

如果把式（4-117）的“电子-离子”能量分解为“非局域”和“局域”两部分，可得到：

$$E_{\mathrm{el-ion}} = \sum_k w_k s \cdot \sum_{n=occ} \langle u_{nk} | \nu'_{NLkk} | u_{nk} \rangle + \int_{\Omega_{0r}} \nu'_{\mathrm{loc}}(r) n(r) \mathrm{d}r \tag{4-121}$$

式（4-121）第一项是非局域赝势对“电子-离子”能量的贡献，第二项是局域部分的贡献。

4.2.3 有限差分法

有限差分法是一种广泛使用的数值求解方法，适用于处理具有复杂边界条件的问题。在空间域内，将薛定谔方程离散化，采用中心差分格式可以将其转换为线性代数方程组。

$$\frac{i\hbar}{2\Delta t}(\Psi_{i+1} - 2\Psi_i + \Psi_{i-1}) = \hat{H}\Psi_i$$

这种方法的优点在于能够灵活处理各种边界条件，缺点是计算量相对较大，尤其在高维情况下。

量子力学中的薛定谔方程是描述微观粒子运动状态的基本方程。对于具有周期性结构的体系，如晶体、光子晶体等，其哈密顿算符包含周期性的势能项，使得薛定谔方程的求解变得尤为复杂。传统的解析方法往往难以处理这类复杂体系，而数值方法则成为研究此类问题的重要手段。有限差分法作为一种简单而有效的数值方法，在处理复杂势能函数和边界条件时表现出色，特别适用于求解周期性结构的薛定谔方程。

有限差分法通过将连续的微分方程离散化为差分方程，从而实现对微分方程的数值求解。对于一维薛定谔方程，我们可以将空间区域划分为若干等间距的小区间，利用二阶微分中心差分算符将薛定谔方程转化为线性方程组。对于周期性结构，还需考虑势能函数的周期性边界条件。

研究结果表明，有限差分法在处理复杂势能函数和周期性边界条件时表现出色，为研究周期性结构的电子结构和能带特性提供了一种有效的数值方法。未来工作将进一步探索有限差分法在其他复杂量子体系中的应用，并优化算法以提高计算效率和精度。

4.3　结　　论

在研究周期性结构时，选择合适的数值求解方法至关重要。紧束缚模型计算简单，但仅适用于较简单的系统。平面波展开法适合处理无限大晶体，能带结构的求解效果良好，但对计算资源要求较高。有限差分法在处理复杂边界条件时显示出优势，但需注意网格划分的精细程度对结果的影响。

薛定谔方程在周期性结构中的数值求解是一个复杂而重要的研究领域，通过对不同数值方法的分析，可以为研究者在具体应用中选择合适的方法提供指导。未来的研究应着重于提高数值方法的计算效率和精度，以便更好地适应不断发展的材料科学需求。

参考文献

[1] KOHN W, SHAM L J. Self-consistent equations including exchange and correlation effects [J]. Physical Review, 1965, 140 (4A): A1133-A1138.

[2] WANG L, et al. A review of the numerical methods for solving the time-dependent Schrödinger equation [J]. Computational Physics Communications, 2016, 207: 172-180.

[3] BERRY M V. Quantal phase factors accompanying adiabatic changes [J]. Proceedings of the Royal Society of London. Series A, Mathematical and Physical Sciences, 1984, 392 (1802): 45-57.

[4] 梁铎强. 电子结构计算研究导论 [M]. 北京：冶金工业出版社，2020.

5 分子系统中薛定谔方程的数值求解

薛定谔方程是量子力学的核心方程，描述了量子系统的动态行为。本章探讨了在分子系统中对薛定谔方程进行数值求解的方法，包括理论背景、离散化技术和计算实现。通过对比不同模型的优缺点，阐述了 Hartree-Fock（HF）和密度泛函理论（DFT）的应用，并提供了具体的数值计算示例。

5.1 概　述

薛定谔方程为理解分子结构和化学反应提供了基础。由于实际分子系统的复杂性，解析解通常不可得，因此数值方法成为必不可少的工具。

薛定谔方程在分子领域的数值求解方法包括有限差分法、变分法、密度泛函理论（DFT）、Monte Carlo 方法和其他方法（比如谱方法）。

Hartree-Fock（HF）方法属于变分法的一种，它通过引入波函数的变分形式求解多电子系统的基态能量，并且利用单粒子轨道近似。HF 方法在量子化学中非常重要，通常作为其他更复杂方法的基础。

5.2 理论背景

薛定谔方程的时间独立形式为：

$$\hat{H}\Psi = E\Psi \tag{5-1}$$

式中，$\hat{H}$ 为哈密顿算符；Ψ 为波函数；E 为能量本征值。

对于分子系统，哈密顿算符包括电子动能、核动能和相互作用用能。

量子力学的引入彻底改变了对物质微观行为的理解，而薛定谔方程则成了这一理论的核心工具。在分子系统中，准确求解薛定谔方程是理解化学反应、分子结构及其性质的关键。

由于实际分子系统的复杂性，直接求解薛定谔方程往往不可行。为此，研究者采用了多种近似方法，如 Hartree-Fock 方法和密度泛函理论（DFT），以简化计算。

对于多电子系统，精确求解薛定谔方程涉及高维空间的波函数，计算需求极为庞大。数值方法允许通过近似和分解策略在可接受的时间内获得可用的解。常见的数值方法包括：Hartree-Fock 方法（通过自洽场理论近似求解波函数）和密度泛函理论（DFT）（基于电子密度而非波函数，提供了较高的计算效率与准确性）。

5.3 数值方法

5.3.1 Hartree-Fock 方法

Hartree-Fock（HF）方法通过自洽场理论来近似解决薛定谔方程，该方法的基本步骤包括：

（1）选择基组，为电子波函数选择合适的基组；

（2）构建 Fock 算符，根据当前波函数计算 Fock 算符；

（3）迭代求解，通过自洽场迭代更新波函数直至收敛；

（4）Hartree-Fock 方法的优点是计算相对简单，但忽略了电子间的相关性。

5.3.2 密度泛函理论

密度泛函数（DFT）是一种基于电子密度而非波函数的方法，其基本思想是电子密度包含了所有的必要信息。DFT 的步骤如下：

（1）选择泛函，选择适当的交换-相关泛函；

（2）构建 Kohn-Sham 方程，将多体问题转化为单体问题；

（3）自洽迭代，通过迭代求解 Kohn-Sham 方程，直至电子密度收敛；

（4）DFT 方法在计算效率和精度上具有较好的平衡，适合处理中等大小的分子系统。

5.3.3 其他数值方法

除了 HF 和 DFT 外，还有多种数值方法可用于分子系统的求解，例如：

（1）后 Hartree-Fock 方法（如 MP2、CCSD），考虑电子相关性，但计算复杂度较高；

（2）量子蒙特卡罗方法，通过随机采样解决多体问题，适用于强相关电子系统。

5.4 求解步骤

5.4.1 构建哈密顿量

为了后面介绍各种具体在自洽场分子轨道（SCF-MO）方法方便，这里将主要阐明用于本节中量子化学计算的一些重要的基本近似，给出 SCF-MO 方法的一些基本方程，并对这些方程作简略说明，因为在大量的文献和教材中对这些方程已有系统的推导和阐述。

确定任何一个分子的可能稳定状态的电子结构和性质，在非相对论近似下，须求解定态薛定谔方程：

$$\left[-\sum_{A}\frac{1}{2M_A}\nabla_A^2-\sum_{p}\frac{1}{2}\nabla_p^2+\frac{1}{2}\sum_{A\neq B}\frac{Z_AZ_B}{R_{AB}}+\frac{1}{2}\sum_{p\neq q}\frac{1}{r_{pq}}-\sum_{A}\sum_{p}\frac{Z_A}{R_{pA}}\right]\psi'=E_{\mathrm{T}}\psi' \tag{5-2}$$

其中，分子波函数依赖于电子和原子核的坐标，哈密顿算符包含了电子 p 的动能和电子 p 与 q 的静电排斥算符，

$$\hat{H}^{\mathrm{e}}=-\frac{1}{2}\sum_{p}\nabla_p^2+\frac{1}{2}\sum_{p\neq q}\frac{1}{r_{pq}} \tag{5-3}$$

以及原子核的动能：

$$\hat{H}^{\mathrm{N}}=-\frac{1}{2}\sum_{A}\frac{1}{M_A}\nabla_A^2 \tag{5-4}$$

和电子与核的相互作用及核排斥能

$$\hat{H}^{\mathrm{eN}}=-\sum_{A,p}\frac{Z_A}{r_{pA}}+\frac{1}{2}\sum_{A\neq B}\frac{Z_AZ_B}{R_{AB}} \tag{5-5}$$

其中，Z_A 和 M_A 为原子核 A 的电荷和质量，$r_{pq}=|r_p-r_q|$，$r_{pA}=|r_p-r_A|$和 $r_{AB}=|r_A-r_B|$分别为电子 p 和 q、核 A 和电子 p 及核 A 和 B 间的距离（均以原子单位表示）。上述分子坐标系如图 5-1 所示，可以用 $V(R,r)$ 代表式（5-3）~式（5-5）中所有位能项之和。

$$V(R,r)=\frac{1}{2}\sum_{A\neq B}\frac{Z_AZ_B}{R_{AB}}+\frac{1}{2}\sum_{p\neq q}\frac{1}{r_{pq}}-\sum_{A,p}\frac{Z_A}{r_{pA}} \tag{5-6}$$

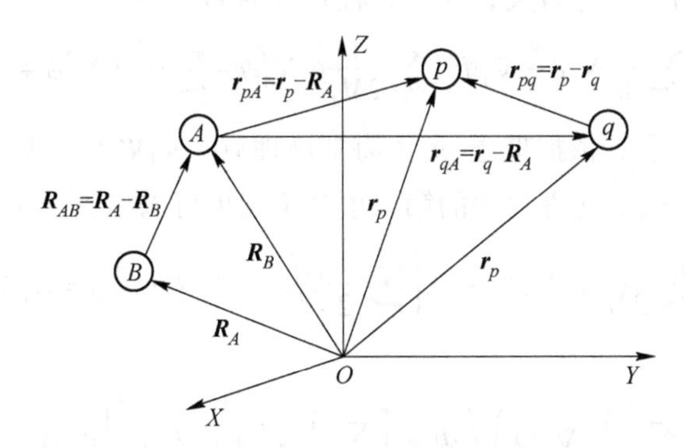

图 5-1　分子体系的坐标

5.4.1.1　原子单位

上述的薛定谔方程和哈密顿算符是以原子单位表示的，这样表示的优点在于简化书写形式和避免不必要的常数重复计算。在原子单位的表示中，长度的原子单位是 Bohr。

半径为：

$$a_0 = \frac{h^2}{4\pi^2 m_e e^2} = 0.052917725 \text{ nm}$$

能量是以哈特利为单位，它定义为相距 1 Bohr 两个电子间的库仑排斥作用能。

$$1 \text{ Hartree} = \frac{e^2}{a_0}$$

质量则以电子制单位表示，即定义 $m_e = 1$。

5.4.1.2　玻恩-奥本海默近似

可以把分子的薛定谔方程式（5-2）改写为如下形式：

$$\left[-\sum_A \frac{1}{2M_A}\nabla_A^2 - \sum_p \frac{1}{2}\nabla_p^2 + V(R,r) \right]\psi' = E_T\psi' \tag{5-7}$$

由于组成分子的原子核质量比电子质量大 $10^3 \sim 10^5$ 倍，因而分子中电子运动的速度比原子核快得多，核运动平均速度比电子小千倍，从而在求解电子运动问题时允许把电子运动独立于核运动，即认为原子核的运动不影响电子状态。这就是求解式（5-2）的第一个近似，被称为玻恩-奥本海默近似或绝热近似。假定分子的波函数 ψ' 可以确定为电子运动和核运动波函数的乘积。

$$\psi'(R,r) = \psi(R,r)\Phi(r) \tag{5-8}$$

式中，$\psi(R)$ 只与核坐标有关，代入方程式（5-3）有：

$$-\sum_A \frac{1}{2M_A}\psi\, \nabla_A^2\Phi - \sum_A \frac{1}{M_A}\nabla_A\psi \cdot \nabla_A\Phi - \sum_A \frac{1}{2M_A}\Phi\, \nabla_A^2\psi - \sum_p \frac{1}{2}\Phi\, \nabla_p^2\psi + V(R,r)\psi\Phi = E_T\psi\Phi$$

对于通常的分子，依据玻恩-奥本海默原理有：$\nabla_A\Psi$ 和 $\psi\, \nabla_A^2\Psi$ 都很小，同时 $M_A \approx 10^3 \sim 10^5$，从而上述方程中的第二项和第三项可以略去，于是：

$$-\sum_A \frac{1}{2M_A}\psi\, \nabla_A^2\Phi - \Phi\left[\sum_p \frac{1}{2}\nabla_p^2\psi + V(R,r) \right]\psi = E_T\psi\Phi$$

因此得出：

$$E_T + \left(\sum_A \frac{1}{2M_A}\nabla_A^2\Phi \right) \Big/ \Phi + \left[\sum_p \frac{1}{2}\nabla_p^2 + V(R,r) \right]\psi/\psi = E(R)$$

也即该方程可以分离变量而成为两个方程：

$$-\sum_{p}\frac{1}{2}\nabla_{p}^{2}\psi+V(R,r)\psi=E(R)\psi \tag{5-9}$$

$$-\sum_{A}\frac{1}{2M_{A}}\nabla_{p}^{2}\Phi+E(R)\Phi=E_{\mathrm{T}}\Phi \tag{5-10}$$

方程式（5-9）为在某种固定核位置时电子体系运动方程，而方程式（5-10）为核的运动方程。$E(R)$ 固定核时体系的电子能量，但在核运动方程中它又是核运动的位能。此时分子总能量用 E_{T} 表示。

因此，在玻恩-奥本海默近似下，分子体系波函数为两个波函数的乘积式（5-8）。分子中电子运动波函数 $\phi(R)$ 分别由式（5-9）和式（5-10）确定。电子能量 $E(R)$ 为分子的核坐标函数，从式（5-10）看出它又是核运动的位能。在空间画出 $E(R)$ 随 R 的变化关系，称为位能图。

5.4.1.3　单电子近似

利用玻恩-奥本海默绝热近似就容易把包含原子核和电子的多粒子问题转化为多电子问题，求解多电子问题的困难在于电子与电子之间的库仑相互作用项。假设不考虑电子之间的相互作用，就容易得到相互独立的单电子近似哈密顿算符。为了把多电子问题简化成单电子问题，如果把其他电子对所考虑电子的瞬时作用平均化和球对称化，则：

$$V_{i}(r_{i})=\sum_{i'(i'\neq i)}\int \mathrm{d}_{r_{i'}}\frac{|\psi_{i'}(r_{i'})|^{2}}{|r_{i'}-r_{r}|} \tag{5-11}$$

这样就可以把多电子问题转变成单电子问题。这时，整个系统的波函数就是每个电子波函数 $\psi_i(r_i)$ 连乘积。单电子波函数应该满足单电子的哈特利方程：

$$H_{i}=-\frac{\hbar^{2}}{2m_{e}}\nabla^{2}+V(r_{i})+\sum_{i'(i'\neq i)}\int \mathrm{d}_{r_{i'}}\frac{|\psi_{i'}(r_{i'})|^{2}}{|r_{i'}-r_{r}|} \tag{5-12}$$

式中，$V(r_i)$ 为该电子所受到的核的作用势。

哈特利方程描述了每个坐标 r 处单电子在核作用势和其他电子的平均势中的运动，E 是单电子的能量，简化后就可以从假设的一组 $\psi_i(r_i)$ 出发，求解波函数时引入自治场方法，则整个系统的能量为：

$$E=\langle\psi|H|\psi\rangle=\sum_{i}\langle\psi_{i}(r)|H|\psi_{i}(r)\rangle=\sum_{i}E_{i} \tag{5-13}$$

式（5-13）并没有考虑到波函数是电子交换反对称的，于是需要考虑泡利不相容原理，即把波函数写成斯莱特行列式。此时体系的总能要增加一个由电子交换引起的交换项，体系的总能可改写成：

$$\begin{aligned}E&=\langle\Psi|H|\Psi\rangle\\&=\sum_{i}\int \mathrm{d}r_{i}\Psi_{i}^{*}(r_{i})H_{i}\Psi_{i}(r_{i})-\frac{1}{2}\sum_{i,i'}\iint \mathrm{d}r_{i}\mathrm{d}r_{i'}\frac{\Psi_{i}^{*}(r_{i})\Psi_{i}(r_{i'})\Psi_{i'}^{*}(r_{i'})\Psi_{i'}(r_{i})}{|r_{i}-t_{i'}|}\end{aligned} \tag{5-14}$$

对应的单电子方程为哈特利-福克方程：

$$\left[-\frac{\hbar^2}{2m}\nabla^2+V(r_i)\right]\Psi_i(r_i)+\sum_{i'(i'\neq i)}\int \mathrm{d}_{r_{i'}}\frac{|\psi_{i'}(r_{i'})|^2}{|r_{i'}-r_r|}\Psi_i(r_i)-\sum_{i'(i'\neq i)}\int \mathrm{d}r_{i'}\frac{\Psi_{i'}^*(r_{i'})\Psi_i(r_{i'})}{|r_i-r_{i'}|}\Psi_{i'}(r_i)$$
$$=\sum_{i'}\lambda_{ii'}\Psi_{i'}(r_i) \tag{5-15}$$

式中，$\psi_1,\cdots,\psi_n$ 为填满的正交分子轨域。

假设在多电子分子中电子还是可以看成在分子轨域中独立运动，而任一个电子所受的有效位能为分子内所有的原子核以及其他电子的平均库仑作用力。近似波函数本来可写成所有自旋轨域的乘积，但电子是无法区分的基本粒子，而且泡利定律要求电子的波函数在经过任两个粒子坐标对调后必须变号，因此一种最简单且具有一般性的做法就是将波函数写成一个如式（5-5）的斯莱特行列式，基本上就是将波函数写成各种自旋轨域乘积的线性组合，$2n$ 个电子在不同的轨域中可有任意的排列，因此共有（$2n$）！项。

体系的电子与核运动分离后，计算分子的电子波函数 ψ 归结为求解下面的方程：

$$\left[-\sum_{p}\frac{1}{2}\nabla_p^2+\frac{1}{2}\sum_{p\neq q}\frac{1}{r_{pq}}-\sum_{A,p}\frac{Z_A}{r_{pA}}\right]\psi'=E\psi \tag{5-16}$$

式（5-16）是量子化学的基本方程，目前已有多种求解这个方程的方法。这些方法的区别首先是构成 ψ 的方式及其相应的近似。最常用的是哈特利建议的单电子近似。在多电子体系中，所有电子是相互作用的，其中任意电子运动依赖于其他电子的运动。

哈特利建议把所有电子对于每个个别电子运动的影响代换成某种有效场的作用，于是每个电子在核电荷以及其余电子有效场产生的势场中运动仅依赖于电子坐标。因而电子运动分开了，对于多电子体系中每个电子可以引入单电子波函数，这种单电子波函数是式（5-16）单电子薛定谔方程的解，其中含有算符 $1/r_{pq}$ 项，用只依赖于所研究电子坐标的有效场代替。整个多电子体系波函数等于所有电子的单电子波函数（轨道）乘积。

电子还具有自旋角动量 S，其分量 S_x、S_y 和 S_z 满足普通角动量算符的对易关系。算符 S^2 和 S_z 完全给定了电子的自旋，电子自旋波函数 $\eta(\xi)$ 满足方程：

$$\hat{S}^2\eta(\xi)=s(s+1)\eta(\xi) \tag{5-17}$$
$$\hat{S}_z\eta(\xi)=m_z\eta(\xi)$$

式中，ξ 为自旋坐标，通常把对应于自旋 1/2 的波函数记为 $\alpha(\xi)$，而把自旋 $m_s=-\frac{1}{2}$波函数记为 $\beta(\xi)$。

在非相对论近似下和不存在外磁场时，电子的自旋和空间坐标无关，因此电子的自旋轨道可取成：

$$\psi'(x,y,z,\xi)=\psi(x,y,z)\eta(\xi) \tag{5-18}$$

考虑到自旋变量的多电子波函数由自旋轨道组成，它应当是体系总自旋 S^2 与 S_z 的本征函数：

$$\hat{S}^2\psi=S(S+1)\psi \tag{5-19}$$

$$\hat{S}_z\psi=M_S\psi \tag{5-20}$$

构成体系多电子波函数 Ψ 时，必须考虑 Ψ 相对于任一对电子交换的反对称性要求，此所谓泡利原理。因此，一般不求出哈特利方法的简单乘积型波函数 ψ，而是求出对应于按自旋轨道电子的所有可能置换方式的斯莱特行列式波函数，此为哈特利-福克方法。对于置于 $n=N/2$ 轨道 Ψ 上的 N 电子闭壳层体系，单电子近似下波函数 Ψ 为：

$$\Psi=\frac{1}{\sqrt{N!}}\begin{vmatrix} \psi_1(1)\alpha(1)\psi_1(1)\beta(1) & \cdots & \psi_n(1)\alpha(1)\psi_n(1)\beta(1) \\ \psi_1(2)\alpha(2)\psi_1(2)\beta(2) & \cdots & \psi_n(2)\alpha(2)\psi_n(2)\beta(2) \\ \vdots & \vdots & \vdots \\ \psi_1(N)\alpha(N)\psi_1(N)\beta(N) & \cdots & \psi_n(N)\alpha(N)\psi_n(N)\beta(N) \end{vmatrix} \tag{5-21}$$

该式的斯莱特行列式是保证反对称性要求的唯一这类函数。

引入单电子近似便确定了波函数 Ψ 的形式，用它可以求解方程式（5-16）。显然在一般的情况下，Ψ 应当包含式（5-21）行列式的线性组合，同时满足式（5-19）、式（5-20）的限制。若式（5-18）中自旋部分是单电子自旋投影算符 S_z 的本征值，则式（5-20）就满足。当分子的 n 个轨道每个均为自旋反平行电子对占据时（闭电子壳层），一个行列式波函数式（5-21）就已满足式（5-19）和式（5-20）。对于含有未配对的电子体系，这是做不到的，此时体系波函数是对应于各种轨道填充方式（不同组态）的斯莱特行列式 ψ_l 的线性组合。

$$\Psi=\sum_l a_l\psi_l \tag{5-22}$$

当适当选择行列式前系数 a_l 时，条件式（5-19）和波函数的反对称性要求均可以满足。

由于存在着电子运动的相关，不明显处理式（5-16）中 $1/r_{pq}$ 项的单电子近似，完全忽略了这种相关效应，所以哈特利-福克单电子近似使波函数的计算产生了误差。

5.4.1.4 变分原理

上述单电子近似只是给出了所求解体系多电子波函数的一种形式，变分法提供了求解方程式（5-16）的一种方法。

薛定谔方程式（5-16）的解对应于稳定态能量。若波函数 Ψ 是式（5-16）

的解，那么对于任意微小变化 $\delta\psi$，取能量平均值：

$$E = \langle \Psi | \hat{H} | \Psi \rangle = \int \Psi^* \hat{H} \Psi \mathrm{d}\tau \tag{5-23}$$

E 的变分应等于零，即：

$$\delta E = \delta \langle \Psi | \hat{H} | \Psi \rangle = 0 \tag{5-24}$$

式（5-23）中积分是对 Ψ 的所有变量进行的，并且已假定 Ψ 是归一化的，即：

$$\int \Psi^* \hat{H} \Psi \mathrm{d}\tau = 1 \tag{5-25}$$

由于对应于体系基态的波函数总能量应当是极小值，因此对单电子轨道施行变分就给出这种形式波函数，能量是极小值并满足式（5-24），从而求得的波函数 Ψ 就是多电子体系基态薛定谔方程欲求的解。

显然，为了施行变分，波函数 Ψ 的形式应当充分好。两种途径可以保证这一点：（1）取展开式（5-22）是从充分多项，且固定轨道 Ψ 只对系数 a_l 变分；（2）局限于尽可能少的行列式 ψ_l，若有可能做到就取一个，但此时把每个 Ψ 表示成可能的简单形式。鉴于这种选择，区分出两类广泛应用的量子化学方法，即是价键（VB）法和分子轨道法（MO）。

在价键法中，用孤立原子的原子轨道（AO）作为单电子波函数 ψ 构成斯莱特行列式 ψ_l，原子轨道的不同选择对应于不同的行列式 ψ_l。对于式（5-22）施行的变分，可得到确定系数 a_l 的方程。为了充分靠近体系的能量，必须在式（5-22）中选用足够的多项，即用多行列式波函数进行运算。用原子轨道线性组合分子轨道（LCAO-MO）法提供了另外一种选择相应于体系能量极小的多电子波函数方法。此时，对应于分子中单电子态的分子轨道 ψ_i 写成原子轨道 φ_μ（基函数 AO）的线性组合。

$$\psi_i = \sum_{\mu=1}^{m} c_{\mu i} \varphi_\mu \tag{5-26}$$

实际上，这种展开有完全合理的基础。因为靠近某个原子的电子所受的作用基本上是由该原子产生的场引起的，所以该区域中电子波函数应当近于原子轨道，展开该式对求解变分问题的优点是明显的。

如果式（5-22）中选用极大数目的项，那么 VB 法和 MO 法就都给出同样的能量 E 和波函数 ψ，当然表达式不完全相同。这种唯一性的原因很简单，因为使用 LCAO-MO 的每个行列式均可以展开为 AO 组成的一些行列式。在一般情况下，每个 MO 组成的行列式应展开成 AO 组成的所有行列式。因为波函数 ψ 应通过 AO 组成的行列式完全集合表达，从而当使用完全集合时，MO 法与 VB 法所描述的 ψ 就等价。当然，不用完全集合表达时，两种方法的等价性就破坏了。在极端情况下，某种方法中可以取一个行列式，此时可以直接看到 MO 法的优越性。

对于 MO 法，允许采用单行列式表达 ψ（至少对于闭壳层体系），进而通常由一些正交分子轨道组成行列式：

$$\int \varphi_i^* \hat{H} \varphi_j \mathrm{d}\tau = \delta_{ij} \tag{5-27}$$

式中，δ_{ij}为克罗内克符号。

从而使计算大为简化，并能比 VB 法更简单地确定式（5-26）的方程系数。同时，MO 法的基本方程能很好地适应现代电子计算机的能力。由于这个原因，现代的 MO 方法已经成为最常用的计算多电子分子的电子结构的基本方法。

5.4.2 选择数值方法

5.4.2.1 闭壳层体系的哈特利-福克-罗特汉方程

在分子轨道范围内，对闭壳层体系，在单电子近似下，用两个自旋反平行电子填充每个分子轨道 ψ，可以构成一个斯莱特行列式（5-21）型波函数，选择轨道式（5-18）的自旋部分满足式（5-17），则保证了式（5-20）条件。

根据变分原理，若轨道 ψ 使得分子能量式（5-23）取极小值，就求出了所研究多电子体系方程式（5-16）的解。将波函数式（5-21）代入式（5-23），并进行一些推导，可得闭壳层分子的电子能量表达式：

$$E = 2\sum_i H_{ii} + \sum_{ij}^{n} (2J_{ij} - K_{ij}) \tag{5-28}$$

式中，H_{ii}为对应于分子轨道 φ_i 的核实哈密顿量 $\hat{H}_{\mathrm{core}}(1)$ 的单电子矩阵元。

$$H_{ii} = \int \varphi_i^*(1) \hat{H}^{\mathrm{core}} \varphi_i(1) \mathrm{d}\tau$$

$$E_{\mathrm{slater}} = \int \Psi_{\mathrm{slater}}^* \hat{H}_{\mathrm{ele}} \Psi_{\mathrm{slater}} \mathrm{d}\tau = 2\sum_{i=1}^{n} H_{ii}^{\mathrm{core}} + \sum_{i=1}^{n}\sum_{j=1}^{n} (2J_{ij} - K_{ij}) \tag{5-29}$$

而 $\hat{H}_{\mathrm{core}}$包含电子动能算符和分子中原子核对电子的吸引能算符：

$$\hat{H}_{\mathrm{core}}(1) = \hat{T} + \hat{V} = -\frac{1}{2}\nabla^2(1) - \sum_A \frac{Z_A}{r_{1A}} = \int \varphi_i^*(1)\left(-\frac{\hbar^2}{2m_e}\nabla_1^2 - \sum_A \frac{Z_A}{4\pi\varepsilon_0 r_{1,A}}\right)\varphi_i(1)\mathrm{d}\tau_1 \tag{5-30}$$

下面两式分别表示库仑积分 J_{ij}和交换积分 J_{ij}：

$$\begin{aligned} J_{ij} &= \iint \varphi_i^*(1)\varphi_j^*(2)\frac{1}{r_{12}}\varphi_i(1)\varphi_j(2)\mathrm{d}\tau_1\mathrm{d}\tau_2 \\ &= \iint \varphi_i^*(1)\varphi_j^*(2)\left(\frac{\mathrm{e}^2}{4\pi\varepsilon_0 r_{12}}\right)\varphi_i(1)\varphi_j(2)\mathrm{d}\tau_1\mathrm{d}\tau_2 \end{aligned} \tag{5-31}$$

$$K_{ij} = \iint \varphi_i^*(1)\varphi_j^*(2)\frac{1}{r^2}\varphi_j(1)\varphi_i(2)\mathrm{d}\tau_1\mathrm{d}\tau_2$$

$$= \iint \varphi_i^*(1)\varphi_j^*(2)\left(\frac{e^2}{4\pi\varepsilon_0 r_{12}}\right)\varphi_j(1)\varphi_i(2)\,d\tau_1 d\tau_2 \tag{5-32}$$

式中，$\hat{H}_{core}$为代表个别电子的动能以及它与所有原子核间的作用力，如果电子间没有作用力，则式（5-29）中的 $\hat{H}_{core}$项就是电子的总能量；r_{1A}为电子与原子核 A 间的距离。

式（5-29）、式（5-31）中的 J 代表在两个分子轨域间的传统电子-电子库仑作用力，也称为库仑积分或库仑能量。式（5-29）、式（5-32）中的 K 虽然类似 J，但并没有古典力学的相对值，它的来源是泡利定律中要求波函数必须为反对称的，K 也称为交换积分或交换能量，这是一种纯粹的量子效应。交换能量通常在化学键结中扮演关键角色，r_{12}代表两个电子间的距离。积分取遍电子 1 和 2 的全部空间坐标。

从式（5-29）~式（5-32）可以看出式（5-28）中各项的物理意义。显然，单电子积分 H_{ii}表示在核势场中分子轨道上电子能量，由于每个 φ_i 轨道上占据两个电子，所以乘以 2。双电子库仑积分 J_{ij}表示 φ_i 和 φ_j 轨道上两个电子间平均排斥作用。由于波函数的反对称性要求出现了交换积分 K_{ij}（在哈特利方法中不考虑它），减小了不同轨道 φ_i 和 φ_j 上平行自旋电子间的相互作用，正是它们描写了相同自旋电子运动的交换相关。然而，在哈特利-福克方法中，还是没有考虑反平行自旋电子间库仑排斥引起的电子相关效应。

为了求解 ψ 的最优近似，必须选择一定形式的分子轨道 φ_i 是总能量最小。这些分子轨道相互正交，在 LCAO 近似下表示成原子轨道 φ_μ 的展开式，罗特汉最先解决了这一问题。关于 ψ_i 对 AO 基展开系数的方程成为哈特利-福克-罗特汉方程（间记为 HFR 方程），下面简要推导这个方程。

首先写出 ψ_i 的 LCAO 展开式：

$$\psi_i = \sum_\mu c_{\mu i}\varphi_\mu$$

分子轨道正交归一化条件给出对 MO 系数的附加限制：

$$\sum_{\mu\nu} c_{\mu i}^* c_{\nu j} S_{\mu\nu} = \delta_{ij} \tag{5-33}$$

式中，$S_{\mu\nu}$为原子轨道 φ_μ 和 φ_ν 间的重叠积分。

$$S_{\mu\nu} = \int \varphi_\mu^* \varphi_\nu \,d\tau \tag{5-34}$$

用 AO 基写出式（5-30）~式（5-32）：

$$H_{ii} = \sum_{\mu\nu} c_{\mu i}^* c_{\nu i} H_{\mu\nu} \tag{5-35}$$

$$J_{ij} = \sum_{\mu\nu\lambda\sigma} c_{\mu i}^* c_{\nu i}^* c_{\lambda j} c_{\sigma j}\langle \mu\nu \mid \lambda\sigma\rangle \tag{5-36}$$

$$K_{ij} = \sum_{\mu\nu\lambda\sigma} c_{\mu i}^* c_{\nu i}^* c_{\lambda j} c_{\sigma j}\langle \mu\sigma \mid \lambda\nu\rangle \tag{5-37}$$

式中，$H_{\mu\nu}$为核实哈密顿量式（5-33）相对原子轨道 φ_μ 和 φ_ν 的矩阵元。

双电子相互作用积分 $\langle \mu\nu | \lambda\sigma \rangle$ 表达式为：

$$\langle \mu\nu | \lambda\sigma \rangle = \iint \varphi_\mu^*(1)\varphi_\nu(2)\frac{1}{r_{12}}\varphi_\lambda^*(1)\varphi_\sigma(2)\mathrm{d}\tau_1\mathrm{d}\tau_2 \tag{5-38}$$

它表示电子云分布 $\varphi_\mu\varphi_\nu$ 和 $\varphi_\lambda\varphi_\sigma$ 间的相互作用，从而能量 E 的表达式（5-28）变为：

$$E = 2\sum_i^{occ}\sum_{\mu\nu} c_{\mu i}^* c_{\nu i} H_{\mu\nu} + \sum_{ij}\left[2\sum_{\mu\nu\lambda\sigma} c_{\mu i}^* c_{\nu i} c_{\lambda j}^* c_{\sigma j}\langle \eta\nu | \lambda\sigma \rangle - \sum_{\mu\nu\lambda\sigma} c_{\mu i}^* c_{\nu i} c_{\lambda j}^* c_{\sigma j}\langle \eta\sigma | \lambda\nu \rangle\right] \tag{5-39}$$

引入原子轨道基的电子密度矩阵元：

$$P_{\eta\nu} = 2\sum_i^{occ} c_{\mu i}^* c_{\nu i} \tag{5-40}$$

式（5-40）化为：

$$E = \sum_{\mu\nu} P_{\mu\nu}H_{\mu\nu} + \frac{1}{2}\sum_{\mu\nu\lambda\sigma} P_{\mu\nu}P_{\lambda\sigma}\left[\langle \mu\nu | \lambda\sigma \rangle - \frac{1}{2}\langle \mu\sigma | \lambda\nu \rangle\right] \tag{5-41}$$

或者令：

$$R_{\mu\nu} = \frac{1}{2}P_{\mu\nu} \tag{5-42}$$

则可以用矩阵形式写为：

$$\boldsymbol{E} = 2\boldsymbol{S_P RH} + \boldsymbol{S_P RG} \tag{5-43}$$

式中，电子相互作用矩阵 G 定义为：

$$G = J(2R) - K(R) \tag{5-44}$$

矩阵 $J(R)$ 描写库仑相互作用，而 $K(R)$ 描写电子交换相互作用，其矩阵元分别为：

$$[J(2R)]_{\mu\nu} = \sum_{\lambda\sigma} R_{\lambda\sigma}\langle \mu\nu | \lambda\sigma \rangle \tag{5-45}$$

$$[K(R)]_{\mu\nu} = \sum_{\lambda\sigma} R_{\lambda\sigma}\langle \mu\sigma | \lambda\nu \rangle \tag{5-46}$$

其中，作用于两个矩阵的运算 S_P 是指把此两个矩阵所响应矩阵元的乘积求和。

在 LCAO 分子轨道法中，通常假定基原子轨道是固定的，而形式不变，因此对分子轨道变分归结为对展开系数 $c_{\mu i}$的变分：

$$\delta\psi_i = \sum_\mu (\delta c_{\mu i})\varphi_\mu \tag{5-47}$$

应当指出，式（5-47）中的 φ_μ 不变性在原则上是不必要的，已有把 φ_μ 看成可变的一类计算方法，然而是极其困难和复杂的，常用的 MO 法一般不做这类计算。

当对分子轨道变分时，借助拉格朗日乘法可以是能量极小化，这是极小化泛函：

$$\widetilde{G}=E-2\sum_{ij}\sum_{\mu\nu}\varepsilon_{ij}c_{\mu i}^{*}c_{\nu j}S_{\mu\nu}$$

即变化系数 $c_{\mu i}^{*}$，使稳定点 $\delta G=0$，其中 E 由方程式（5-41）定义。取 G 的变分，则有：

$$\begin{aligned}\delta\hat{G}&=2\sum_{i}\sum_{\mu\nu}\delta c_{\mu i}^{*}c_{\nu i}H_{\mu\nu}+\sum_{ij}\sum_{\mu\nu\lambda\sigma}(\delta c_{\mu i}^{*}c_{\lambda j}c_{\nu i}c_{\sigma j}+c_{\mu i}\delta c_{\lambda j}^{*}c_{\nu i}c_{\sigma j})[2\langle\mu\nu\mid\lambda\sigma\rangle-\\&\quad\langle\mu\sigma\mid\lambda\nu\rangle]-2\sum_{ij}\sum_{\mu\nu}\varepsilon_{ij}\delta c_{\mu i}^{*}c_{\nu j}S_{\mu\nu}+\text{共轭复数}\\&=2\sum_{i}\sum_{\mu}\delta c_{\mu i}^{*}\sum_{\nu}\{c_{\nu i}H_{\mu\nu}+\sum_{j,\lambda\sigma}c_{\lambda j}^{*}c_{\sigma j}c_{\nu i}[\langle\mu\nu\mid\lambda\sigma\rangle-\frac{1}{2}\langle\mu\sigma\mid\lambda\nu\rangle]-\\&\quad\sum_{j}\varepsilon_{ij}c_{\nu j}S_{\mu\nu}\}+\text{共轭复数}\\&=0\end{aligned}\tag{5-48}$$

由于 $\delta c_{\mu i}^{*}$的任意性，所以必须有：

$$\sum_{\nu}\left[H_{\mu\nu}+\sum_{\lambda\sigma}P_{\lambda\sigma}\left(\langle\mu\nu\mid\lambda\sigma\rangle-\frac{1}{2}\langle\mu\sigma\mid\lambda\nu\rangle\right)\right]-\sum_{j}\varepsilon_{ij}c_{\nu j}S_{\mu\nu}=0\tag{5-49}$$

因为分子轨道在酉变换下的确定性，可以自由选择非对角拉格朗日乘数为零。定义 Fock 矩阵元：

$$F_{\mu\nu}=H_{\mu\nu}+\sum_{\lambda\sigma}P_{\lambda\sigma}\left(\langle\mu\nu\mid\lambda\sigma\rangle-\frac{1}{2}\langle\mu\sigma\mid\lambda\nu\rangle\right)\tag{5-50a}$$

或记为矩阵形式：

$$F=H+G\tag{5-50b}$$

式中，H 为哈特利–福克矩阵的单电子部分；G 为双电子部分。

于是式（5-59）可以写为：

$$\sum_{\nu}(F_{\mu\nu}-\varepsilon_{i}S_{\mu\nu})c_{\nu i}=0\tag{5-51a}$$

或记为矩阵形式：

$$\boldsymbol{FC}=\boldsymbol{SCE}\tag{5-51b}$$

此为 HFR 方程，其中 $\boldsymbol{E}$ 是哈特利–福克算符本征值组成的对角矩阵，$\boldsymbol{S}$ 是基原子轨道的重叠积分矩阵。解式（5-51a）或式（5-51b），就给出按原子轨道展开的分子轨道系数和单电子分子轨道能量 ε_i。

然而，上述 HFR 方程是数学上广义特征值问题。为了求解方便，先借助下述变换将它化成标准特征值问题。由于 $\boldsymbol{S}$ 是厄米矩阵，因此可以用酉变换 θ 使其对角化，即：

$$\theta^{+}\boldsymbol{S}\theta=D\begin{vmatrix}d_{11}&&&\\&d_{22}&&\\&&\ddots&\\&&&d_{nn}\end{vmatrix}\tag{5-52}$$

从而可由其对角元平方根倒数构成矩阵 $\boldsymbol{S}^{-\frac{1}{2}}$，同时 $\boldsymbol{S}^{\frac{1}{2}}\boldsymbol{S}^{-\frac{1}{2}}=1$ 和 $\boldsymbol{S}^{-\frac{1}{2}}\boldsymbol{S}\boldsymbol{S}^{-\frac{1}{2}}=1$ 成立。此时可做变换：

$$\boldsymbol{F}^{\mathrm{T}}=\boldsymbol{S}^{-\frac{1}{2}}\boldsymbol{F}\boldsymbol{S}^{-\frac{1}{2}} \tag{5-53}$$

$$\boldsymbol{C}^{\mathrm{T}}=\boldsymbol{S}^{\frac{1}{2}}\boldsymbol{C} \tag{5-54}$$

则式（5-51）化成：

$$\boldsymbol{S}^{\frac{1}{2}}\boldsymbol{F}^{\mathrm{T}}\boldsymbol{S}^{\frac{1}{2}}\boldsymbol{S}^{-\frac{1}{2}}\boldsymbol{C}^{\mathrm{T}}=\boldsymbol{S}\boldsymbol{S}^{-\frac{1}{2}}\boldsymbol{C}^{\mathrm{T}}\boldsymbol{E}$$

亦即：

$$\boldsymbol{F}^{\mathrm{T}}\boldsymbol{C}^{\mathrm{T}}=\boldsymbol{C}^{\mathrm{T}}\boldsymbol{E} \tag{5-55}$$

这是标准特征值问题，可以采用数学上标准的对角化方法处理。

显然这些方程都是系数 $c_{\mu i}$ 三次联立方程组，必须用迭代法求解：当 $F(0)=H$ 时，解方程式（5-51a）或式（5-51b）就得到 MO 系数的零级近似 $C(0)$。用 $C(0)$ 计算储 $F(1)$；再代入方程式（5-51）确定新的系数 $C(1)$，然后再计算 $F(2)$ 等。最后，当前后两次迭代所得系数 $C(n)$ 与 $C(n-1)$ 符合收敛精度时，迭代过程收敛。因此，应用现代快速计算机易于实现这样的计算过程。

5.4.2.2 开壳层体系的非限制性哈特利-福克方法

对于含有奇数电子的分子，不可能把所有电子均成对地排布于相应的分子轨道之中，体系中将有未配对的电子。此时，电子体系处于开壳层状态。显然，当电子从闭壳层分子基态占据分子轨道跃迁到基态未占据的空轨道上去，也会产生类似状态。

当描写开壳层体系时，波函数 Ψ 一般应满足条件式（5-19）的一些斯莱特行列式线性组合式（5-22）构成，从而计算方案将更加复杂。然而，对开壳层体系对应于极大多重度的状态来说，可以保持波函数的单行列式表示，非限制哈特利-福克（UHF）方法是描写这类体系的可能方法之一。

UHF 方法的基本假定是，α 自旋电子所处的分子轨道不同于 β 电子，从而与闭壳层体系不同。在 UHF 方法中引入两组分子轨道：p 个 α 自旋电子置于分子轨道集合 ϕ_i^α 中，而 q 个 β 自旋电子置于分子轨道集合 ϕ_i^β 中，电子体系的波函数为：

$$\Psi_{\mathrm{UHF}}=\frac{1}{\sqrt{(p+q)!}}\det[\phi_1^\alpha(1)\alpha(1)\phi_1^\beta(2)\beta(2)\phi_2^\alpha(3)\alpha(3)\cdots \\ \phi_q^\beta(2q)\beta(2q)\phi_{q+1}^\alpha(2q+1)\alpha(2q+1)\cdots\phi_{p+q}^\alpha(p+q)\alpha(p+q)] \tag{5-56}$$

由于 α 自旋和 β 自旋电子占据不同的空间轨道，所以应用 Ψ_{UHF} 就在每种程度上考虑了不同自旋电子的相关效应，常用的还有另一种处理开壳层体系的限制性哈特利-福克（RHF）方法。两种不同方案的图像表示如图 5-2 所示。

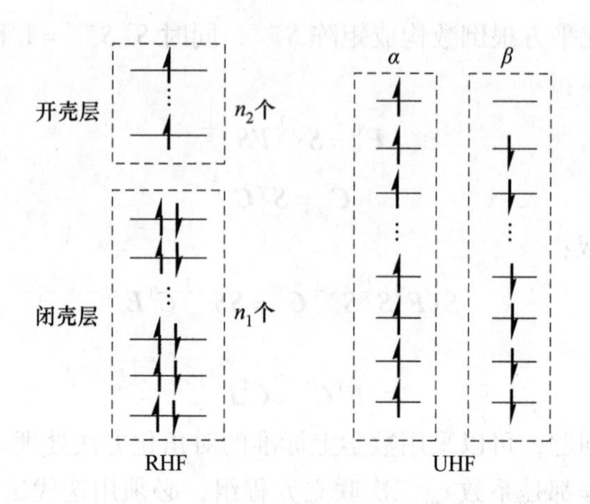

图 5-2　处理开壳层的两种方法

把式（5-56）代入式（5-23）中，可以求出 Ψ_{UHF} 所描写体系的能量表达式：

$$E = \sum_{i}^{p+q} H_{ii} + \frac{1}{2}\left(\sum_{ij}^{p+q} J_{ij} - \sum_{ij}^{p} K_{ij}^{\alpha} - \sum_{ij}^{\beta} K_{ij}^{\beta}\right) \tag{5-57}$$

式中，交换积分 K_{ij}^{α} 和 K_{ij}^{β} 分别用分子轨道 ϕ_i^{α} 和 ϕ_i^{β} 计算。当 $\phi^{\alpha}=\phi^{\beta}$ 和 $p=q$ 时，式（5-57）自动还原为式（5-28），而 Ψ_{UHF} 也就变为闭壳层体系的波函数式(5-21)。

如前所述，对于分子轨道 ϕ_i^{α} 和 ϕ_i^{β} 分别向原子轨道 ϕ_{μ} 做 LCAO 展开有：

$$\left.\begin{aligned} \psi_i^{\alpha} &= \sum_{\mu} c_{\mu i}^{\alpha}\phi_{\mu} \quad \text{或} \quad \psi^{\alpha} = \phi c^{\alpha} \\ \psi_i^{\beta} &= \sum_{\mu} c_{\mu i}^{\beta}\phi_{\mu} \quad \text{或} \quad \psi^{\beta} = \phi c^{\beta} \end{aligned}\right\} \tag{5-58}$$

此时，展开系数 c^{α} 不同于 c^{β}。ψ_i^{α} 和 ψ_i^{β} 各自满足正交归一化条件，因为它们不同的自旋因子保证了式（5-56）中的 ψ_i^{α} 和 ψ_i^{β} 的正交性。可以分别引入 α 自旋和 β 自旋电子的原子轨道密度矩阵元：

$$\left\{\begin{aligned} R_{\mu\nu}^{\alpha} &= \sum_{i}^{p} c_{\eta i}^{\alpha *} c_{\nu i}^{\alpha} \\ R_{\mu\nu}^{\beta} &= \sum_{i}^{q} c_{\eta i}^{\beta *} c_{\nu i}^{\beta} \end{aligned}\right. \tag{5-59}$$

显然，总电子密度矩阵元等于两者的和，即：

$$P_{\eta\nu} = R_{\mu\nu}^{\alpha} + R_{\mu\nu}^{\beta} \tag{5-60}$$

两者之差定义了自旋密度矩阵元：

$$\rho_{\mu\nu}^{\mathrm{spin}} = R_{\mu\nu}^{\alpha} - R_{\mu\nu}^{\beta} \tag{5-61}$$

将 ψ_i^{α} 和 ψ_i^{β} 的展开式（5-58）代入式（5-57）中积分表达式，可得到用原

子基 AO 表达的能量公式，并考虑到式（5-59），E 可以写为：

$$E=\sum_{\mu\nu} P_{\mu\nu}H_{\mu\nu}+\frac{1}{2}\sum_{\mu\nu\lambda\sigma}\left[P_{\mu\nu}P_{\lambda\sigma}\langle\mu\nu\mid\lambda\sigma\rangle-(R_{\mu\nu}^{\alpha}R_{\lambda\sigma}^{\alpha}+R_{\mu\nu}^{\beta}R_{\lambda\sigma}^{\phi})\langle\mu\sigma\mid\lambda\nu\rangle\right] \tag{5-62}$$

相对于 $c_{\nu i}^{\alpha}$ 和 $c_{\nu i}^{\beta}$ 各自使用变分法极小化能量，如式（5-62）就导出联立的两套方程组，可计算分轨道 ψ_i^{α} 和 ψ_i^{β} 的能量 ε_i^{α} 和 ε_i^{β} 及系数 $c_{\mu i}^{\alpha}$ 和 $c_{\mu i}^{\beta}$。

$$\begin{cases}\sum\limits_{\nu}(F_{\mu\nu}^{\alpha}-\varepsilon_i^{\alpha}S_{\mu\nu})c_{\nu i}^{\alpha}=0\\ \sum\limits_{\nu}(F_{\mu\nu}^{\beta}-\varepsilon_i^{\beta}S_{\mu\nu})c_{\nu i}^{\beta}=0\end{cases} \tag{5-63}$$

上式中 α 自旋和 β 自旋电子的哈特利-福克算符矩阵元为：

$$\begin{cases}F_{\mu\nu}^{\alpha}=H_{\mu\nu}+\sum\limits_{\lambda\sigma}\left[P_{\lambda\sigma}\langle\mu\nu\mid\lambda\sigma\rangle-R_{\lambda\sigma}^{\alpha}\langle\mu\sigma\mid\lambda\nu\rangle\right]\\ F_{\mu\nu}^{\beta}=H_{\mu\nu}+\sum\limits_{\lambda\sigma}\left[P_{\lambda\sigma}\langle\mu\nu\mid\lambda\sigma\rangle-R_{\lambda\sigma}^{\beta}\langle\mu\sigma\mid\lambda\nu\rangle\right]\end{cases} \tag{5-64}$$

或者写成下列矩阵公式：

$$\begin{cases}F^{\alpha}=H+G^{\alpha}=H+J(R^{\alpha})-K(R^{\alpha})+J(R^{\beta})\\ F^{\beta}=H+G^{\beta}=H+J(R^{\alpha})-K(R^{\beta})+J(R^{\beta})\end{cases} \tag{5-65}$$

正如闭壳层情况一样，方程式（5-63）也是系数 $c_{\nu i}^{\alpha}$ 和 $c_{\nu i}^{\beta}$ 的三次联立方程组，只能用迭代法求解。

UHF 方法的缺点是，波函数 Ψ_{UHF} 满足条件式（5-20），$Ms=(p-q)/2$，但不是 S^2 的本征函数，即不对应于任一个总自旋值。在一般情况下，可以把 Ψ_{UHF} 表示成具有不同自旋多重度波函数的线性组合：

$$\Psi_{\mathrm{UHF}}=\sum_{m=0}^{q} C_{s+m}\Psi_{s+m} \tag{5-66}$$

就数值来说，展开式（5-66）中系数 C_{s+m} 很快变小，所以分离出第一个混合态 $S'=S+1$ 常常足够了，可以借助于消灭算符：

$$\hat{A}_{S+1}=\hat{S}^2-(S+1)(S+2) \tag{5-67}$$

用原始波函数 Ψ_{UHF} 表达与波函数 $\hat{A}_{S+1}\Psi_{\mathrm{UHF}}$ 有关的密度矩阵式（5-59）、总密度矩阵式（5-60）和自旋密度矩阵式（5-61），它们是 UHF 方法中极重要的一些物理量。

5.4.2.3　开壳层体系的限制性哈特利-福克方法

假定 $\varphi_i^{\alpha}=\varphi_i^{\beta}$，就可以从 Ψ_{UHF} 得到满足式（5-19）的分子电子波函数，这就导出一个斯莱特波函数，它的 n_1 个轨道均为两个自旋反平行电子占据（闭壳层），而 n_2 个轨道为自旋相同电子单占据（开壳层）。

$$\Psi_{\mathrm{RHF}}=\frac{1}{\sqrt{(n_2+2n_1)!}}\det[\varphi_1(1)\alpha(1)\varphi_1(2)\beta(2)\cdots\varphi_{n1}(2n_1-1)\alpha(2n_1-1)$$
$$\varphi_{n1}(2n_1)\beta(2n_1)\cdots\varphi_{n1+n2}(2n_1+n_2)\alpha(2n_1+n_2)] \tag{5-68}$$

其图像如图 5-2 所示，波函数 Ψ_{UHF}是算符 S^2 和 S_z 的本征函数，同时描写极大多重度状态 $S=Ms=n^2/2$。所谓限制性哈特利-福克法就是用式（5-68）型波函数作运算的。

把式（5-68）代入式（5-23），作一些变换后，可得到 RHF 法的电子能量表达式：

$$E=2\sum_k H_{kk}+\sum_{kl}(2J_{kl}-K_{kl})+f\left[\sum_m 2H_{mm}+f\sum_{mn}(2aJ_{mn}-bK_{mn})+2\sum_{km}(2J_{km}-K_{km})\right] \tag{5-69}$$

式中，k 和 l 为闭壳层部分的分子轨道；m 和 n 为开壳层的分子轨道；f 为开壳层的占据程度；a 和 b 为罗特汉常数，它们取决于所研究电子体系的具体特征。

例如，对半充满的开壳层体系，$f=1/2$，$a=1$，$b=2$。

在 LCAO 近似下，此时闭壳层和开壳层分子轨道均可按原子轨道基集合 φ_μ 展开成式（5-26）。运用关系式（5-35）~式（5-37）就可用 AO 基改写式（5-69）。当使用矩阵表示时，可以写成：

$$E=\nu_1 S_p R_1\left(H+\frac{1}{2}G_1\right)+\nu_2 S_p R_2\left(H+\frac{1}{2}G_2\right) \tag{5-70}$$

式中，$\nu_1=2$ 和 $\nu_2=2f$ 为闭壳层和开壳层的填充数；R_1 和 R_2 为相应于闭壳层和开壳层部分的原子基的密度矩阵。

闭壳层和开壳层部分的电子相互作用矩阵分别是 $\boldsymbol{G}_1$ 和 $\boldsymbol{G}_2$，它们是

$$\begin{cases}\boldsymbol{G}_1=G(\nu_1R_1)+G(\nu_2R_2)\\ \boldsymbol{G}_2=G(\nu_1R_1)+G'(\nu_2R_2)\end{cases} \tag{5-71}$$

矩阵 $\boldsymbol{G}$ 和 $\boldsymbol{G}'$可以用库仑矩阵式（5-45）和交换作用矩阵式（5-46）表示为：

$$\boldsymbol{G}(R)=\boldsymbol{J}(R)-\frac{1}{2}\boldsymbol{K}(R) \tag{5-72}$$

$$\boldsymbol{G}'(R)=a\boldsymbol{J}(R)-\frac{1}{2}b\boldsymbol{K}(R) \tag{5-73}$$

矩阵式（5-72）描述闭壳层电子相互作用，而矩阵式（5-73）描述开壳层电子相互作用。

用极小化式（5-70），可以得到确定分子轨道展开成 AO 基的系数方程，当然这必须在分子轨道相互正交的条件下进行，分别对闭壳层和开壳层轨道的 LCAO 系数变分。通常这导出两个式（5-50）型的哈特利-福克矩阵，对闭壳层和开壳层分别有：

$$
\begin{cases}
\boldsymbol{F}_1 = \boldsymbol{H}_1 + \boldsymbol{G}_1 \\
\boldsymbol{F}_2 = \boldsymbol{H}_2 + \boldsymbol{G}_2
\end{cases}
\tag{5-74}
$$

还可以由不同壳层分子轨道正交条件导出两个式（5-51）型的方程组。

然而，正如罗特汉指出的，对于所研究的函数，可以将两个式（5-51）型的方程组统一成一个求本征值和本征向量的方程：

$$FC = SCE \tag{5-75}$$

当然，这需要按下述公式确定上式中的哈特利-福克矩阵：

$$\boldsymbol{F} = \boldsymbol{R}'_2\boldsymbol{F}_1\boldsymbol{R}'_2 + \boldsymbol{R}'_1\boldsymbol{F}_2\boldsymbol{R}'_1 + \boldsymbol{R}'_3(\nu_1\boldsymbol{F}_1 - \nu_2\boldsymbol{F}_2)\boldsymbol{R}'_3 \tag{5-76}$$

矩阵 $R'_i = I - R_i(i = 1,2)$，$R'_3 = 1 - R_1 - R_2$，此处 I 为单位对角矩阵。可以把式（5-76）写成与式（5-70）相应的形式：

$$\boldsymbol{F} = \boldsymbol{H} + 2\boldsymbol{J}_1 - \boldsymbol{K}_1 + 2\boldsymbol{J}_2 - \boldsymbol{K}_2 + \boldsymbol{RB} + \boldsymbol{BR} - \boldsymbol{B} \tag{5-77}$$

这里 $B = 2aJ_2 - bK_2$，R 是总密度矩阵 $R = R_1 + fR_2$。库仑积分和交换积分下角标 1 和 2 分别对应于闭壳层和开壳层，包含有式（5-77）定义的哈特利-福克算符方程式（5-75）的求解归结为逐次迭代法。矩阵 R_1 由 n_1 个闭壳层轨道计算，而 R_2 由 n_2 个开壳层轨道计算。

波函数式（5-68）以及式（5-75）~式（5-77）不仅可用于描写极大自旋多重度状态，而且也可用于描写开壳层轨道部分填充的一些状态。此时，只需改变式（5-77）中 a、b、F 数值，也并不使问题复杂化，罗特汉在论文中已给出用 RHF 方法描述分子状态的这类系数。

皮塔埃等人推广了罗特汉的研究，除了给出原子和线性分子能量系数外，还给出了对称性为 Td 和 Oh 的分子能量系数，使该方程更一般化了。

哈特利-福克方法最复杂的地方在于怎么去最佳化等式（5-6）中的能量期望值，或换句话说，怎么去最佳化等式（5-5）~式（5-9）中的分子轨域（MO）。经过复杂的理论推导，可以证明最佳化的分子轨域要满足以下的哈特利-福克方程：

$$\hat{F}(1)\varphi_i(1) = \varepsilon_i\varphi_i(1) \tag{5-78}$$

其中，$\hat{F}$ 称为福克算符，它是一个很复杂的单电子操作数，其中包含：(1) 计算在 φ_i 轨域电子的动能以及它与所有原子核间作用力的操作数；(2) 计算在 φ_i 轨域电子所参与的电子间库仑作用力的操作数；(3) 计算在 φ_i 轨域电子所参与的电子间交换作用力的操作数，i 为分子轨域能量。

虽然式（5-78）看起来像一个单纯的本征函数-本征值问题，但是由于福克算符中的库仑及交换操作数本身定义上需要先知道本征函数 φ_i，因此实际上在解式（5-78）时需要先给定一组近似的起始分子轨域，然后以自相吻合的反复计算来求解，直到哈特利-福克（HF）能量收敛到没有显著变化为止。值得注意的是，在 HF 理论中轨域能量的总和并不等于电子的总能量，因为在分子轨域能量中库仑及交换作用力会被重复计算，能够证明哈特利-福克方法所得到的总能量也可写成：

$$E_{HF} = 2\sum_{i=1}^{n} \varepsilon_i - \sum_{i=1}^{n}\sum_{j=1}^{n}(2J_{ij} - K_{ij}) + V_{NN}$$

以上的运算都是针对分子轨域。用数学方式来表示分子轨域，最常用的方法是将每一个 MO 可以写成分子中所有原子轨域（AO）的线性组合，假设共使用 K 个 AO，则：

$$\phi_i = \sum_{j=1}^{K} c_{ji} f_j \tag{5-79}$$

由此，对 MO 最佳化的抽象概念转变成了找出最恰当的展开系数（c_{ji}）的具体目标，这 K 个 AO 通常称为计算使用的基组。罗特汉在 1951 年提出以此 LCAO-MO 为架构求解哈特利-福克方程的方法，基本上就是将此复杂的本征值-本征函数的问题以线性代数的方法来有效处理，式（5-77）可以用矩阵方法很简单地表示成：

$$\boldsymbol{FC} = \boldsymbol{SC}\varepsilon$$

式中，$\boldsymbol{F}$、$\boldsymbol{S}$ 分别称为福克矩阵及重叠矩阵，定义为：

$$\begin{aligned}\boldsymbol{F}_{rs} &= \int f_r \hat{F} f_s \mathrm{d}\tau = \int f_r^*(1)\left(-\frac{\hbar^2}{2m_e}\nabla_1^2 - \sum_A \frac{Z_A e^2}{4\pi\varepsilon_0 r_{1,A}}\right) f_s(1)\mathrm{d}\tau_1 + \\ &\quad \frac{e^2}{4\pi\varepsilon_0}\sum_{t=1}^{K}\sum_{u=1}^{K}\sum_{j=1}^{n/2} c_{tj}^* c_{uj}^* \left[2\iint \frac{f_r^*(1)f_s(1)f_t^*(2)f_u(2)}{r_{12}}\mathrm{d}\tau_1\mathrm{d}\tau_2 - \right. \\ &\quad \left.\iint \frac{f_r^*(1)f_u(1)f_t^*(2)f_s(2)}{r_{12}}\mathrm{d}\tau_1\mathrm{d}\tau_2\right] \\ &= H_{rs}^{\mathrm{core}} + \sum_{t=1}^{K}\sum_{u=1}^{K} P_{tu}\left[(rs \mid tu) - \frac{1}{2}(ru \mid ts)\right]\end{aligned} \tag{5-80}$$

$$\boldsymbol{S}_{rs} = \int f_r f_s \mathrm{d}\tau \tag{5-81}$$

而 C 称为交互系数，也就是由式（5-79）中的 c_{ji} 所组成的，$\boldsymbol{F}$、$\boldsymbol{C}$、$\boldsymbol{S}$ 都是 $K \times K$ 的矩阵。ε 是一个 $K \times K$ 的对角线矩阵，对角在线的值就是式（5-78）中的分子轨域能量，$(rs \mid tu)$ 及 $(ru \mid ts)$ 为库仑及交换双电子积分的常用缩写。式(5-80）中的 P_{tu} 称为密度矩阵元素，因为可证明在 HF 理论中分子内的电荷分布与 P 有密切的关系。

$$\rho(r) = \sum_{r=1}^{K}\sum_{s=1}^{K} P_{rs} f_r^* f_s$$

而 HF 能量也可以写成：

$$E_{HF} = \frac{1}{2}\sum_{r=1}^{K}\sum_{s=1}^{K} P_{rs}(F_{rs} + H_{rs}^{\mathrm{core}}) + V_{NN}$$

由式（5-91）可以看出，每一个福克矩阵元素 F_{rs} 的计算量大约与 K 平方成正比，而福克矩阵总共有 K 平方个 F_{rs}，因此 HF 方法的计算量大约与 K 的四次方成正比，所以 HF 方法的计算量会随着化学系统或基组的增大而很快地上升。然而，因为 HF 方法只考虑了电子间的平均作用力，通常无法得到非常准确的分子能量，但 HF 方法在许多情况下仍然能够提供一些很有用的定性预测与最佳化的分子轨域，对于稳定的分子 HF 方法通常也能预测出非常准确的分子结构。若要更进一步得到更准确的能量，需要利用更复杂的理论来考虑到电子间瞬间的作用力，或说是要计算所谓的电子相关能量。

5.4.2.4 基组

在上述的量化计算方法中都使用到分子轨域（MO）的观念，式（5-10）中所用到用来展开分子轨域的原子轨域（AO）称为量化计算的基组，传统上用来做多电子原子及双原子分子计算的基组是所谓的斯莱特型轨道（STO），即 $f_{\mathrm{STO}}=Nr^{n-1}\mathrm{e}^{-Zr/a_0}Y_l^m(\theta,\phi)$。STO 是类氢原子轨域的简化，此处的 Z 称为轨道指数，N 为归一化常数，STO 可以正确地描述在原子核附近波函数的行为。在 HF 计算中，每一个 MO 是以数个 STO 线性组合而成。但在多原子分子的计算时 STO 非常没有效率，因此鲍伊斯等人在 1950 年提出使用所谓的高斯型轨道。

$$f_{\mathrm{GTO}}=Nx^iy^jz^k\mathrm{e}^{-Zr^2} \tag{5-82}$$

式中，i、j、k 为零或正整数；$Z>0$ 称为轨道指数；N 为 GTO 之归一化常数。

当 $i+j+k=0$ 时称为 s-型 GTO，当 $i+j+k=1$ 时称为 p-型 GTO，当 $i+j+k=2$ 时称为 d-型 GTO，以此类推。由式（5-82）同一个 Z 值下可以得到六种 d-型 GTO，通常的做法是将其线性组合成类似实数 $3d_{\mathrm{AO}}$（d_{xy}、d_{xz}、d_{yz}、$d_{x^2-y^2}$、d_{z^2}）的五个 GTO 而省略具有 s 对称性的一个 GTO。式（5-82）中的 GTO 也称为所谓的笛卡尔型高斯函数，其中 AO 在角度上的变化是以简单的 x、y、z 函数来取代复杂球谐函数，在指数项上是使用 r 平方而非 STO 中的 r 一次方。上述的 STO 及 GTO 都是以原子核为中心的 AO，使用 GTO 可以大幅简化双电子积分的计算，因为以两个不同原子为中心的 GTO 乘积等于另一个以这两个原子之间的点为中心的 GTO。但为了能如 STO 一样正确描述原子核附近波函数的行为，通常需要将数个 GTO 做线性组合成一个行为上类似 STO 函数的压缩高斯型轨道。

$$f_{\mathrm{CGTF}}=\sum_l d_lg_l$$

式中，g_l 为以同一个原子为中心的数个笛卡尔型高斯函数式（5-82），但具有不同的指数 Z，g_l 也常被称为所谓的原始基高斯函数，d_l 为展开系数。

用来描述一种原子的所有 CGTF 称为基组。对每一个原子而言，如果 CGTF 的数目与其在周期表中同周期原子可用的原子轨域数相同，则称为最小基组。比如说对碳原子而言，最小基组会包含一个 s-型的 CGTF 描述 1s 轨道，另一个 s-型的 CGTF 描述 2s 轨道，另一组（3 个）p-型的 CGTF 描述 2p 轨道 s。量化历史发展上非常有名的 STO-3G 基组就是属于这种最小基组，其中每一个 CGTF 是利用三个 GTO 线性组合而成来仿真一个 STO-AO。

最小基组，所得的计算结果通常最好也只能算是做到定性的预测，要进一步增加准确度需要增加基组的量。所谓双重（DZ）基组是指对每一个可用的原子轨域而言使用两个 CGTF 来描述，使得计算上用到的基组数目加倍，比如说顿宁及胡齐纳加的 D95 基组就是属于此类型。DZ 基组会使计算量大量增加，一种折中的办法是只将价轨域改成 DZ，内层轨域维持最小基组，因为内层轨域的贡献通常在计算相对能量时会抵消掉，此种基组称为双重劈裂价键基组，如常见的 D95V、3-21G、6-31G 等。

常见的3-21G、6-31G 等基组称为 Pople-type 基组。在3-21G 中，每一个内层电子轨道是由三个原始基高斯函数组成的一个 CGTF 来代表，每一个价电子轨域则是由两个 CGTF 来代表，其中一个 CGTF 是由两个原始基高斯函数组成的，而另一个 CGTF 则是一个指数绝对值最小的非压缩 GTO。在 6-31G 基组中情况也类似，每一个内层电子轨道是由六个原始基高斯函数组成的一个 CGTF 来代表，每一个价电子轨域则是由两个 CGTF 来代表，其中一个 CGTF 是由三个原始基高斯函数组成的，而另一个 CGTF 则是一个指数绝对值最小的非压缩 GTO。

现在使用的基组通常会加上所谓的极化函数，也就是具有比价轨域更高的角动量量子数的 AO，比如说在所谓的6-31G* 或6-31G(d) 的基组中，对于所有第二周期（Li-Ne）及第三周期（Na-Ar）的原子都加上了一组非压缩 d-型 GTO。加入极化函数的目的是在分子的计算中较容易将电子的密度朝键结的方向极化，得到比较可靠的结构与能量。在所谓的 6-31G** 或 6-31G(d,p) 的基组中，对于氢及氦原子也加入了一组 p-型极化 GTO。在更精确的计算中，需要用到更大的基组，比如说6-311G 基组是一个三重价键（VTZ）的基组，对于所有第二周期原子每一个价电子轨域则是由三个 CGTF 来代表，其中一个 CGTF 是由三个原始基高斯函数组成的，而另两个 CGTF 则是由两个幂较小的非压缩 GTO 组成。同样的，6-311G 也可加入极化函数形成如6-311G** 或6-311G(d,p) 等基组。有时候多加入几组极化函数对于能量及一些性质的预测会更为准确，例如 6-311G(2df, 2pd) 基组代表对第二周期及以后的原子加入二组 d-型及一组 f-型极化函数，并且对第一周期原子加入两组 p-型及一组 d-型极化函数。在研究阴离子、范德瓦尔作用力、反应过渡态时，由于电子云分布的范围比较广，常需要使用到涵盖空间较大的分子轨域，因此需要加入一些所谓的弥散函数，也就是轨道指数的绝对值比较小的基组，例如 6-31 + G*、6-311 + G* 代表在 6-31G* 或 6-311G* 基组中再加入一组 s-及一组 p-型的弥散函数，而 6-31 + + G* 或 6-311 + + G* 则代表对氢及氦也加入一组 s-型的弥散函数。通常对第一周期原子加入弥散函数的效用并不明显。

顿宁等人在1989年起发展了另外一个系列的基组，称为相关一致（cc）基组（cc-pVnZ，$n = D、T、Q、5、6$），他们着重的地方在于高阶相关能的计算，以及外插至complete基组（CBS）limit的收敛情形。在这些基组s中，极化函数（p）是内含的，VDZ代表双重价键基组，以此类推。对第二周期及之后的原子而言，DZ中含有d极化函数，TZ中含有d、f极化函数，QZ中含有d、f、g极化函数，以此类推。对第一周期的原子而言，DZ中含有p极化函数，TZ中含有p、d极化函数，QZ中含有p、d、f极化函数，以此类推。这一类基组的弥散函数可借助加上aug-(augmented)的字头来指定，比如说aug-cc-pVDZ是指原来的cc-pVDZ基组中再加上一组s、p、d弥散函数。在使用高阶理论［如MP4、QCISD(T)、CCSD(T)等］计算准确相对能量或要外插到CBS limit时，相关一致基组s是较好的选择。

通常进行量化计算时需要同时指定理论方法以及基组，符号上一般是以theory/basis的方式表示，例如HF/3-21G、MP2/6-31 + G**、CCSD(T)/aug-cc-pVTZ等。以计算相对能量而言，HF方法所得的结果对基组的大小不太敏感，使用VDZ以上的基组通常没有什么帮助。然而计算相关能时，基组的质量就非常重要，在MP2的计算中，由double-zeta到triple-zeta通常相对能量会有显著改进，而极化函数也是得到准确能量所必需的。对于更高阶的理论如CCSD(T)、QCISD(T)等，一定要搭配上很好的基组（如aug-cc-pVTZ等）才可以充分发挥效能。

5.4.2.5 基的引入：罗特汉方程

空间轨道HF方程：$\hat{f}(\boldsymbol{r}_1)\varphi_i(\boldsymbol{r}_1) = \varepsilon_i\varphi_i(\boldsymbol{r}_1)$，引入一组已知函数（基函数）：$\{\chi_\nu(\boldsymbol{r}) \mid \nu = 1, 2, \cdots, m\}$。将$\varphi_i$展开：

$$\varphi_i = \sum_{\nu=1}^{m} C_{\nu i}\chi_\nu \qquad (i = 1, 2, \cdots, m)$$

常用基组（近似的原子轨道）：STO-3G、3-21G、6-31G、6-311G、6-31G、6-31 + G*、6-311 + G*等。

将展开式代入空间轨道HF方程：

$$\hat{f}(\boldsymbol{r}_1)\varphi_i(\boldsymbol{r}_1) = \varepsilon_i\varphi_i(\boldsymbol{r}_1) \qquad (i = 1, 2, \cdots, m)$$

得到：

$$\hat{f}(1)\sum_{\nu}^{m} C_{\nu i}\chi_\nu(1) = \varepsilon_i\sum_{\nu}^{m} C_{\nu i}\chi_\nu(1) \qquad (i = 1, 2, \cdots, m)$$

上式左乘$\chi_\mu^*(1)$并积分，得：

$$\sum_{\nu}^{m} C_{\nu i}(\chi_\mu(1) \mid \hat{f}(1) \mid \chi_\nu(1)) = \varepsilon_i\sum_{\nu}^{m} C_{\nu i}(\chi_\mu(1) \mid \chi_\nu(1)) \qquad (i = 1, 2, \cdots, m)$$

$$\sum_{\nu}^{m} C_{\nu i}(\chi_{\mu}(1)|\hat{f}(1)|\chi_{\nu}(1)) = \varepsilon_i \sum_{\nu}^{m} C_{\nu i}(\chi_{\mu}(1)|\chi_{\nu}(1))$$

令：

$$S_{\mu\nu} = (\chi_{\mu}(1)|\chi_{\nu}(1)) = \int \mathrm{d}\boldsymbol{r}_1 \chi_{\mu}^{*}(1)\chi_{\nu}(1)$$

$$F_{\mu\nu} = (\chi_{\mu}(1)|\hat{f}(1)|\chi_{\nu}(1)) = \int \mathrm{d}\boldsymbol{r}_1 \chi_{\mu}^{*}(1)\hat{f}(1)\chi_{\nu}(1)$$

可得方程组：

$$\sum_{\nu}^{m} F_{\mu\nu} C_{\nu i} = \varepsilon_i \sum_{\nu}^{m} S_{\mu\nu} C_{\nu i} \quad (i=1,2,\cdots,m)$$

可得 m 个类似的方程：

$$\mu = 1,2,\cdots,m$$

或写成矩阵形式：

$$\boldsymbol{FC}_i = \varepsilon_i \boldsymbol{SC}_i \quad (i=1,2,\cdots,m)$$

合并写成如下的矩阵方程：

$$\boldsymbol{FC} = \boldsymbol{SC}\varepsilon \quad （罗特汉方程）$$

其中，$\boldsymbol{C} = \begin{pmatrix} C_{11} & C_{12} & \cdots & C_{1m} \\ C_{21} & C_{22} & \cdots & C_{2m} \\ C_{31} & C_{32} & \cdots & C_{3m} \\ \vdots & \vdots & \vdots & \vdots \\ C_{m1} & C_{m2} & \cdots & C_{mm} \end{pmatrix}$，$\varepsilon = \begin{pmatrix} \varepsilon_1 & & & O \\ & \varepsilon_2 & & \\ & & \ddots & \\ O & & & \varepsilon_m \end{pmatrix}$。它们分别代表分子轨道（空间轨道）和轨道能。

$$\varphi_i = \sum_{\nu=1}^{m} C_{\nu i}\chi_{\nu}$$

5.4.3 迭代求解

计算化学研究分子性质，是从优化分子结构开始的。通常认为，在自然情况下分子主要以能量最低的形式存在。只有低能的分子结构才具有代表性，其性质才能代表所研究体系的性质。

结构优化是高斯程序的常用功能之一。分子构型优化的目的是得到稳定分子或过渡态的几何构型，用 Z 矩阵或者 GaussView 输入的结构通常不是精确结构，必须优化。至于不稳定分子、构型有争议的分子、目前还难以实验测定的过渡态结构，优化更为必要。

5.4.3.1 势能面

基于电子运动和核运动可分离假定的势能面概念是现代化学物理学最重要的

思想之一。从动力学理论计算的角度来讲，势能面是最基本也是非常重要的一个因素，势能面的准确程度对动力学计算的结果有直接影响。势能面的形状反映出整个化学反应过程的全貌以及反应的始终态、中间体和过渡态的基本态势，在势能面上连接这些态的一条最容易实现的途径就是整个化学反应的路径。势能面上反应体系反映坐标的各种物理化学性质的变化，提供了反应历程的详尽信息。势能面提供了反应过程的舞台，它包含了整个反应过程的信息库。

因此，获得正确的势能面是从理论上研究化学反应的首要任务。

A 势能面的构建理论

目前势能面的来源主要有两种：一种是在从头算基础上的数值拟合，一种是利用半经验表达形式确定参数。第一种方法原则上是可以精确描述化学反应，具体方法是：借助从头算得到的一些分立几何构型点的能量，然后借助这些分立的能量点做势能面拟合。

B 非绝热效应

电子的非绝热过程普遍存在于光化学反应、激发态物种之间的碰撞、燃烧反应、异质溶解过程和电荷转移过程之中。目前除了对三原子体系的非绝热反应过程的研究之外，已经拓展到了四原子以及更多原子的反应体系。

C 光化学反应

一个原子、分子、自由基或离子吸收一个光子所引发的化学反应，光化学反应是由物质的分子吸收光子后所引发的反应。分子吸收光子后，内部的电子发生能级跃迁，形成不稳定的激发态，然后进一步发生离解或其他反应。

D 电子的绝热过程

绝热近似（定核近似）就是在研究分子时，将电子的运动与核的运动相分离，其根据是：原子核的质量比电子的质量要大得多，而运动比电子慢得多。因此，可近似地认为电子可以迅速适应原子核的运动，即某一时刻电子的运动状态只由该时刻原子核在晶体中的位置决定，电子状态的能量是原子核坐标的函数。这样在解薛定谔方程的时候就可以将电子的运动和核的运动分开处理，然后进一步研究分子体系在单一势能面上的运动规律，电子态之间不发生跃迁。在特定的电子态下，有特定的势能面，研究核的振动和转动。

假定一个原子核只在一个绝热势能面上运动是研究分子体系的一个出发点。

绝热近似的物理意义：核的慢速运动只会导致电子态的变形，而不会导致电子态的跃迁。

绝热近似成立的前提：核的动能要小于电子态之间的能量间隙，这样核的运动就不会造成电子态之间的跃迁，而仅仅造成电子态的扭曲。当电子态的能量在某处接近简并的时候该近似将不能描述分子体系，若两个势能面的耦合值出现极点，绝热近似将彻底失效。

电子的非绝热过程：考虑电子态与原子核振动的耦合，体系不严格遵从BO近似。电子态之间发生跃迁，研究的是不同势能面之间的跃迁。

电子状态确定的体系势能随其核位置改变的图形称为势能面。

根据玻恩-奥本海默近似，分子基电子态的能量可以看作只是核坐标的函数，分子力学中所有定义的函数均只是核坐标的函数，体系能量的变化可以看成是在一个多维面上的运动。整个分子势能随着所有可能的原子坐标变量变化，是一个在多维空间中的复杂势能面，统称势能面。势能面是与绝热近似紧密联系的。比如，对于某个分子及其核外电子，有基态势能面、第一激发态势能面。这里的基态、第一激发态指的就是核外电子的排布状态。基态是所有的电子全部处在核外能量最低的分子轨道上，每个轨道2个电子，依次往上排；第一激发态则是最外层的一个电子跳跃到离它最近的一个高能轨道上。由于核外电子状态的改变需要较高的能量（吸收光子），所以在没有外界能量交换的情况下，始终处于基态或某个激发态。分子在这个状态下的势能面，就叫做绝热势能面。

势能面是一个超平面，由势能对全部原子的可能位置构成，全部原子的位置可用$3N-6$个坐标来表示（双原子分子，独立坐标数为1）。直角坐标数$3N$，描述平动坐标数3，描述转动3，独立坐标数$3N-6$势能面上的点，最重要的是势能对坐标一阶微商为零的点。

$$\frac{\partial V}{\partial q_i}=0=-\boldsymbol{F} \qquad [i=1,2,3,\cdots,(3N-6)]$$

势能对坐标一阶微商对应着力，因此处于势能面这样的点所受到的力为零，这样的点称为不动点。势能面中，所有的“山谷”为极小点，对这样的点，向任何方向在势能面上移动的轻微改变结构，将引起势能升高。极小点可以是区域极小点（在有限区域内的），也可以是全局（整个势能面上）极小点。极小点对应于体系的平衡结构，单一分子不同的极小点对应于不同的构象或结构异构体。反应体系极小点对应于反应物、产物，中间物等。考虑到量子化学是对静态的体系进行研究，极小点是体系真实性质的代表点，因此是研究重点。这些极小点从数学意义上来讲是势能对坐标的一阶导数为零，而二阶导数为正（海森矩阵本征值为正），因此可用数学方法搜索（如优化等）。

需要注意的是，一般优化方法仅可找到初始构型附近的极小点，所以优化的初始构型非常重要。对于极小点，如果偏离位置则受到相反方向的力，则可以计算出振动频率。振动频率对应分子光谱（拉曼光谱）一般优化过程，为节省时间，其海森矩阵本征值采用的是估算，因此要严格确定所优化的结果是否是真正的极小点需要作频率分析，所计算出的频率应均为正。如出现负值，可能由对称性限制引起。

E　鞍点

势能面上另一类重要的不动点为鞍点（更严格应称一阶鞍点），这些鞍点是连接两个极小点中间最低的“山口”，对应于化学反应体系的过渡态（或构型变化中的中间态）。从数学意义上，在鞍点处势能对坐标的一阶导数为零，而海森矩阵本征值只有一个负值。鞍点在其中一个方向上具有极大值，而其他方向均为极小值。鞍点是由于其形状如马鞍而得名。同极小点类似，严格的鞍点需要进行频率分析验证，必须有且只有一个虚频率（频率为负）。

F 最小能量途径

最小能量途径是连接势能面上两个极小点之间最低的能量途径，最小能量途径也称为内禀反应坐标。最小能量途径形象是从鞍点放置一个球，球在势能面上自然滚落，并且起始速度在每经过的点都得到充分的阻尼，最后落到极小点所经过的路径。当势能面使用质量权重坐标时，最小能量途径为最快下降途径，如图5-3所示。

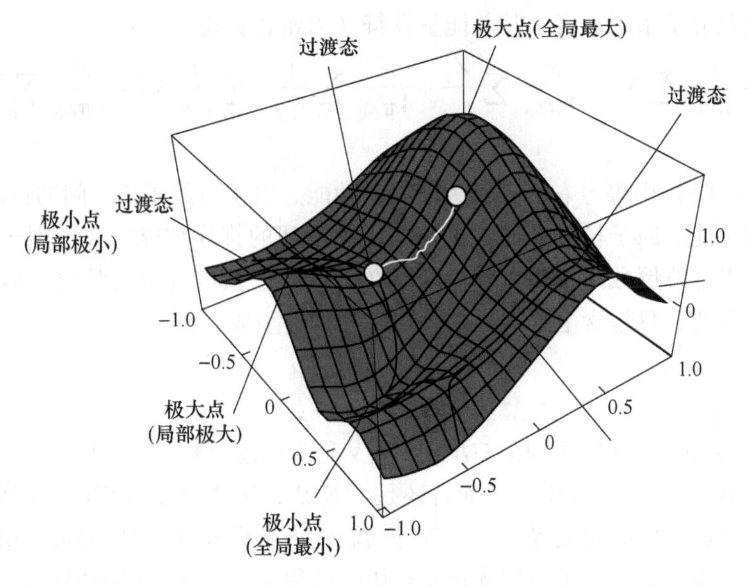

图5-3 最小能量途径

分子势能的概念源于玻恩-奥本海默近似，根据该近似，分子基态的能量可以看作只是核坐标的函数，体系能量的变化可以看成是在一个多维面上的运动。分子可以有很多个可能的构型，每个构型都有一个能量值，所有这些可能的结构所对应的能量值图形表示就是一个势能面。势能面描述的是分子结构和其能量之间的关系，以能量和坐标作图，势能面上的每一个点对应一个结构。

分子势能对于核坐标的一阶导数是该方向的势能梯度矢量，各方向势能梯度矢量均为零的点称为势能面上的驻点，在任何一个驻点上分子中所有原子都不受力。驻点包括：全局极大点（最大点）、局部极大点、全局极小点（最小点）、局部极小点和鞍点（包括一阶鞍点和高阶鞍点），具体来说，在势能面上所有的

"山谷" 为极小点，对这样的点，向任何方向几何位置的变化都能引起势能的升高。极小点对应着一种稳定几何构型，对单一分子不同的极小点对应于不同构象或结构异构体。对于反应体系，极小点对应于反应物、产物、中间物等，而最小点对应着最稳定几何构型。高阶鞍点没有化学意义。一阶鞍点是只在一个方向是极大值，其他方向都是极小值的点，对应于过渡态。

5.4.3.2　确定能量极小值

构型优化过程是建立在能量计算基础之上的，即寻找势能面上的极小值，而这个极小值对应的就是分子的稳定几何形态。如果势能面上极小值不止一个，优化结果也可能是局部极小而不是全局极小。至于得到哪一个极小，往往与初始模型有关，计算方法可以是量子力学计算。

对任意分子系统而言，其总能量算符（哈密顿算符）为：

$$\hat{H} = -\frac{\hbar^2}{2m_e}\sum_i \nabla_i^2 - \frac{e^2}{4\pi\varepsilon_0}\sum_{i,A}\frac{Z_A}{r_{i,A}} + \frac{e^2}{4\pi\varepsilon_0}\sum_{i>j}\frac{1}{r_{i,j}} - \sum_A \frac{\hbar^2}{2m_A}\nabla_A^2 + \frac{e^2}{4\pi\varepsilon_0}\sum_{A>B}\frac{Z_A Z_B}{R_{A,B}} \tag{5-83}$$

式（5-83）中等号右边分别为电子的动能、电子与原子核之间的位能、电子间的排斥位能、原子核的动能，以及原子核之间的排斥位能。在玻恩-奥本海默假设下可以忽略倒数第二项，最后一项在固定原子核位置下是常数，通常以 V_{NN} 来代表。因此，只包含电子坐标的薛定谔方程可写成：

$$\hat{H}_{ele}\psi_{ele} = E_{ele}\psi_{ele}$$
$$E_{total} = E_{ele} + V_{NN} \tag{5-84}$$

式中，$\hat{H}_{ele}$ 为式（5-1）中的前三项；E_{total} 又称为玻恩-奥本海默能。

式（5-2）对一般化学分子而言还是太复杂，无法求得解析解，因此必须对薛定谔方程做一些简化或提出一些额外的假设来求得式（5-2）的近似解。

在高斯程序中，分子结构优化要经历的过程为：首先，程序根据初始的分子模型，计算其能量和梯度，然后决定下一步的方向和步长，其方向总是向能量下降最快的方向进行。接着，根据各原子受力情况和位移大小判断是否收敛，如果没有达到收敛标准则更新几何结构，继续重复上面的过程，直到力和位移的变化均达到收敛标准，整个优化循环才能完成。

对体系能量的几点说明：

（1）能量的绝对值：

1）从头算能量的零点是所有核和电子相距无穷远，因此所计算出的体系能量都是负值；

2）分子力学是以标准的平衡位置为零点；

3）一般来讲，能量的绝对值是没有讨论价值的。

（2）能量的比较：对于不同的体系，更准确地说，对于含有不同原子数的体系，能量绝对值的比较是毫无意义的。分子模拟方法中比较的能量值必须是同一体系，在变化前后不能有原子个数、种类的变化。

势能面的获得主要有两种方法，一种是理论计算，可以部分借助来源于光谱学、气体动力学和分子束散射等实验数据得到势能面；另外一种是经验性方法，假设势能面采取某一解析形式，看它是否与标准势能面或者实验数据符合，然后再做一些参数调节。对于少数的体系，量化从头算可以给出很精确的结果，而对于大多数反应体系，则必须借助于实验数据，用经验或者半经验的方法构造势能面。具体步骤如下：

（1）确定要研究的反应体系，查找相关的文献，了解以前构建势能面的方法（如基组和活化空间），了解势能面的势垒、势阱、解离能、平衡构型等。

（2）如果要构建非绝热势能面，则需要选择非绝热变换的方法，一般来讲，需要在量化计算输入文件中添加一些命令来实现。

理论模拟的第一步是构造一个精确可靠的势能面，第二步是拟合方法。

（1）构建势能面的步骤：

1）选择合适的方法，确保势垒、势阱、放热（吸热）、平衡构型、解离能等尽可能与实验值符合，同时要考虑计算条件所能承受的能力。

2）利用量化软件进行从头算计算。如果要构建非绝热势能面，则需要选择合适的方法进行非绝热变换，得到非绝热能量点。

3）用插值或者拟合方法得到非绝热势能面，以及非绝热耦合的解析形式。

（2）拟合方法：借助从头算得到的一些分立几何构型的能量，选择合适的势函数，通过拟合的方法（最小二乘法）确定待定系数，进而可以计算任意几何构型的能量。

常用的拟合函数：AP 函数、单隐层反馈神经网络函数等，这些拟合方法在三原子体系中运用得相当成功。但是对多原子体系，尤其是体系的自由度比较多，给势能面的拟合造成很大的困难，需要借助插值的方法。常用的插值函数有拉格朗日、厄米、三次样条、改进的 Shepard、泰勒展开、球谐函数、再生核希尔伯特插值函数和神经网络。

具体计算中的一些问题：

（1）基组外推。根据能量收敛趋势的数学形式，通过较小基组的计算结果外推出较大基组下的结果，乃至完备基组下的结果。

（2）量子化学计算中一个主要的误差来源是基组不够大，或者说距离完备基组极限差距较大，用越大的基组计算耗时越多。对于一些性质，如能量、优化出的结构、偶极矩等，随着基组的增大计算结果会逐渐收敛。只要知道收敛趋势的数学形式，就可以通过较小基组的计算结果外推出较大基组下的结果，乃至完备基组下的结果。对于很高精度计算，例如小体系高精度弱相互作用计算，外推到 CBS 已经成了司空见惯的做法。

（3）基组外推的前提条件是所用的基组序列必须是以系统方式构建的。对于这样的基组序列，随着基组的增大，可以确保结果的误差逐步、平稳地降低，有明确的收敛趋势。

5.4.3.3　收敛标准

当一阶导数为零的时候优化结束，但实际计算上，当变化很小，小于某个量的时候，就可以认为得到优化结构。对于高斯程序，默认条件是：

（1）力的最大值必须小于 0.0045 eV/nm；

（2）其均方差小于 0.00030；

（3）为下一步所做的取代计算最大位移必须小于 0.00018 nm；

（4）其均方差小于 0.0012。

只有同时满足以上这四个条件，才会在输出文件中看到四个“YES”，表明分子优化已经完成。

当一个优化任务成功结束后，最终构型的能量是在最后一次优化计算之前得到的。得到最优构型之后在文件中寻找“-Stationtary point found.”，其下面的表格中列出的就是最后的优化结果以及分子坐标，随后列出分子相关性质。输出文件的末尾有一行“Normai termination of GAUSSIAN 03……”，说明计算正确结束。计算正常结束并不表示结果必然正确，但没有正常结束则结果肯定不正确。

5.5　结　　论

薛定谔方程的数值求解是理解分子行为的关键。通过不同的理论模型和数值方法，研究人员可以深入探讨复杂分子的性质和反应机制。

HF 方法忽略了电子之间的相关性，即电子间的相互作用。这种简化处理在描述弱关联体系时可能得到较为准确的结果，但在处理强关联体系、开壳层体系及分子间相互作用时存在显著误差，这限制了 HF 方法在复杂分子体系研究中的应用范围。

虽然计算机技术的发展提高了 HF 方法的计算效率，但相对于其他更加精确的计算方法（如密度泛函理论），HF 方法的计算成本仍然较高，这限制了其在大规模分子体系研究中的广泛应用。

HF 方法的收敛性受到多种因素的影响，如基组的选择、迭代步长的设置等。不恰当的参数设置可能导致计算结果的不稳定或无法收敛，这要求研究者在应用 HF 方法时具备较高的专业素养和计算能力。

参 考 文 献

[1] CRAMER C J. Essentials of Computational Chemistry: Theories and Models [M]. 2nd ed. Wiley, 2004.

[2] SZABO A, OSTLUND J S. Modern Quantum Chemistry: Introduction to Advanced Electronic Structure Theory [M]. Dover Publications, 1996.

[3] 梁铎强. 电子结构计算研究导论 [M]. 北京: 冶金工业出版社, 2020.

[4] http://staff.ustc.edu.cn/~zyli/download/AQC-1.pdf.

[5] https://www.cnblogs.com/miccoui/p/15410545.html.

6　结合力与结合能公式的综合研究

结合力和结合能是材料科学和物理化学中的核心概念，它们用于描述分子、原子及其相互作用的稳定性和强度。本章系统地分析了结合力和结合能的定义、计算公式及其在不同领域中的应用。通过结合力和结合能公式的探讨，揭示了它们在材料设计、化学反应、分子生物学等方面的重要性，并提供了实例以说明它们在实际研究中的应用效果。最后，讨论了结合力和结合能在未来科学研究中的发展趋势及其潜在挑战。

6.1　概　　述

结合力（Binding Force）和结合能（Binding Energy）是描述物质稳定性的关键指标。结合力指的是使两个或多个粒子结合在一起的力，而结合能则是描述粒子结合时所释放的能量，它们在化学反应、材料科学、生物分子研究等领域中扮演着至关重要的角色。因此，深入理解这两个概念及其公式，对于推动科学研究和技术应用具有重要意义。

6.1.1　结合力和结合能的基本定义

（1）结合力。结合力是指在分子或原子之间存在的相互作用力，这种力使它们在一定距离内保持结合状态。结合力可以是静电力、范德华力、氢键等多种类型的力的总和。其计算公式通常涉及粒子间的相互作用势能，如伦敦力或库仑力。

（2）结合能。结合能是指将一个分子或原子组合成更复杂结构时所释放的能量。在化学反应中，它表示反应前后的能量差异，结合能的公式可以由势能函数通过求解粒子之间的相互作用得到。

6.1.2　结合力与结合能的计算公式

（1）结合力的计算公式，结合力可以用以下公式计算：

$$f(r) = -\frac{\partial U(r)}{\partial r}$$

式中，$f(r)$ 为结合力；$U(r)$ 为粒子之间的势能；r 为粒子间的距离。

势能函数 $U(r)$ 可以是库仑势能、伦敦势能等形式。

（2）结合能的计算公式，结合能可以由以下公式计算：

$$E_b = E_{initial} - E_{final}$$

式中，E_b为结合能；$E_{initial}$为分子或原子在结合前的能量；E_{final}为结合后的能量。

对于分子系统，这一公式可以通过量子化学计算得到。

6.2 应 用 实 例

结合力公式与格波量子化之间的关系主要体现在它们各自在物理学中的不同应用层面，尽管它们看似独立，但实际上都是描述物质内部相互作用和能量状态的重要工具。

6.2.1 结合力公式

结合力公式通常用于描述晶体中粒子（如原子、离子或分子）之间的相互作用力，这种力使得粒子能够规则地聚集在一起形成稳定的晶体结构。结合力的大小和性质决定了晶体的许多物理和化学性质，如熔点、硬度、线膨胀系数等。结合力可以通过多种形式的力来描述，包括离子键、共价键、范德华力（范德瓦尔斯键）和金属键等，这些力的具体形式和大小取决于粒子之间的电荷分布、电子云的重叠程度以及空间排布等因素。

6.2.2 格波量子化

格波量子化则是固体物理学中的一个重要概念，它描述了晶体中原子或离子在其平衡位置附近的微小振动，这些振动可以视为一种波动现象，称为格波。在量子力学的框架下，格波的能量是量子化的，即它们只能以特定的能量包（称为声子）的形式存在和传递。格波量子化不仅揭示了晶体振动的微观本质，还为研究晶体的热学、光学和力学性质提供了重要的理论基础。

6.2.3 结合力公式与格波量子化的关系

尽管结合力公式和格波量子化在表面上看似是两个不同的概念，但它们之间存在着紧密的联系。具体来说，结合力是形成晶体结构的基础，而格波则是晶体振动状态的微观表现。晶体中的原子或离子在结合力的作用下保持相对稳定的位置关系，但同时又会在其平衡位置附近进行微小的振动。这些振动产生的格波进一步揭示了晶体内部的动力学行为，而格波的量子化则进一步加深了我们对晶体振动能量状态的理解。

因此，可以说结合力公式为我们提供了描述晶体结构稳定性的理论基础，而格波量子化则为我们揭示了晶体振动状态的微观本质和能量量子化的特性。两者相互补充，共同构成了我们对晶体内部相互作用和能量状态的全面认识。

结合力公式和格波量子化在物理学中各自扮演着重要的角色，它们分别描述了晶体结构的稳定性和晶体振动的微观本质。虽然它们在表面上看似独立，但实际上都是描述物质内部相互作用和能量状态的重要工具。通过深入研究这两个概念之间的联系和相互作用，我们可以更深入地理解晶体的物理和化学性质，为材料科学的发展提供有力的支持。

6.2.3.1　实例 1

设晶体由 N 个原子组成，它们相对于平衡位置的位移分别用（x_1，x_2，x_3），（x_4，x_5，x_6），…，（x_{3N-2}，x_{3N-1}，x_{3N}）表示，则其动能可表示为：

$$\begin{cases} T = \dfrac{1}{2}\sum\limits_{i=1}^{3N} m_i \dot{x}_i^2 \\ T = \dfrac{1}{2}mv^2 \quad \left(v = \dfrac{\mathrm{d}x}{\mathrm{d}t} = \dot{x}\right) \end{cases} \tag{6-1}$$

式中，m_i 为坐标为 x_1 的原子质量。

实际上 x_1，x_2，x_3 是同一个原子的坐标，故有 $m_1 = m_2 = m_3$。对于 x_3，x_4，x_5，…，x_{3N-2}，x_{3N-1}，x_{3N} 等都是如此，采用下列变换：

$$g_i = \sqrt{m_i}x_i \qquad (i = 1,2,\cdots,3N) \tag{6-2}$$

则将式（6-1）变换写成：

$$T = \frac{1}{2}\sum_{i=1}^{3N} m_i \dot{g}_i^2 \tag{6-3}$$

晶体振动的势能与各原子的相互位置有关，由式（6-2）可看出，实际上与坐标 g_i 有关，因为我们只限于讨论微振动，可将势能 V 按 g_i 的幂展开：

$$V(g_1, g_2, \cdots, g_{3N}) = V_0 + \sum_i \left(\frac{\partial V}{\partial g_i}\right)_0 g_i + \frac{1}{2}\sum_{ij} b_{ij}g_i g_j + \cdots \tag{6-4}$$

其中，$b_{ij} = \left(\dfrac{\partial^2 V}{\partial g_i \partial g_j}\right)_0$，下角标中“0”表示求导在其平衡位置上进行，选择各原子处于平衡位置时 $V_0 = 0$。此外，各原子处于平衡位置时势能为极小，即$\left(\dfrac{\partial V}{\partial g_i}\right)_0 = 0$，故式（6-4）中第一项、第二项都为 0，若略去高次项，则 $V(g_1$，g_2，…，$g_{3N})$ 可写成：

$$V(g_1, g_2, \cdots, g_{3N}) = \frac{1}{2}\sum_{ij} b_{ij}g_i g_j \tag{6-5}$$

注意：式（6-5）得到是在只保留 g_i 的二次项而略去其高次项的前提下所作的近似处理，称为简谐近似，本章基本在简谐近似下处理。

在最后一节讨论与非简谐处理有关的问题，例如固体的热膨胀。

将式（6-3）和式（6-5）组成拉格朗日函数 $L=T-V$，代入拉氏方程得到：

$$\frac{\mathrm{d}}{\mathrm{d}t}\left(\frac{\partial L}{\partial \dot{g}_k}\right)-\frac{\partial L}{\partial g_k}=0 \qquad (k=1,2,\cdots,3N) \tag{6-6}$$

得到下列运动方程：

$$\dot{g}_k+\sum b_{ik}g_i=0 \qquad (k=1,2,\cdots,3N) \tag{6-7}$$

这个齐次线性微分方程组有如下特解：

$$g_k=Ak\sin(\omega t+\alpha) \qquad (k=1,2,\cdots,3N) \tag{6-8}$$

这个特解意味着，所有围绕其平衡位置做谐振动的原子，都具有相同的位相 α 和频率 ω，但其振幅不一定相同。这是晶体中原子最简单的一种振动方式，称为简正振动。

式（6-8）所给出的特解应能够满足方程式（6-7），则将式（6-8）代入式（6-7），得确定 ω 与 b_{ik} 之间关系的方程组。

$$-\omega^2A_k+\sum_{i=1}^{3N}b_{ik}A_i=0 \qquad (k=1,2,\cdots,3N) \tag{6-9}$$

方程组式（6-9）又可改写成：

$$\sum_{i=1}^{3N}(b_{ik}-\omega^2\delta i_{ik})A_i=0 \qquad (k=1,2,\cdots,3N) \tag{6-10}$$

式（6-10）表示 $3N$ 个含有 $3N$ 个未知数 A_i 的齐次线性联立方程（高数中齐次方程，线代中齐次线性方程组），其中 $\delta_{ik}=\begin{cases}0 & (i\neq k)\\ 1 & (i=k)\end{cases}$。如果 A_i 有不全为零的非零解，则其导数行列式应为零，即：

$$\begin{vmatrix} b_{11}-\omega^2 & b_{12} & b_{13N} \\ b_{21} & b_{22}-\omega^2 & b_{23N} \\ \vdots & \vdots & \vdots \\ b_{3,N1} & b_{3,N2} & b_{3N,3N}-\omega^2 \end{vmatrix}=0 \tag{6-11}$$

式（6-11）表明，只有当式（6-8）中 ω 满足方程式（6-11）时，式（6-8）才能代表运动方程的一个特解。式（6-11）是一个 $3N$ 次方程，具有 $3N$ 个根即 ω_1，ω_2，…，ω_{3N}，$3N$ 个 ω 可能全不相同或者只有部分相同，故在一般情况下式（6-8）有 $3N$ 个特解，即：

$$g_k^{(l)}=A_k^{(l)}\sin(\omega_i t+\alpha_l) \qquad (k=1,2,\cdots,3N) \tag{6-12}$$

其中，$l=1$，2，…，$3N$。对于（6-10）式中的齐次方程，只能定出 $A_i^{(l)}$ 的比值，如果令 Q_l^0 为各个 $A_i^{(l)}$ 的公因子，则我们可令：

$$A_k^{(l)}=B_k^{(l)}Q_l^0 \tag{6-13}$$

在引入外加条件 $\sum_{k=1}^{3N}[A_k^{(l)}]^2=(Q_l^0)^2$，即 $\sum_{k=1}^{3N}[B_k^{(l)}]^2=1$，则可求出 $B_k^{(l)}$ 即

$A_k^{(l)}$ 的比值，但 Q_l^0 依然无法确定。

将所得到的 3N 个特解加起来，就得到运动微分方程式（6-7）的近似解。

$$g_k = \sum_{l=1}^{3N} B_k^{(l)} Q_l^0 \sin(\omega_i t + \alpha_l) \qquad (k = 1,2,\cdots,3N) \tag{6-14}$$

其中，包含 6N 个任意常数，即 3N 个振幅公因子 Q_l^0 和 3N 个位相 α_l。

引入新坐标：

$$Q_l = Q_l^0 \sin(\omega_i t + \alpha_l) \qquad (l = 1,2,\cdots,3N) \tag{6-15}$$

则式（6-14）可改写成：

$$g_k = \sum_{l=1}^{3N} B_k^{(l)} Q_l \qquad (k = 1,2,\cdots,3N)$$

式（6-15）说明每个坐标 g_k 的振动，都可以分解成 3N 个简正振动的线性叠加，Q_l 新坐标称为简正坐标，我们可以得出以下结论：

N 个原子组成晶体的任何一种微振动，可看成 3N 个简正振动的叠加。[* 简正坐标与原子位移坐标之间的正交变换，实际上是按付氏展开式把坐标系由位置坐标转换到状态空间（正格子——倒格子）]。

引入简正坐标后，可以使（6-5）式 $V(g_1, g_2, g_{3N}) = \frac{1}{2}\sum_{ij} b_{ij} g_i g_j$ 中交叉项消去而变成平方项的和，使 T 和 V 的表达式更加简洁，得到：

$$T = \frac{1}{2}\sum_{l=1}^{3N} \dot{Q}_l^2 \tag{6-16}$$

$$V = \frac{1}{2}\sum_{l=1}^{3N} \omega_l^2 Q_l^2 \tag{6-17}$$

6.2.3.2　实例 2

将式（6-16）和式（6-17）中 T 和 V 组成 L 氏函数 $L = T - V$，并把式（6-16）和式（6-17）代入式（6-6）的拉氏方程，得到：

$$\ddot{Q}_l + \omega_l^2 Q_l = 0 \qquad (l = 1,2,\cdots,3N) \tag{6-18}$$

上式的解为：

$$Q_l = Q_l^0 \sin(\omega_l t + \alpha_l) \qquad (l = 1,2,\cdots,3N) \tag{6-19}$$

这一解与引入的新坐标式（6-15）相同。表明把坐标 g_k 变换为简正坐标 Q_l 后，可能分别用式（6-16）和式（6-17）表示晶格振动的动能和势能，则晶格振动的总能量可写成：

$$E = \frac{1}{2}\sum_{l=1}^{3N} (Q_l^2 + \omega_l^2 Q_l^2) \tag{6-20}$$

其中，任一项都有以下形式：

$$\varepsilon_l = \frac{1}{2}(Q_l^2 + \omega_l^2 Q_l^2) \tag{6-21}$$

这是一个具有振动频率为 $v_l = \omega_l/2\pi$ 的线性谐振子的能量 $\left[E_k = \frac{1}{2}mv^2 = \frac{1}{2}m\dot{x}^2,\ E_P = \frac{1}{2}kx^2, k = m\omega^2, \Rightarrow E = \frac{1}{2}m(\dot{x}^2 + \omega^2 x^2)(g_i = \sqrt{m_i}x_i)\right]$。

式（6-20）说明晶格振动的总能量可以表示成 $3N$ 个独立谐振子的能量之和。换而言之，N 个原子组成的体系，与 $3N$ 个独立谐振子是等效的。注意：在简谐近似的前提下，独立→无相互作用→无能量交换→各振子均保持原有振动状态，这样处理在解决某些问题时是方便的，但仅是一种近似。在解决某些问题时，需作相应修正，例如热传导、热平衡、热膨胀等数量。

6.2.3.3　实例 3

根据量子力学，一个谐振子的能量 ε_l 与频率 ν_l 的关系为：

$$\varepsilon_l = \left(n_l + \frac{1}{2}\right)h\nu_l \qquad (n_l = 0, 1, 2, \cdots)$$

则得到：

$$E = \sum_{l=1}^{3N}\left(n_l + \frac{1}{2}\right)h\nu_l \qquad (n_l = 0, 1, 2, \cdots)$$

说明晶格振动能量是量子化的，以 $h\nu_l$ 为单位来增减其能量，$h\nu_l$ 就称为晶格振动能量的量子，即声子。晶格振动能量量子化的概念及声子的概念引入，对于处理与晶格振动有关的问题时，可帮助我们对问题的理解和解决。

6.3　结　　论

未来，结合力和结合能的研究将会受到计算方法、实验技术以及材料科学发展等多方面因素的推动。随着计算能力的提高和实验技术的进步，将可能出现更加精确的结合力和结合能测量方法，并拓展到更多的研究领域。

结合力和结合能的研究是理解物质稳定性和化学反应的基础。通过系统地分析其计算公式及实际应用，我们可以更深入地理解物质的性质及其相互作用。未来的研究将不断推动这些领域的发展，并为科学技术的进步提供有力支持。

参 考 文 献

[1] ATKIN R, LADD A J C. Introduction to Molecular and Cellular Biophysics [M]. Springer, 2020.

[2] ALLEN M P, TILDESLEY D J. Computer Simulation of Liquids [M]. Oxford University Press, 1987.

[3] LEVINE I N. Quantum Chemistry [M]. Pearson, 2013.

[4] SZABO A, OSTLUND N S. Modern Quantum Chemistry: Introduction to Advanced Electronic Structure Theory [M]. Dover Publications, 1996.
[5] JENSEN F. Introduction to Computational Chemistry [M]. Wiley, 2017.
[6] https://epsilon.ustc.edu.cn/assets/3.2-phonons.pdf.

7　晶格振动和晶体热学性质中的偏微分方程

晶体材料的热学性质与其内部的晶格振动密切相关，本章探讨了描述晶格振动的偏微分方程及其在晶体热学性质研究中的应用。通过引入声子理论和相关的热学模型，我们分析了晶格振动与晶体热导率、比热容等热学性质之间的关系，并讨论了不同类型晶体的振动模式及其影响。

7.1　概　　述

晶体的热学性质是材料科学中的重要研究领域，涉及热传导、热膨胀和比热容等现象。晶格振动，即声子模式，是描述晶体中原子运动的重要机制。通过研究晶格振动，可以深入理解材料的热学行为。

7.2　晶格振动的数学描述

7.2.1　声子理论

声子是晶体中原子振动的量子化表现。声子模式可以通过偏微分方程来描述，常用的模型是哈密顿量：

$$\hat{H} = \sum_i \frac{p_i^2}{2m_i} + \sum_{i,j} \frac{1}{2}k_{ij}(u_i - u_j)^2$$

式中，p_i 为动量；m_i 为原子质量；k_{ij}为原子间的弹性常数；u_i 为原子位移。

7.2.2　偏微分方程

对于一维晶体，晶格振动可用波动方程描述：

$$\frac{\partial^2 u(x,t)}{\partial t^2} = c^2 \frac{\partial^2 u(x,t)}{\partial x^2}$$

式中，c 为声波速度。

此方程的解可表示为声波在晶体中的传播。

7.3　晶体热学性质的分析

7.3.1　比热容

比热容与晶格振动的频率分布密切相关。根据 Debye 模型，比热容可以用以下积分表示：

$$C_V = 9Nk_B\left(\frac{T}{\Theta_D}\right)^3\int_0^{\Theta_D/T}\frac{x^3 e^x}{(e^x - 1)^2}dx$$

式中，Θ_D 为 Debye 温度；k_B 为玻耳兹曼常数。

该公式显示了声子模式在不同温度下对比热容的贡献。

7.3.2　热导率

热导率的计算同样依赖于晶格振动的特性。根据 Boltzmann 传输方程，热导率可以通过声子散射和传输特性描述：

$$\kappa = \frac{1}{3}C_V vl$$

式中，v 为声速；l 为声子平均自由路径。

因此，晶格振动的性质直接影响热导率的大小。

7.4　一维晶体的振动模式

7.4.1　一维单原子链

考虑由 N 个相同的原子组成的一维晶格（见图 7-1），相邻原子间的平衡距离为 a，第 j 原子的平衡位置用 x_j^0 表示，它偏离平衡位置的位移用 u_j 表示，第 j 原子的瞬时位置就可以表示为：

$$x_j = x_j^0 + u_j \tag{7-1}$$

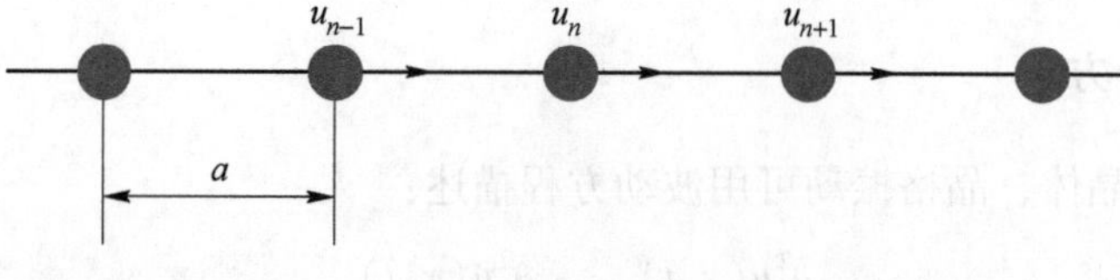

图 7-1　一维单原子晶格

原子间的相互作用势能设为 $\varphi(x_{ij})$，如果只考虑晶体中原子间的二体相互作用，则晶体总的相互作用能可表示为：

$$U = \frac{1}{2}\sum_{i \neq j}^{N}\varphi(x_{ij}) \tag{7-2}$$

式中，$x_{ij} = x_j - x_i = x_{ij}^0 + u_{ij}$为 i、j 原子的相对距离。

$u_{ij} = u_j - u_i$ 为 i、j 两原子的相对位移，在温度不太高时，原子在平衡位置附近做微振动，相邻原子的相对位移要比其平衡距离小得多，可将 φ 展开为：

$$\varphi(x_{ij}) = \varphi(x_{ij}^0 + u_{ij}) = \varphi(x_{ij}^0) + \left(\frac{\partial\varphi}{\partial x_{ij}}\right)u_{ij} + \frac{1}{2}\left(\frac{\partial^2\varphi}{\partial x_{ij}^2}\right)u_{ij}^2 + \cdots \tag{7-3}$$

于是有：

$$U = \frac{1}{2}\sum_{i \neq j}\varphi(x_{ij}^0) + \frac{1}{2}\sum_{i \neq j}\left(\frac{\partial\varphi}{\partial x_{ij}}\right)_0 u_{ij} + \frac{1}{4}\sum_{i \neq j}\left(\frac{\partial^2\varphi}{\partial x_{ij}^2}\right)_0 u_{ij}^2 + \cdots \tag{7-4}$$

其中，第一项是所有原子处于平衡位置上时的总相互作用能，用 U_0 来表示，是 U 的极小值。

$$U_0 = \frac{1}{2}\sum_{i \neq j}\varphi(x_{ij}^0) \tag{7-5}$$

第二项是 u_{ij} 的线性项，它的系数为 $\sum\limits_{j(\neq i)}\left(\frac{\partial\varphi}{\partial x_{ij}}\right)_0$，是所有其他原子作用在 i 原子的合力的负值。当所有原子处在平衡位置上时，晶体中任一原子所受到的净作用力应为零，所以在式（7-4）中不存在位移的线性项。

$$U = U_0 + \frac{1}{4}\sum_{i \neq j}\beta_{ij}u_{ij}^2 + \cdots \tag{7-6}$$

其中，

$$\beta_{ij} = \beta_{ji} = \left(\frac{\partial^2\varphi}{\partial x_{ij}^2}\right)_0 \tag{7-7}$$

称为力常数。

7.4.1.1　简谐近似

若在 U 的展开式中，忽略 u 的高次项而仅保留到 u 的平方项，即有：

$$U = U_0 + \frac{1}{4}\sum_{i \neq j}\beta_{ij}u_{ij}^2 \tag{7-8}$$

这种近似称为简谐近似。由此可以得出第 n 原子的运动方程式为：

$$m\frac{\mathrm{d}^2 u_n}{\mathrm{d}t^2} = -\frac{\partial U}{\partial u_n} = \sum_i \beta_{in}(u_i - u_n) \tag{7-9}$$

式中，m 为原子的质量。

如果只考虑最近邻的相互作用，在上式中只保留 $i = n + 1$ 和 $i = n - 1$ 两项，且令 $\beta_{n+1,n} = \beta_{n-1,n} = \beta$，则可得到形式上很简单的运动方程式为：

$$m\frac{\mathrm{d}^2 u_n}{\mathrm{d}t^2} = \beta(u_{n+1} + u_{n-1} - 2u_n) \tag{7-10}$$

7.4.1.2　周期性边界条件

对于无限大的晶体，每个原子都有如式（7-10）的运动方程，但实际上晶体是有限大的，处在表面上（对一维晶格来说是两端上）的原子所受到的作用与内部原子不同，其运动方程式应有不同，使问题变得复杂。为解决这一问题，需要引入边界条件，常用的边界条件是所谓的周期性边界条件，是玻恩-卡曼提出的，又称为玻恩-卡曼边界条件。

设想在有限晶体之外还有无穷多个完全相同的晶体，互相平行堆积充满整个空间，在各相同的晶体块内原子的运动情况应当是相同的。对于一维晶格，这个条件表示为：

$$u_1 = u_{N+1} \tag{7-11}$$

这相当于一维原子链首尾相接形成一个环状晶格（见图7-2），这时每个原子都是等价的，都满足形式相同的运动方程。这样做虽然没有考虑表面原子的特殊性，但由于实际晶体中原子数目 N 很大，表面原子数目所占比例很小，不会对晶体的整体性质产生明显的影响。

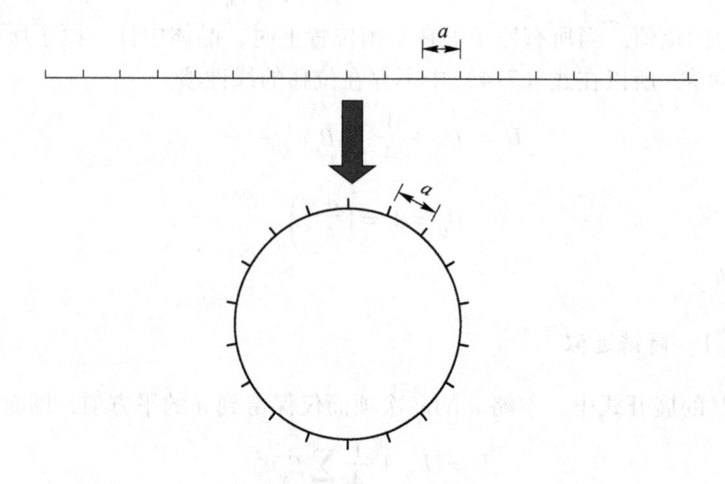

图7-2　玻恩-卡曼边界条件

7.4.1.3　格波

运动方程式（7-10）是很容易理解的，设试探解为：

$$u_n = A\mathrm{e}^{-i(\omega t - naq)} \tag{7-12}$$

式中，A 为振幅；ω 为圆频率；q 为波矢，与波长 λ 的关系为：$q = 2\pi/\lambda$；naq 为第 n 个原子振动的相位。

将式（7-12）代入式（7-10），容易求得 ω 与 q 的关系为：

$$\omega^2=\frac{2\beta}{m}[1-\cos(qa)] \tag{7-13}$$

对于这个结果，作以下分析说明：

(1) 由式 (7-12) 不难看出，当 $na-ma=l\lambda$ 时，即第 n 和第 m 个原子的位移相等，所以式 (7-12) 所描述的原子围绕平衡位置的振动是以行波的形式在晶体中传播的，是晶体中原子的一种集体运动形式，这种行波称为格波。

(2) 格波的频率与波矢的关系式 (7-13) 称为色散关系，如图 7-3 所示。ω 是 q 的周期函数，周期为 $2\pi/a$，因此可以把 q 限制在 $-\frac{\pi}{a}\leqslant q<\frac{\pi}{a}$ 的范围内，这恰好是第一布里渊区的范围，其他区域的情况只需把 q 平移某个倒格矢 $\boldsymbol{G}=2\pi l/a$ (l 为整数) 而得到。

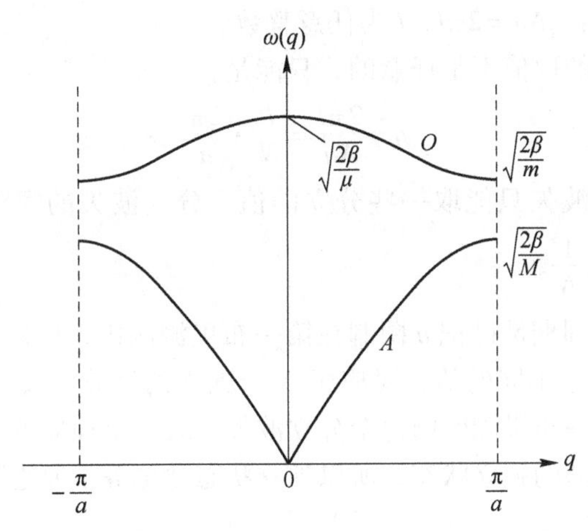

图 7-3 一维单原子晶格振动的色散关系

(3) 由色散关系可得到格波的相速度和群速度。

相速度为：

$$v_p=\frac{\omega}{q}=a\left(\frac{\beta}{m}\right)^{\frac{1}{2}}\frac{\sin\frac{qa}{2}}{\frac{qa}{2}}$$

群速度为：

$$v_g=\frac{\mathrm{d}\omega}{\mathrm{d}q}=a\left(\frac{\beta}{m}\right)^{\frac{1}{2}}\cos\left(\frac{1}{2}qa\right) \tag{7-14}$$

由此可以看到，由于原子的不连续性，格波的相速度不再是常数。但当 $q\to0$ 时，$v_p=a\left(\frac{\beta}{m}\right)^{\frac{1}{2}}$ 为一常数。这是因为当波长很小时，一个波长范围含若干原子，相邻原子的位相差很小，原子的不连续效应很小，格波接近于连续媒质中的弹性波。

对于格波的群速度来说，由于原子的不连续性，格波的群速度也不等于其相速度。但当 $q \to 0$ 时，$v_g = v_p = a\sqrt{\dfrac{\beta}{m}}$，体现出弹性波的特征；当 $q = \pm\pi/a$，恰好落在布里渊区边界上时，$v_g = 0\left(此时相速度为 v_p = \dfrac{2\pi}{a}\sqrt{\dfrac{\beta}{m}}\right)$，这表明波矢位于第一布里渊区边界时，格波不能在晶体中传播，实际上此时它是一种驻波。因为此时相邻原子的振动位相相反，即 $\dfrac{x_{n+1}}{x_n} = e^{iqa} = e^{i\pi} = -1$，此时的波长为 $2a$。

（4）原子的位移 u_n 应满足周期性边界条件，由式（7-11）要求：

$$e^{iNaq} = 1 \tag{7-15}$$

由上式可得到：$qNa = 2\pi l$，l 为任意整数。

所以，波矢 q 的取值不是任意的，只能是：

$$q = \frac{2\pi l}{Na} = \frac{l}{N} \cdot \frac{2\pi}{a} \tag{7-16}$$

即满足边界条件的波矢只能取一些分立的值。分立波矢的间距为倒格矢长度的 $1/N$，即 $\Delta q = \left(\dfrac{2\pi}{a}\right)\dfrac{1}{N}$。

由于 $\omega(q)$ 的周期性已把 q 限制在第一布里渊区内，所以 l 的取值也限制在范围内，即共有 N 个不同的值，对应于 N 个独立的格波，或者说有 N 个独立的振动模式。由于第一布里渊区内每个分立波矢代表一个独立的状态，第一布里渊区的波矢能给出全部的独立状态，所以独立状态数也等于原胞数。

$$-\frac{N}{2} \leqslant l < \frac{N}{2} \tag{7-17}$$

（5）从色散关系上看，若 $\omega^2 > 0$，则 ω 可正可负，习惯上取 $\omega > 0$；相反，若 $\omega^2 < 0$，则 ω 为虚数。由式（7-12）看到，这时晶体中各原子相对平衡位置的位移将随时间增加而无限增大，晶格就不能保持稳定了。因此，晶体的稳定性要求 $\omega^2 > 0$，根据式（7-13）应要求 $\beta > 0$，也就是说原子位移后能够恢复原来的位置，否则晶格就不能保持稳定。

7.4.2　一维双原子晶格振动

7.4.2.1　一维双原子晶格振动色散关系

若一维原子链是由质量不等的原子相间排列而成，则原子的振动又会出现新情况。为简便，这里考虑由两种不同原子构成的一维复式格子，相邻同种原子的距离为 $2a$（$2a$ 为复式格子的晶格常数），如图 7-4 所示。

质量为 m 的原子位于…，$(2n-1)$，$(2n+1)$，$(2n+3)$，…的各点上，质

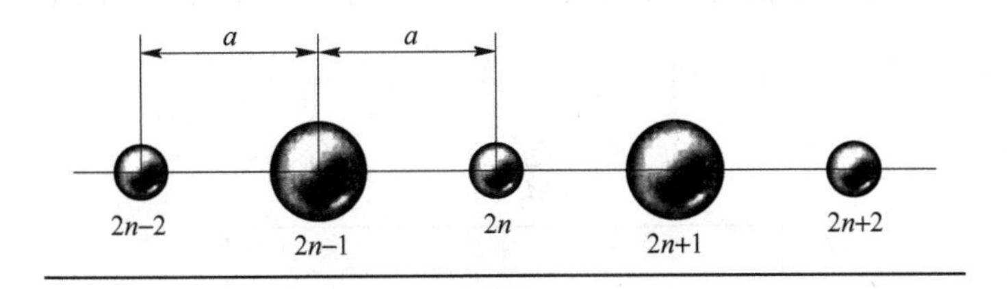

图 7-4 一维双原子晶格

量为 M 的原子位于…，$(2n-2)$，$(2n)$，$(2n+2)$，…的各点上，且假设 $M>m$，得到类似于方程式（7-18）：

$$\begin{cases} m\dfrac{d^2x_{2n+1}}{dt^2}=\beta(x_{2n+2}+x_{2n}-2x_{2n+1}) \\ M\dfrac{d^2x_{2n+2}}{dt^2}=\beta(x_{2n+3}+x_{2n+1}-2x_{2n+2}) \end{cases} \tag{7-18}$$

若晶体有 N 个原胞，则有 $2N$ 个方程，方程数等于晶体的自由度数。对于这组方程，仍然采用类似于式（7-12）的试探解，则有：

$$\begin{cases} x_{2n+1}=Ae^{i[q(2n+1)a-\omega t]} \\ x_{2n+2}=Be^{i[q(2n+2)a-\omega t]} \end{cases} \tag{7-19}$$

即认为同种原子的振动相同，只有位相上存在差别，不同原子的振幅可以不同。

把式（7-19）代入式（7-18）中，可得：

$$\begin{cases} (2\beta-m\omega^2)A-2\beta\cos(qa)B=0 \\ -2\beta\cos(qa)A+(2\beta-M\omega^2)B=0 \end{cases} \tag{7-20}$$

这是一组齐次方程。若 A、B 有非零解，则其系数行列式一定为零，即：

$$\begin{vmatrix} 2\beta-m\omega^2 & -2\beta\cos(qa) \\ -2\beta\cos(qa) & 2\beta-M\omega^2 \end{vmatrix}=0 \tag{7-21}$$

由此可得出：

$$\omega_{\pm}^2=\frac{\beta}{Mm}\{(m+M)\pm[m^2+M^2+2mM\cos(2qa)]^{\frac{1}{2}}\} \tag{7-22}$$

式（7-22）即为一维双原子晶格中格波的色散关系。

7.4.2.2 声学波与光学波

式（7-22）给出了一维双原子晶格中格波的色散关系，分为 2 支，如图 7-5 所示。频率较高的一支叫光学支，频率用 ω_+ 表示，对应于式（7-22）中根式前取“+”号；频率较低的一支叫声学支，频率用 ω_- 表示，对应于式（7-22）中根式前取“-”号。它们的频率都是波矢 q 的函数，周期为一个倒格子基矢，即 π/a。

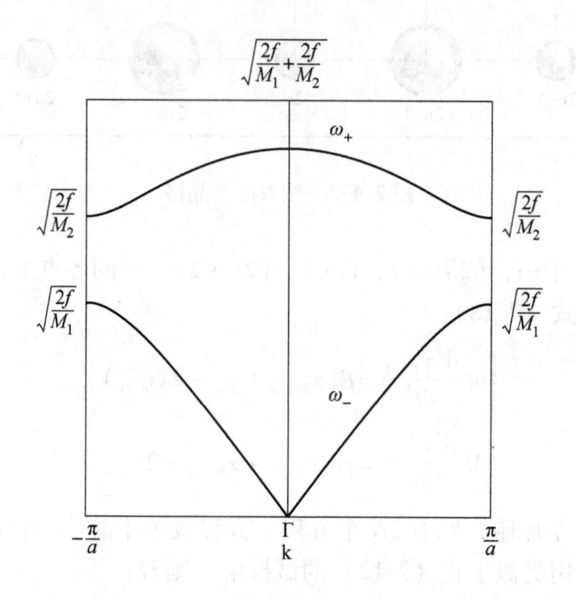

图 7-5　一维双原子晶格振动色散关系

从图 7-5 中可以看出，2 支格波的最大频率和最小频率及相应的波矢分别为：

$$\omega_{+\max}=\sqrt{\frac{2\beta}{\mu}},\quad q=0 \tag{7-23}$$

$$\omega_{-\max}=\sqrt{\frac{2\beta}{M}},\quad q=\pm\frac{2\pi}{a} \tag{7-24}$$

$$\omega_{+\min}=\sqrt{\frac{2\beta}{m}},\quad q=\pm\frac{2\pi}{a} \tag{7-25}$$

$$\omega_{-\min}=0,\quad q=0 \tag{7-26}$$

其中，$\mu=\frac{mM}{m+M}$ 为约化质量。

由于 $M>m$，光学支的最小频率比声学支的最大频率还要高，在 2 支之间出现了“频率的禁带”，所以也可以把一维双原子晶格叫做带通滤波器，这与一维单原子晶格振动明显不同。

7.4.2.3　长波近似

当波矢比较小时，可明显看出 2 支格波振动性质的不同。首先，双原子的色散关系可以变化为：

$$\omega_{\pm}^{2}=\beta\frac{M+m}{Mm}\left[1\pm\sqrt{1-\frac{4Mm}{(M+m)^{2}}\sin^{2}(aq)}\right]$$

对于声学支，当 $q\to0$ 时，有 $\sin(aq)\to aq$，利用公式 $\sqrt[n]{1-x}\approx1+x/n$（当 $x\ll1$ 时），可得到：

$$\omega_{-}=\left(\frac{2\beta}{m+M}\right)^{\frac{1}{2}}|\sin(qa)|=\left(\frac{2\beta}{m+M}\right)^{\frac{1}{2}}a|q|$$

可见，形式与连续介质中弹性波的色散关系相似，即当 $q\to0$ 的极限情况，可以视为弹性波来处理，这就是命名为声学波的原因。

对于光学波来说，当 $q\to0$ 时，色散关系可以转化为：

$$\omega_{+}=\left(\frac{2\beta}{\mu}\right)^{\frac{1}{2}}\left[1-\frac{mM}{(m+M)^{2}}\sin^{2}(qa)\right]^{\frac{1}{2}}\approx\left(\frac{2\beta}{\mu}\right)^{\frac{1}{2}}$$

分析可知，光学波的突出特点是 $q\to0$ 时，$\omega_{+}\neq0$，所以它不是弹性波。对于 μ 和 β 的典型值，有 $\omega_{+}\sim10^{13}\ \mathrm{s}^{-1}$，这个频率处在光谱区的红外区，即长光学波可以与光波发生共振耦合，也正是由于这个原因，称这支格波为光学波。

7.4.2.4 相邻原子运动情况分析

声学支和光学支的动力学特征不同。对于声学支格波，当 $q\to0$ 时，$\omega_{-}=0$。由式（7-20）可得，相邻原子的振幅比为：

$$\frac{A}{B}=\frac{2\beta\cos(qa)}{2\beta-m\omega_{-}^{2}}\approx1$$

可见，长声学波的相邻原子振动方向相同，它描述的是原胞质心的运动，如图 7-6(a) 所示。

对于光学波，当 $q\to0$ 时，$\omega_{+}=\sqrt{\frac{2\beta}{\mu}}$，由式（7-20）可得相邻原子的振幅比为：

$$\frac{A}{B}=\frac{2\beta-m\omega_{+}^{2}}{2\beta\cos(qa)}=-\frac{M}{m}$$

这表明：同一原胞中两个原子的振动方向相反，质心保持不动，即长光学波描述的是原胞中原子的相对运动，如图 7-6(b) 所示。当 $m=M$ 时，频率禁带消失，但仍有光学波存在，与单原子晶格不同。这是因为我们假定两个原子虽然质量相同，但振幅不同，基元中仍然含有两个原子，故存在着描述基元内部相对运动的光学波。

此外，因为晶体的周期为 $2a$，色散关系的周期为 π/a，即一个倒格子基矢的长度，而波矢相差倒格子基矢整数倍的格波是完全等效的。所以波矢位于第一布里渊区的格波，即可给出所有独立的格波。利用周期性边界条件，第一布里渊区

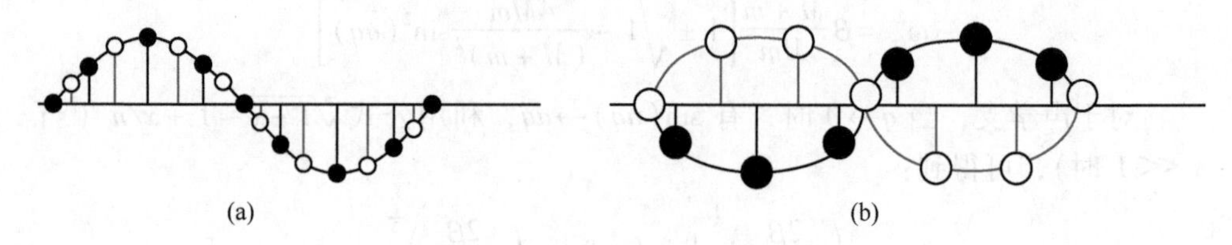

图 7-6　光学波和声学波示意图
(a) 声学波；(b) 光学波

内允许的 q 值有 N 个（等于晶体的原胞数目），对于每个波矢有 2 个格波：一支是声学波、一支是光学波，所以总格波数目 $2N$ 等于晶体的自由度数。讨论方法与讨论一维单原子键的方法相同。

7.4.2.5　三维晶格振动

三维晶格的数学处理比较繁杂，但物理思想与一维情况相同。在这里不进行严格的数学推导，只把一维晶格振动的一些结论推广到三维情况。

对于由 N 个原胞组成的晶体，若每个原胞内有 n 个原子，每个原子均可做三维运动，则晶体共有 $3nN$ 个自由度。在简谐近似下，晶体的独立状态（格波）数等于晶体的自由度数。这 $3nN$ 个状态（格波）分成 $3n$ 支，每支含有 N 个独立的振动状态。其中，声学波有 3 支，描述原胞质心的运动，包含一个纵波和两个横波；其余 $3(n-1)$ 支是光学支，描述原胞内原子之间的相对运动。如金刚石晶体，每个原胞中包含 2 个原子，即 $n=2$，共有 6 支格波，其中 3 支是声学波、3 支是光学波。

在三维情况下，色散关系 $\omega_j(\boldsymbol{q})$ 在 $\boldsymbol{q}$ 空间是周期性的（$j=1，2，\cdots，3n$），故只考虑第一布里渊区就可以了。由于周期性条件中，q 值是分立的，而且是有限的，在第一布里渊区内存在 N 个允许的 q 值。因此可以得出如下结论：

晶格振动的波矢数 = 晶体的原胞数

晶格振动的频率数 = 晶体的自由度数

实验结果与上述结论是一致的。

7.4.3　晶格振动的量子化和声子

为简单起见，以一维单原子晶格振动的量子化为例，引入声子的概念，然后将其推广到三维情况。

7.4.3.1　简正坐标

考虑一维单原子晶格，在简谐近似和最近邻近似下，晶体的势能和动能可分别写为：

$$U = \frac{\beta}{2}\sum_{n}(x_{n+1} - x_{n})^{2} = \frac{\beta}{2}\sum_{n}(x_{n+1}^{2} - 2x_{n+1}x_{n} + x_{n}^{2}) \tag{7-27}$$

$$T = \frac{1}{2}\sum_{n} m\dot{x}_{n}^{2} \tag{7-28}$$

其中，$\dot{x}_n$ 为位移对时间的一次导数，也就是速度，则系统中总的哈密顿量为：

$$H = T + U = \frac{1}{2}\sum_{n} m\dot{x}_{n}^{2} + \frac{\beta}{2}\sum_{n}(x_{n+1} - x_{n})^{2} \tag{7-29}$$

由于势能表达式（7-27）中包括交叉项 $x_{n+1}x_n$，即反映了原子振动的相互耦合，因此我们试图通过坐标变换来消除交叉项，即将本来存在相互耦合的原子振动转换成在另一表象中相互独立的谐振子。因为运动方程的特解形式如下：

$$x_{n} = A\mathrm{e}^{i(qna - \omega t)} = A(t)\mathrm{e}^{iqna} \tag{7-30}$$

其中，$q = 2\pi l/(Na)$，$l = (-N/2 + 1)$，$(-N/2 + 2)$，…，$N/2$，所以，它的一般解为特解的线性组合。

$$x_{n} = \frac{1}{\sqrt{Nm}}\sum_{q} Q(q,t)\mathrm{e}^{iqna} \tag{7-31}$$

式（7-30）中的时间因子和振幅都包含在系数 $Q(q,\ t)$ 中，而且质量因子分离出来。式（7-31）实际上是代表 $x_n(t)$ 在 q 空间的傅里叶展开。同样，

$$x_{n}^{*} = \frac{1}{\sqrt{Nm}}\sum_{q} Q^{*}(q,t)\mathrm{e}^{-iqna} = \frac{1}{\sqrt{Nm}}\sum_{-q} Q^{*}(-q,t)\mathrm{e}^{iqna}$$

由于 x_n 是实数，所以有：

$$Q(q,t) = Q^{*}(-q,t) \tag{7-32}$$

式（7-30）中的 e^{iqna} 实际上代表一种独立的振动模式，它满足正交关系：

$$\sum_{q} \mathrm{e}^{iq(n-n')a} = N\delta_{n,n'} \tag{7-33}$$

当 $n = n'$ 时，式（7-33）显然是正确的。当 $n \neq n'$ 时，先令 $n - n' = s$，则式（7-30）的左边化为：

$$\sum_{q} \mathrm{e}^{iqsa} = \sum_{l=-\frac{N}{2}+1}^{\frac{N}{2}} \mathrm{e}^{i[2\pi la/(Na)]s} = \sum_{l=-\frac{N}{2}+1}^{-1} \mathrm{e}^{i2\pi ls/N} + \sum_{l=0}^{\frac{N}{2}} \mathrm{e}^{i2\pi ls/N} \tag{7-34}$$

在式（7-34）第一项求和中，令 $l' = l + N$，则有：

$$\sum_{l=-\frac{N}{2}+1}^{-1} \mathrm{e}^{i2\pi ls/N} = \sum_{l'=\frac{N}{2}+1}^{N-1} \mathrm{e}^{i2\pi(l'-N)s/N} = \sum_{l=\frac{N}{2}+1}^{N-1} \mathrm{e}^{i2\pi l's/N} \tag{7-35}$$

把式（7-35）代入式（7-33）中，并把 l' 再改写成 l，则可以得到：

$$\sum_{q} \mathrm{e}^{iqsa} = \sum_{l=0}^{N-1} \mathrm{e}^{i2\pi ls/N} = \frac{\mathrm{e}^{2\pi s} - 1}{\mathrm{e}^{i2\pi s/N} - 1} = 0$$

这便证明了式（7-25）。其物理意义是按状态 q 求和，只要看一个格点就行了，

每个格点的独立状态总数是 N。同理，可以证明：

$$\sum_n \mathrm{e}^{iqna} \cdot \mathrm{e}^{iq'na} = N\delta_{q,q'} \tag{7-36}$$

这表明：按格点求和，只要看一种状态，格点总数（也就是原胞总数）是 N。将式（7-31）代入式（7-29），并利用正交关系式（7-36）可以得到：

$$H = \frac{1}{2}\sum_q \dot{Q}(q,t)\dot{Q}(-q,t) + \sum_q \frac{\beta}{m}[1-\cos(qa)]Q(q,t)Q(-q,t) \tag{7-37}$$

利用色散关系式（7-29）和式（7-32），上式可以化为：

$$H = \frac{1}{2}\sum_q [\dot{Q}^2(q,t) + \omega^2(q)Q^2(q,t)] \tag{7-38}$$

经过变换后，哈密顿量已不含交叉项，成为 N 个经典谐振子的哈密顿时之和，新的动量和空间坐标已不是原来的动量和空间坐标，而是反映整体运动的坐标，称为简正坐标或正则坐标。

按照量子力学，独立的简谐振子的能量为：

$$\varepsilon = \left(n + \frac{1}{2}\right)\hbar\omega, \qquad (n = 0,1,2,\cdots)$$

简谐振子的能量是量子化的，零点能量为 $\hbar\omega/2$。所以一维晶格振动的总能量为：

$$E = \sum_q^N \varepsilon(q) = \sum_q^N \left[n(q) + \frac{1}{2}\right]\hbar\omega(q) \tag{7-39}$$

一维晶格振动量子化的方法和结论可以推广到三维情况。对于含有 N 个原胞，每个原胞中包含有 n 个原子的三维体系，其总能量与 $3nN$ 个无相互作用的简谐振子系统的能量等效，即晶格振动的总能量可以写成：

$$E = \sum_{q_j}^{3nN} \varepsilon_j(q) = \sum_{q_j}^{N} \left[n_j(\boldsymbol{q}) + \frac{1}{2}\right]\hbar\omega_j(\boldsymbol{q}) \tag{7-40}$$

式中，q 有 N 个取值，j 共有 $3n$ 个取值。

7.4.3.2　声子

对于电磁波，爱因斯坦引入了光子的概念，使人们对与电磁现象有关的微观过程的认识又前进了一步，对于晶体中的格波同样可以进行量子化。从式（7-40）可以看出，$\hbar\omega_j(\boldsymbol{q})$ 是格波的能量增减单位，也就是说格波能量的增减必须是 $\hbar\omega_j(\boldsymbol{q})$ 的整数倍。格波的激发单元可看作“粒子”，这个粒子化了的格波元激发（格波量子），即晶格振动的能量量子称为声子。因此，把能量单元 $\hbar\omega_j(\boldsymbol{q})$ 称为一个声子能量，$n_j(\boldsymbol{q})$ 个声子体系的总能量为 $n_j(\boldsymbol{q})\hbar\omega_j(\boldsymbol{q})$（不计零点能）。声子是玻色子，服从玻色-爱因斯坦统计，即具有能量 $\hbar\omega_j(\boldsymbol{q})$ 声子的平均数为：

$$n_j(\boldsymbol{q}) = \frac{1}{e^{\hbar\omega_j(\boldsymbol{q})/(k_B T)} - 1} \tag{7-41}$$

格波间的相互独立意味着各种声子间无相互作用。这样，就把 $3nN$ 个相互耦合的原子振动问题首先经过线性变换转化为 $3nN$ 个振动模（格波）的独立谐振子问题；然后又经过量子化变为 $3nN$ 种声子的“理想气体”问题，这种物理图像对很多问题的处理是很方便的。例如对晶体热学性质的研究，对电子、光子与格波相互作用（散射）的处理等。当电子（或光子）受到格波散射时，将会交换以 $\hbar\omega_j(\boldsymbol{q})$ 为单位的能量。如果电子由晶格得到 $\hbar\omega_j(\boldsymbol{q})$ 的能量，我们就说电子吸收了一个能量为 $\hbar\omega_j(\boldsymbol{q})$ 的声子，如果电子给予晶格 $\hbar\omega_j(\boldsymbol{q})$ 的能量，则说电子发射了一个能量为 $\hbar\omega_j(\boldsymbol{q})$ 的声子。声子的数目是不守恒的。声子的概念不仅是个描述方式问题，它反映了晶体中原子的集体运动的量子化性质。

声子不仅具有能量 $\hbar\omega_j(\boldsymbol{q})$，而且还具有准动量 $\hbar\boldsymbol{q}$。当波矢为 $\boldsymbol{q}$、频率为 $\omega_j(\boldsymbol{q})$ 的格波散射中子（或电子等）时，可引起声子能量改变 $\pm\hbar\omega_j(\boldsymbol{q})$、动量改变 $\pm\hbar\boldsymbol{q}$，即：

$$\begin{cases} \dfrac{\boldsymbol{p}'^2}{2M} - \dfrac{\boldsymbol{p}^2}{2M} = \pm\hbar\omega_j(\boldsymbol{q}) \\ \boldsymbol{p}' - \boldsymbol{p} = \pm\hbar\boldsymbol{q} + \hbar\boldsymbol{G}_n \end{cases} \tag{7-42}$$

式中，$\boldsymbol{p}$ 和 $\boldsymbol{p}'$ 分别为散射前、后中子的动量；M 为中子的质量；$\boldsymbol{G}_n$ 为倒格矢。

这表明中子吸收或发射的声子能量为 $\hbar\omega_j(\boldsymbol{q})$，动量为 $\hbar\boldsymbol{q}$。然而，这个中子-声子系统的总动量并不守恒，而是可以相差 $\hbar\boldsymbol{G}_n$。所以，$\hbar\boldsymbol{q}$ 并不是真正的动量，而只是在与其他粒子相互作用过程中声子仿佛具有动量 $\hbar\boldsymbol{q}$，故称为准动量。

总而言之，声子是为描写晶体中格波激发状态而引进的假想粒子，它是一种准粒子。模式为（j，$\boldsymbol{q}$）的声子具有动量 $\hbar\omega_j(\boldsymbol{q})$，准动量为 $\hbar\boldsymbol{q}$。晶体中的 $3nN$ 种振动模式对应的 $3nM$ 种声子构成声子理想气体。声子数目不定恒，服从玻色-爱因斯坦统计。声子不能脱离晶体而存在。以上讨论的基础是简谐近似，因此格波间相互独立，声子间无相互作用。当考虑非简谐作用后，格波之间不再相互独立。如果仍采用声子图像，则声子之间有相互作用（实为格波之间的相互散射），声子气体不能再视为理想气体。

7.5 结　论

偏微分方程在描述晶格振动及其相关热学性质中起着至关重要的作用。通过研究声子理论与热学模型之间的关系，我们能够更深入地理解材料的热学行为。未来的研究可以进一步探索不同材料系统中晶格振动的细微影响，以推动新型功能材料的开发。

参考文献

[1] KITTEL C. Introduction to Solid State Physics [M]. Wiley, 2005.
[2] ASHCROFT N W, MERMIN N D. Solid State Physics [M]. Holt, Rinehart and Winston, 1976.
[3] DEBYE P. Theory of specific heat [J]. Phys. Rev., 1912, 9 (1): 183-212.

8　动力论基本方程（玻耳兹曼方程）的导出

本章旨在详细推导动力论中的基本方程——玻耳兹曼方程（Boltzmann Equation），该方程由路德维希·玻耳兹曼于1872年首次提出，是描述非热力学平衡状态的热力学系统统计行为的偏微分方程。本章将从玻耳兹曼方程的物理背景出发，逐步推导出其数学表达式，并探讨其在实际应用中的意义。

8.1　概　　述

动力论是研究气体分子运动规律及其宏观性质之间关系的学科。玻耳兹曼方程作为动力论的核心方程，不仅揭示了气体分子在碰撞过程中的统计行为，还为理解热力学系统的非平衡态提供了重要工具。下面将从气体分子的碰撞过程出发，推导出玻耳兹曼方程。

8.2　玻耳兹曼方程

8.2.1　碰撞过程的基本假设

在推导玻耳兹曼方程之前，我们需要做几个基本假设：

（1）分子间的碰撞是瞬时的。碰撞过程中，分子的形状和内部结构不发生变化，碰撞时间远小于分子运动的时间尺度。

（2）碰撞满足动量守恒和能量守恒。在碰撞过程中，系统的总动量和总能量保持不变。

（3）分子间的相互作用是短程的。分子间的相互作用力只在碰撞时有效，碰撞后迅速消失。

8.2.2　分布函数的定义

设$f(t, \boldsymbol{r}, \boldsymbol{v})$为气体分子在相空间（$t$，$\boldsymbol{r}$，$\boldsymbol{v}$）中的分布函数，表示在时刻$t$、位置$r$、速度$v$附近单位相空间体积内的分子数密度。这里，$r$为分子的位置矢量，$v$为分子的速度矢量。

分布函数$f(t, \boldsymbol{x}, \boldsymbol{v})$描述等离子体的状态，其中$\boldsymbol{x}$，$\boldsymbol{v}$分别看作独立的

变量。

分布函数和宏观物理量为：

$$n(t,\boldsymbol{x}) = \int_v f(t,\boldsymbol{x},\boldsymbol{v})\,\mathrm{d}\boldsymbol{v}$$

$$\langle \Psi(t,\boldsymbol{x}) \rangle = \frac{1}{n(t,\boldsymbol{x})}\int_v f(t,\boldsymbol{x},\boldsymbol{v})\,\Psi \mathrm{d}\boldsymbol{v}$$

Maxwellian 分布为：

$$f_{\mathrm{M}} = n_0\left(\frac{2T}{\pi m}\right)^{\frac{3}{2}}\exp\left(-\frac{mv^2}{2T}\right)$$

8.2.3　碰撞过程的数学描述

考虑两个分子在碰撞前后的状态变化。设碰撞前两个分子的状态分别为（$\boldsymbol{r}_1$，$\boldsymbol{v}_1$）和（$\boldsymbol{r}_2$，$\boldsymbol{v}_2$），碰撞后变为（$\boldsymbol{r}_1'$，$\boldsymbol{v}_1'$）和（$\boldsymbol{r}_2'$，$\boldsymbol{v}_2'$）。由于碰撞是瞬时的，且分子间的相互作用是短程的，因此我们可以假设碰撞前后分子的位置几乎不变，即 $\boldsymbol{r}_1 \approx \boldsymbol{r}_1'$，$\boldsymbol{r}_2 \approx \boldsymbol{r}_2'$。

8.2.4　碰撞率的计算

单位时间内，在相空间体积元 $\mathrm{d}\boldsymbol{r}_1\mathrm{d}\boldsymbol{v}_1\mathrm{d}\boldsymbol{r}_2\mathrm{d}\boldsymbol{v}_2$ 内，两个分子发生碰撞的概率正比于该体积元内的分子数密度 $f(\boldsymbol{r}_1,\ \boldsymbol{v}_1)f(\boldsymbol{r}_2,\ \boldsymbol{v}_2)$，以及碰撞截面 $\boldsymbol{\sigma}(\boldsymbol{v}_1,\ \boldsymbol{v}_2)$。因此，碰撞率可以表示为：

$$\omega(\boldsymbol{v}_1',\boldsymbol{v}_2';\boldsymbol{v}_1,\boldsymbol{v}_2)f(\boldsymbol{r}_1,\boldsymbol{v}_1)f(\boldsymbol{r}_2,\boldsymbol{v}_2)\,\mathrm{d}\boldsymbol{v}_1\mathrm{d}\boldsymbol{v}_2\mathrm{d}\boldsymbol{v}_1'\mathrm{d}\boldsymbol{v}_2'$$

其中，$\omega(\boldsymbol{v}_1',\ \boldsymbol{v}_2';\ \boldsymbol{v}_1,\ \boldsymbol{v}_2)$ 为碰撞核函数，描述了从状态（$\boldsymbol{v}_1$，$\boldsymbol{v}_2$）到状态（$\boldsymbol{v}_1'$，$\boldsymbol{v}_2'$）的碰撞概率。

8.2.5　玻耳兹曼方程的推导

考虑分布函数 $f(t,\ \boldsymbol{r},\ \boldsymbol{v})$ 随时间的变化。对由于碰撞过程，分子会从一个速度状态转移到另一个速度状态，导致分布函数的变化。根据质量守恒原理，我们可以写出：

$$\frac{\partial f}{\partial t} + \boldsymbol{v}\cdot\nabla f = \int[\,\omega(\boldsymbol{v}',\boldsymbol{v}_1';\boldsymbol{v},\boldsymbol{v}_1)f(\boldsymbol{r},\boldsymbol{v}')f(\boldsymbol{r},\boldsymbol{v}_1') - \omega(\boldsymbol{v},\boldsymbol{v}_1;\boldsymbol{v}',\boldsymbol{v}_1')f(\boldsymbol{r},\boldsymbol{v})f(\boldsymbol{r},\boldsymbol{v}_1)\,]\,\mathrm{d}\boldsymbol{v}_1\mathrm{d}\boldsymbol{v}'\mathrm{d}\boldsymbol{v}_1'$$

上式即为玻耳兹曼方程。左边表示分布函数随时间的变化和由于分子运动导致的空间变化，右边表示由于碰撞导致的分布函数变化。

如果等离子体中的带电粒子没有新生或者复合，其数量在相空间中守恒，即得守恒型方程：

$$\frac{\partial f}{\partial t} + \frac{\partial}{\partial \boldsymbol{x}}\cdot\left(f\frac{\mathrm{d}\boldsymbol{x}}{\mathrm{d}t}\right) + \frac{\partial}{\partial \boldsymbol{v}}\cdot\left(f\frac{\mathrm{d}\boldsymbol{v}}{\mathrm{d}t}\right) = 0 \tag{8-1}$$

对于具体等离子体粒子的运动过程，有实际关系：

$$\frac{\mathrm{d}\boldsymbol{x}}{\mathrm{d}t}=\boldsymbol{v},\quad \frac{\mathrm{d}\boldsymbol{v}}{\mathrm{d}t}=\frac{q}{m}[\boldsymbol{E}(t,\boldsymbol{x})+\boldsymbol{v}\times\boldsymbol{B}(t,\boldsymbol{x})] \tag{8-2}$$

考虑到 $\boldsymbol{x}$，$\boldsymbol{v}$ 分别看作独立的变量，且式（8-2）的加速度中，虽然含有速度 $\boldsymbol{v}$，但仍有 $\frac{\partial}{\partial\boldsymbol{v}}\cdot(\boldsymbol{v}\times\boldsymbol{B})=0$，因此方程式（8-1）化为：

$$\frac{\partial f}{\partial t}+\boldsymbol{v}\cdot\frac{\partial f}{\partial\boldsymbol{x}}+\frac{q}{m}[\boldsymbol{E}(t,\boldsymbol{x})+\boldsymbol{v}\times\boldsymbol{B}(t,\boldsymbol{x})]\frac{\partial f}{\partial\boldsymbol{v}}=\left(\frac{\partial f}{\partial t}\right)_c \tag{8-3}$$

其中方程右端代表碰撞引起的等离子体分布函数的变化。由于碰撞是带电粒子相互靠近时发生的，式（8-3）左边的电磁场如果使用较大尺度的平均量，就要将代表等离子体粒子附近的电磁场引起的碰撞效应归结到方程右端。

由动力论方程，可以推导宏观物理量满足的方程。设 $\Psi(\boldsymbol{v})$ 仅是速度的函数，对方程式（8-3）做积分 $\int_v\Psi(\boldsymbol{v})\mathrm{d}\boldsymbol{v}$，得：

$$\frac{\partial}{\partial t}(n\langle\Psi\rangle)+\frac{\partial}{\partial\boldsymbol{x}}\cdot(n\langle\Psi\boldsymbol{v}\rangle)-n\left\langle\frac{\boldsymbol{F}}{m}\cdot\frac{\partial\Psi}{\partial\boldsymbol{v}}\right\rangle=\int_v\Psi\left(\frac{\partial f}{\partial t}\right)_c\mathrm{d}\boldsymbol{v}$$

其中，用到在无穷远处分布函数为 0 的假设。

（1）取 $\Psi=1$，得连续性方程：

$$\frac{\partial n}{\partial t}+\frac{\partial}{\partial\boldsymbol{x}}\cdot(n\boldsymbol{v})=0$$

因为碰撞前后虽然速度改变，但位置不变，因此全速度空间积分之后，碰撞项的积分贡献为 0。

（2）取 $\Psi=\boldsymbol{v}$，得种类为 α 的带电粒子的运动方程：

$$\frac{\partial}{\partial t}(n_\alpha\boldsymbol{u}_\alpha)+\frac{\partial}{\partial\boldsymbol{x}}\cdot\left(n_\alpha\boldsymbol{u}_\alpha\boldsymbol{u}_\alpha+\frac{\boldsymbol{P}_\alpha}{m_\alpha}\right)-n_\alpha\left\langle\frac{\boldsymbol{F}_\alpha}{m_\alpha}\right\rangle=-\frac{1}{m_\alpha}\sum_{\beta\neq\alpha}v_{\alpha\beta}n_\alpha\mu_{\alpha\beta}(\boldsymbol{u}_\alpha-\boldsymbol{u}_\beta)$$

这里，$\boldsymbol{u}=\langle\boldsymbol{v}\rangle$ 是流体速度，$\boldsymbol{P}=nm\langle(\boldsymbol{v}-\boldsymbol{u})(\boldsymbol{v}-\boldsymbol{u})\rangle$ 是压力张量，ν 是碰撞频率，$\mu_{\alpha\beta}=\frac{m_\alpha m_\beta}{m_\alpha+m_\beta}$是约化质量，计算碰撞项的积分时，考虑碰撞引起的动量变化率之后，得到上式。上式可以简化为：

$$n_\alpha m_\alpha\frac{\mathrm{d}\boldsymbol{u}_\alpha}{\mathrm{d}t}=-\frac{\partial}{\partial\boldsymbol{x}}\cdot\boldsymbol{P}_\alpha+n_\alpha q_\alpha(\boldsymbol{E}+\boldsymbol{u}_\alpha\times\boldsymbol{B})-\sum_{\beta\neq\alpha}v_{\alpha\beta}n_\alpha\mu_{\alpha\beta}(\boldsymbol{u}_\alpha-\boldsymbol{u}_\beta)$$

（3）取 $\Psi=v_iv_j$，为了简化起见，忽略碰撞项，得到压力满足的方程：

$$\frac{\partial}{\partial t}\left(nu_iu_j+\frac{P_{ij}}{m}\right)+\frac{\partial}{\partial\boldsymbol{x}}\cdot\left(\left(nu_iu_j+\frac{P_{ij}}{m}\right)\boldsymbol{u}+n\langle c_ic_j\boldsymbol{c}\rangle+\right.$$

$$\left.\sum_k\left(u_i\frac{P_{jk}}{m}+u_j\frac{P_{ik}}{m}\right)\boldsymbol{e}_k\right)-\frac{n}{m}\langle F_iv_j+F_jv_i\rangle=0$$

在绝热近似下（忽略热运动 3 次项的平均），化简为：

$$\frac{\partial}{\partial t}(nmu_iu_j + P_{ij}) + \frac{\partial}{\partial \boldsymbol{x}} \cdot \left((nmu_iu_j + P_{ij})\boldsymbol{u} + \sum_k (u_iP_{jk} + u_jP_{ik})\boldsymbol{e}_k\right) - n\langle F_iv_j + F_jv_i\rangle = 0$$

对于 $i=j$ 情况并对三维上进行求和，可得能量方程：

$$\frac{\partial}{\partial t}\left(\frac{1}{2}nmu^2 + \frac{3}{2}nT\right) + \frac{\partial}{\partial x} \cdot \left(\left(\frac{1}{2}nmu^2 + \frac{3}{2}nT\right)\boldsymbol{u} + \boldsymbol{q} + \boldsymbol{P} \cdot \boldsymbol{u}\right) - nq\boldsymbol{E} \cdot \boldsymbol{u} = 0$$

其中，磁场效应为0，$\sum_i q(\boldsymbol{v} \times \boldsymbol{B})_i v_i = q(\boldsymbol{v} \times \boldsymbol{B}) \cdot \boldsymbol{v} = 0$。

如果考虑压力的变化，则：

$$nm\frac{\partial(u_iu_j)}{\partial t} + \frac{\partial P_{ij}}{\partial t} + mn\frac{\partial(u_iu_j)}{\partial \boldsymbol{x}} \cdot \boldsymbol{u} + \frac{\partial}{\partial \boldsymbol{x}} \cdot (P_{ij}\boldsymbol{u} + u_i\boldsymbol{e}_j \cdot \boldsymbol{P} + u_j\boldsymbol{e}_i \cdot \boldsymbol{P}) - n\langle F_i\rangle u_j - n\langle F_j\rangle u_i - nq\langle(\boldsymbol{c} \times \boldsymbol{B})_ic_j + (\boldsymbol{c} \times \boldsymbol{B})_jc_i\rangle = 0$$

$$nm\frac{\mathrm{d}u_i}{\mathrm{d}t}u_j + nm\frac{\mathrm{d}u_j}{\mathrm{d}t}u_i + \frac{\partial P_{ij}}{\partial t} + \frac{\partial}{\partial \boldsymbol{x}} \cdot (P_{ij}\boldsymbol{u}) + \boldsymbol{e}_j \cdot \boldsymbol{P} \cdot \frac{\partial u_i}{\partial \boldsymbol{x}} + u_i\boldsymbol{e}_j \cdot \frac{\partial}{\partial \boldsymbol{x}} \cdot \boldsymbol{P} + \boldsymbol{e}_i \cdot \boldsymbol{P} \cdot \frac{\partial u_j}{\partial \boldsymbol{x}} + u_j\boldsymbol{e}_i \cdot \frac{\partial}{\partial \boldsymbol{x}} \cdot \boldsymbol{P} - n\langle F_i\rangle u_j - n\langle F_j\rangle u_i - nq\langle(\boldsymbol{c} \times \boldsymbol{B})_ic_j + (\boldsymbol{c} \times \boldsymbol{B})_jc_i\rangle = 0$$

利用受力方程简化消去，可得：

$$\frac{\mathrm{d}P_{ij}}{\mathrm{d}t} + P_{ij}\frac{\partial}{\partial \boldsymbol{x}} \cdot \boldsymbol{u} + \boldsymbol{e}_j \cdot \boldsymbol{P} \cdot \frac{\partial u_i}{\partial \boldsymbol{x}} + \boldsymbol{e}_i \cdot \boldsymbol{P} \cdot \frac{\partial u_j}{\partial \boldsymbol{x}} - nq\langle(\boldsymbol{c} \times \boldsymbol{B})_ic_j + (\boldsymbol{c} \times \boldsymbol{B})_jc_i\rangle = 0$$

一般不考虑磁场对垂直方向压力项的均匀化作用影响，可忽略上式左边最后一项。特殊情况下，不考虑磁场的影响（磁场作用是使垂直方向上压力均匀化），压力交叉项取为0，则：

$$\frac{\mathrm{d}P_{ii}}{\mathrm{d}t} - \frac{P_{ii}}{\rho} \cdot \frac{\mathrm{d}\rho}{\mathrm{d}t} + 2\frac{\partial u_i}{\partial x_i}P_{ii} = 0 \quad 或 \quad \frac{1}{P_{ii}} \cdot \frac{\mathrm{d}P_{ii}}{\mathrm{d}t} - \frac{1}{\rho} \cdot \frac{\mathrm{d}\rho}{\mathrm{d}t} + 2\frac{\partial u_i}{\partial x_i} = 0$$

在各向同性的 D 维情况，则：

$$\frac{D}{P} \cdot \frac{\mathrm{d}P}{\mathrm{d}t} - \frac{D}{\rho} \cdot \frac{\mathrm{d}\rho}{\mathrm{d}t} + 2\nabla \cdot \boldsymbol{u} = 0$$

因而：

$$\frac{\mathrm{d}}{\mathrm{d}t}(P\rho^{-\gamma}) = 0, \quad \gamma = \frac{D+2}{D}$$

考虑三维情况，有平行方向压力和两个相同的垂直方向压力，这时：

$$\frac{\mathrm{d}}{\mathrm{d}t}\left(\frac{P_{\parallel}P_{\perp}^2}{\rho^5}\right) = 0$$

加上垂直方向有（磁矩是绝热不变量）：

$$\frac{\mathrm{d}}{\mathrm{d}t}\left(\frac{P_{\perp}}{\rho B}\right) = 0$$

构成双绝热方程。关于平行方向压力的方程可以改写为：

$$\frac{\mathrm{d}}{\mathrm{d}t}\left(\frac{P_{\parallel}B^2}{\rho^3}\right)=0$$

这个方程可以从冻结方程$\frac{\mathrm{d}}{\mathrm{d}t}\left(\frac{\boldsymbol{B}}{\rho}\right)=\left(\frac{\boldsymbol{B}}{\rho}\cdot\nabla\right)\boldsymbol{u}$ 取平行分量，即$\frac{\mathrm{d}}{\mathrm{d}t}\left(\ln\frac{B}{\rho}\right)=\frac{\partial u_{\parallel}}{\partial x_{\parallel}}$，代入也可得上式。

8.3 碰 撞 项

8.3.1 Vlasov 碰撞项

碰撞项取为 0，即得 Vlasov 方程，它是描述无碰撞情况下的动力论方程，适合做空间等离子体中，碰撞平均自由程远远大于特征尺度时的研究。

对于普通的弹性碰撞，碰撞项取玻耳兹曼碰撞项，适合中心气体等碰撞频繁，但相互之间交叉影响可以忽略的情况。它有 4 条假设：

（1） 碰撞相互作用长度远小于分布函数发生明显变化的长度；

（2） 碰撞相互作用的时间远小于分布函数发生明显变化的时间；

（3） 所有的碰撞都是二体的；

（4） 参与碰撞的例子是互不相关的。

质量和速度分别为 m_α、m_β 和 $\boldsymbol{v}_\alpha$、$\boldsymbol{v}_\beta$ 的两个粒子碰撞，之后它们的速度成为 $\boldsymbol{v}'_\alpha$ 和 $\boldsymbol{v}'_\beta$，在质心参考系中，相似于一个质量为 μ 的、速度为 $\boldsymbol{v}_\alpha-\boldsymbol{v}_\beta$ 的粒子射向一个不动的碰撞中心的过程。单位时间内，碰撞发生的次数为：

$$f_\alpha f_\beta v_{\alpha\beta}\boldsymbol{\sigma} bdbd\varphi\mathrm{d}\boldsymbol{v}_\alpha\mathrm{d}\boldsymbol{v}_\beta$$

这里 $v_{\alpha\beta}=|v_\alpha-v_\beta|$是相对速度，$\boldsymbol{\sigma}$ 是碰撞微分散射截面，b 是瞄准距离。碰撞使得速度为 $\boldsymbol{v}_\alpha$ 的 α 类粒子在单位时间内减少：

$$\Gamma_-=\iint\limits_v f_\alpha(\boldsymbol{v}_\alpha)f_\beta(\boldsymbol{v}_\beta)v_{\alpha\beta}bdbd\varphi\mathrm{d}\boldsymbol{v}_\alpha\mathrm{d}\boldsymbol{v}_\beta$$

在单位时间内，通过反碰撞即由速度为 $\boldsymbol{v}'_\alpha$ 和 $\boldsymbol{v}'_\beta$ 的粒子碰撞产生速度为 $\boldsymbol{v}_\alpha$ 和 $\boldsymbol{v}_\beta$ 的过程，产生速度为 $\boldsymbol{v}_\alpha$ 的 α 类粒子，在单位时间内增加：

$$\Gamma_+=\iint\limits_v f_\alpha(\boldsymbol{v}'_\alpha)f_\beta(\boldsymbol{v}'_\beta)\boldsymbol{v}_{\alpha\beta}b'\mathrm{d}b'\mathrm{d}\varphi'\mathrm{d}\boldsymbol{v}'_\alpha\mathrm{d}\boldsymbol{v}'_\beta$$

由于是可逆过程，有 $\boldsymbol{\sigma}'=\boldsymbol{\sigma}$，$b'=b$，$\varphi'=\varphi$，$\mathrm{d}\boldsymbol{v}'_\alpha\mathrm{d}\boldsymbol{v}'_\beta=J\mathrm{d}\boldsymbol{v}_\alpha\mathrm{d}\boldsymbol{v}_\beta$，其中从可逆性质可知 $J=1$。因此碰撞项为：

$$\left(\frac{\partial f}{\partial t}\right)_c=\iint\limits_v(f_\alpha(\boldsymbol{v}'_\alpha)f_\beta(\boldsymbol{v}'_\beta)-f_\alpha(\boldsymbol{v}_\alpha)f_\beta(\boldsymbol{v}_\beta))v_{\alpha\beta}\boldsymbol{\sigma}_{\alpha\beta}\mathrm{d}\Omega\mathrm{d}\boldsymbol{v}_\beta$$

8.3.2　Fokker-Planck 碰撞项

三条假设为：

（1）碰撞是弹性的；

（2）碰撞与历史无关，仅与前状态和后状态有关，是马尔科夫过程；

（3）多重远碰撞相应相当于一系列二体远碰撞效应的线性叠加。

$$
\begin{aligned}
f(\boldsymbol{v},t+\Delta t) &= \int f(\boldsymbol{v}-\Delta\boldsymbol{v},t)P(\boldsymbol{v}-\Delta\boldsymbol{v},\Delta\boldsymbol{v})\mathrm{d}(\Delta\boldsymbol{v}) \\
&= \int\Big(f(\boldsymbol{v},t)P(\boldsymbol{v},\Delta\boldsymbol{v}) - \frac{\partial}{\partial\boldsymbol{v}}(f(\boldsymbol{v},t)P(\boldsymbol{v},\Delta\boldsymbol{v}))\cdot\Delta\boldsymbol{v} + \\
&\qquad \frac{1}{2}\cdot\frac{\partial^2}{\partial\boldsymbol{v}^2}(f(\boldsymbol{v},t)P(\boldsymbol{v},\Delta\boldsymbol{v})):\Delta\boldsymbol{v}\Delta\boldsymbol{v}\Big)\mathrm{d}(\Delta\boldsymbol{v}) \\
&= f(\boldsymbol{v},t) + \int\Big(-\frac{\partial}{\partial\boldsymbol{v}}(f(\boldsymbol{v},t)P(\boldsymbol{v},\Delta\boldsymbol{v}))\cdot\Delta\boldsymbol{v} + \\
&\qquad \frac{1}{2}\cdot\frac{\partial^2}{\partial\boldsymbol{v}^2}(f(\boldsymbol{v},t)P(\boldsymbol{v},\Delta\boldsymbol{v})):\Delta\boldsymbol{v}\Delta\boldsymbol{v}\Big)\mathrm{d}(\Delta\boldsymbol{v})
\end{aligned}
$$

其中，利用了所有的碰撞速度改变的概率总和为 1 的原则，则：

$$
\begin{aligned}
\left(\frac{\partial f(\boldsymbol{v},t)}{\partial t}\right)_c &= -\frac{\partial}{\partial\boldsymbol{v}}\cdot\left(f(\boldsymbol{v},t)\frac{1}{\Delta t}\int P(\boldsymbol{v},\Delta\boldsymbol{v})\Delta\boldsymbol{v}\mathrm{d}(\Delta\boldsymbol{v})\right) + \\
&\qquad \frac{1}{2}\cdot\frac{\partial^2}{\partial\boldsymbol{v}^2}:\left(f(\boldsymbol{v},t)\frac{1}{\Delta t}\int P(\boldsymbol{v},\Delta\boldsymbol{v})\Delta\boldsymbol{v}\Delta\boldsymbol{v}\mathrm{d}(\Delta\boldsymbol{v})\right)
\end{aligned}
$$

8.3.3　动力摩擦系数

动力摩擦系数：

$$
\langle\Delta\boldsymbol{v}\rangle = \frac{1}{\Delta t}\int P(\boldsymbol{v},\Delta\boldsymbol{v})\Delta\boldsymbol{v}\mathrm{d}(\Delta\boldsymbol{v})
$$

速度扩散系数：

$$
\langle\Delta\boldsymbol{v}\Delta\boldsymbol{v}\rangle = \frac{1}{\Delta t}\int P(\boldsymbol{v},\Delta\boldsymbol{v})\Delta\boldsymbol{v}\Delta\boldsymbol{v}\mathrm{d}(\Delta\boldsymbol{v})
$$

碰撞项可以简写为：

$$
\left(\frac{\partial f(\boldsymbol{v},t)}{\partial t}\right)_c = -\frac{\partial}{\partial\boldsymbol{v}}\cdot(f(\boldsymbol{v},t)\langle\Delta\boldsymbol{v}\rangle) + \frac{1}{2}\cdot\frac{\partial^2}{\partial\boldsymbol{v}^2}:(f(\boldsymbol{v},t)\langle\Delta\boldsymbol{v}\Delta\boldsymbol{v}\rangle)
$$

对于 α 类粒子与 β 类粒子碰撞过程，有：

$$
\frac{1}{\Delta t}P(\boldsymbol{v}_\alpha,\Delta\boldsymbol{v}_\alpha)\mathrm{d}(\Delta\boldsymbol{v}_\alpha) = \int_{v_\beta} f(\boldsymbol{v}_\beta)\mathrm{d}\boldsymbol{v}_\beta v_{\alpha\beta}\boldsymbol{\sigma}_{\alpha\beta}\mathrm{d}\Omega
$$

其中，$\mathrm{d}\Omega=\sin\theta\mathrm{d}\theta\mathrm{d}\varphi$ 是立体角，$\boldsymbol{\sigma}_{\alpha\beta}$ 是微分散射截面。因此，

$$\langle \Delta \boldsymbol{v} \rangle = \int f(\boldsymbol{v}_\beta)\mathrm{d}\boldsymbol{v}_\beta \int v_{\alpha\beta}\sigma_{\alpha\beta}\Delta \boldsymbol{v}\mathrm{d}\Omega$$

$$\langle \Delta \boldsymbol{v}\Delta \boldsymbol{v} \rangle = \int f(\boldsymbol{v}_\beta)\mathrm{d}\boldsymbol{v}_\beta \int v_{\alpha\beta}\sigma_{\alpha\beta}\Delta \boldsymbol{v}\Delta \boldsymbol{v}\mathrm{d}\Omega$$

对于库仑碰撞，满足 $\sigma_{\alpha\beta}\mathrm{d}\Omega = b\mathrm{d}b\mathrm{d}\varphi$，这里 $b = b_0\cot\left(\frac{\theta}{2}\right)$是瞄准距离，其中参数 $b_0 = \frac{q_\alpha q_\beta}{4\pi\varepsilon_0\mu_{\alpha\beta}v_{\alpha\beta}^2}$，$\mu_{\alpha\beta} = \frac{m_\alpha m_\beta}{m_\alpha + m_\beta}$为约化质量，对立体角的积分 θ 角的最小值是瞄准距离为 λ_D(Debye 长度) 对应的偏转角 $\theta_m = 2\mathrm{arccot}\Lambda$，而 $\Lambda = \lambda_\mathrm{D}/b_0$ 是等离子体参数。由此可知，$\sigma_{\alpha\beta} = \frac{b_0^2}{4}\sin^{-4}\left(\frac{\theta}{2}\right)$。速度的改变量 $\Delta\boldsymbol{v}_\alpha$ 与参考系无关，可以在质心系里计算：$\Delta\boldsymbol{v}_\alpha = \boldsymbol{v}'_\alpha - \boldsymbol{v}_\alpha = K(\boldsymbol{v}'_{\alpha\beta} - \boldsymbol{v}_{\alpha\beta})$，这里 $K = \frac{m_\beta}{m_\alpha + m_\beta}$。在球坐标系中，以 $\boldsymbol{v}_{\alpha\beta}$为 z 轴方向，则 $\Delta\boldsymbol{v}_\alpha = Kv_{\alpha\beta}[(\cos\theta - 1)\boldsymbol{e}_z + \sin\theta(\cos\varphi\boldsymbol{e}_x + \sin\varphi\boldsymbol{e}_y)]$，下面就可以分别计算 $\int v_{\alpha\beta}\sigma_{\alpha\beta}(\Delta v_x, \Delta v_y, \Delta v_z, \Delta v_x^2, \Delta v_y^2, \Delta v_z^2, \Delta v_x\Delta v_y, \Delta v_x\Delta v_z, \Delta v_y\Delta v_z)\mathrm{d}\Omega$ 各项，对应的结果记为 $\{\Delta v_x\}$，$\{\Delta v_y\}$，…。显然，$\{\Delta v_x\} = \{\Delta v_y\} = 0$，交叉项 $\{\Delta v_i\Delta v_j\} = 0$，$i \neq j$。不为 0 的是 $\{\Delta v_z\}$ 和 3 个平方项。

$$\begin{aligned}
\{\Delta v_z\} &= \int_{\theta_m}^{\pi}\int_0^{2\pi} v_{\alpha\beta}\frac{b_0^2}{4}\sin^{-4}\left(\frac{\theta}{2}\right)\sin\theta\mathrm{d}\theta\mathrm{d}\varphi K v_{\alpha\beta}(\cos\theta - 1) \\
&= -2\pi K v_{\alpha\beta}^2 b_0^2 \ln\sin^2\left(\frac{\theta}{2}\right)\Big|_{\theta_m}^{\pi} = -2\pi K v_{\alpha\beta}^2 b_0^2\ln(1 + \Lambda^2) \\
&\approx -4\pi K v_{\alpha\beta}^2 b_0^2 \ln\Lambda
\end{aligned}$$

$$\begin{aligned}
\{\Delta v_x^2\} &= \int_{\theta_m}^{\pi}\int_0^{2\pi} v_{\alpha\beta}\frac{b_0^2}{4}\sin^{-4}\left(\frac{\theta}{2}\right)\sin\theta\mathrm{d}\theta\mathrm{d}\varphi K^2 v_{\alpha\beta}^2\sin^2\theta\cos^2\varphi \\
&= 2\pi K^2 v_{\alpha\beta}^3 b_0^2\int_{\theta_m}^{\pi}\sin^{-1}\left(\frac{\theta}{2}\right)\cos^3\left(\frac{\theta}{2}\right)\mathrm{d}\theta \\
&= 2\pi K^2 v_{\alpha\beta}^3 b_0^2\left[\ln\sin^2\left(\frac{\theta}{2}\right) - \sin^2\left(\frac{\theta}{2}\right)\right]_{\theta_m}^{\pi} \\
&= 2\pi K^2 v_{\alpha\beta}^3 b_0^2[-1 + \ln(1 + \Lambda^2) + (1 + \Lambda^2)^{-1}] \\
&\approx 4\pi K^2 v_{\alpha\beta}^3 b_0^2\ln\Lambda
\end{aligned}$$

$$\begin{aligned}
\{\Delta v_z^2\} &= \int_{\theta_m}^{\pi}\int_0^{2\pi} v_{\alpha\beta}\frac{b_0^2}{4}\sin^{-4}\left(\frac{\theta}{2}\right)\sin\theta\mathrm{d}\theta\mathrm{d}\varphi K^2 v_{\alpha\beta}^2(1 - \cos\theta)^2 \\
&= 2\pi K^2 v_{\alpha\beta}^3 b_0^2\int_{\theta_m}^{\pi}\sin\theta\mathrm{d}\theta = 4\pi K^2 v_{\alpha\beta}^3 b_0^2\cos^2\left(\frac{\theta_m}{2}\right) \\
&= 4\pi K^2 v_{\alpha\beta}^3 b_0^2\frac{\Lambda^2}{1 + \Lambda^2} \approx 4\pi K^2 v_{\alpha\beta}^3 b_0^2
\end{aligned}$$

8.4　结　论

本章详细推导了动力论中的基本方程——玻耳兹曼方程。通过假设分子间的碰撞过程，定义了分布函数，并计算了碰撞率，最终得到了玻耳兹曼方程的表达式。该方程在描述非热力学平衡状态的热力学系统统计行为中具有重要意义，广泛应用于稀薄气体动力学、等离子体物理、半导体物理等领域。比如，应用玻耳兹曼方程在金属的价电子上，确实可以推导出电子的输运方程。在金属中，价电子是参与导电的主要电子，它们在金属晶格中自由移动形成电流。玻耳兹曼方程作为一个统计力学方程，能够描述这些电子在受到外力（如电场、温度梯度等）作用下的非平衡态分布及其随时间的演化。

当我们将玻耳兹曼方程应用于金属中的价电子时，需要考虑到电子与晶格离子、电子与电子之间的相互作用，以及外部电场对电子运动的影响。通过适当的近似和简化（如弛豫时间近似、线性响应理论等），可以从玻耳兹曼方程中推导出电子的输运方程，如电流密度方程、电子迁移率方程等。

这些输运方程对于理解金属的电导性、热导性、霍尔效应等物理现象具有重要意义，也是半导体物理、微电子学等领域中不可或缺的理论工具。因此，可以说应用玻耳兹曼方程在金属的价电子上，确实可以得到电子的输运方程。

参考文献

[1] 吴雷，张勇豪，李志辉. Boltzmann 方程碰撞积分建模与稀薄空气动力学应用研究［J］. 中国科学：物理学力学天文学，2017，47：070004.

[2] XU AIGUO. 非平衡与多相复杂系统模拟研究——Lattice Boltzmann 动力学理论与应用［J］. Progress in Physics，2014，34：136.

[3] CHAPMAN S，COWING T G. The Mathematical Theory of Non-uniform Gases［M］. 3rd ed.，Cambridge Univ. Press，London，1970.

[4] CERCIGNANI C. Mathematicl Methods in Kinetic Theory［M］. Plenum Press，New York，1969.

[5] ARKERYD LEIF. On the Boltzmann equation part Ⅰ：Existence［J］. Arch. Rational Mech. Anal，1972，45（1）：1-16.

[6] ARKERYD LEIF. On the Boltzmann equation part Ⅱ：The full initial value problem［J］. Arch. Rational Mech. Anal，1972，45（1）：17-34.

[7] ARKERYD LEIF. On the Boltzmann equation part Ⅰ：Existence［J］. Arch. Rational Mech. Anal，45（1）：1-16.

[8] http://staff. ustc. edu. cn/ ~ dinggj/lectures/thermodynamics_and_statistical_physics/Chapter7. pdf.

[9] http://space.ustc.edu.cn/cforums/course/20081104071513.437/20081203011212.238/at/%B6%AF%C1%A6%C2%DB3.doc.

[10] https://www.docin.com/p-1786779339.html.

9 Fokker-Planck 方程的应用

Fokker-Planck 方程（Fokker-Planck equation，FPE）是描述随机过程中的粒子分布演化的偏微分方程，它广泛应用于统计物理、金融数学、生物学等领域。本章综述了 Fokker-Planck 方程的基本理论，探讨了其在各个领域中的具体应用，特别关注了物理学中的扩散过程布朗运动、等离子体物理、随机动力学系统以及涨落现象，金融市场中的资产价格建模以及生物学中的细胞运动分析。通过具体的实例分析，展示了 Fokker-Planck 方程在解决实际问题中的独特优势，及其在处理具有随机性和不确定性系统中的重要性和有效性。

9.1 概　　述

Fokker-Planck 方程由物理学家阿诺德·福克（Arnold Fokker）和马克斯·普朗克（Max Planck）于 20 世纪初期提出，最初用于描述粒子的扩散过程。该方程能够提供系统状态变量的概率密度函数随时间的演变，从而为随机过程提供了数学描述。Fokker-Planck 方程具有广泛的应用背景，包括但不限于流体力学、量子力学、金融数学和生物学。本节将系统地介绍 Fokker-Planck 方程的理论基础，并探讨其在实际问题中的应用实例。

9.1.1 方程形式

有序和混沌过程是许多系统的固有模式。相对简单的系统具有较少的自由度，根据某些特征系统参数的强度，达到不同的状态。非常复杂的系统，例如多粒子系统，具有自然的混沌趋势。研究结果表明，稀薄系统（气体）中由粒子间相互作用介导的连续散射过程对初始条件具有很高的敏感性，并且仅在几次碰撞后就会产生粒子的随机运动。一旦系统进入混沌状态，原则上就不可能遵循所有粒子的运动方程，即使对于相当小的系统尺寸也是如此。由于技术原因，具有粒子的复杂系统通常已经禁止对所有粒子的动力学进行微观处理。在这里，人们最多可以通过考虑整个粒子集合的代表性子集来对系统的行为进行采样。

幸运的是，单个粒子的行为通常并不具有实际意义，真正重要的是所有粒子的平均有效行为。人们感兴趣的是某些可观测量的平均值如何表现，以及实际变量围绕平均轨迹波动的程度。

平均值和波动的定义是指相应变量的概率分布的矩。例如，气体样品的宏观压力或溶液中试剂的浓度可能会随时间而变化。这种平均行为可以是有序的、协同的和自组织的，例如某些自催化化学反应的振荡行为，也可以是完全或部分随机的。两个域之间的过渡是扩散、对流和耗散等动态传输过程的结果，这种转变本质上是单向的，从更有序到更混乱，这些传输过程的时间演变导致时间相关的概率分配。接下来将考虑描述系统的变量f。

9.1.1.1　主方程

下面，将用多元概率分布$f(q_i; t)$描述感兴趣的系统所有变量q_i，用时间t的函数来描述系统的宏观平均状态。一般来说，概率永远不会产生或消失，它以某种方式从一个域流向另一个域，就像不可压缩的液体一样。例如，我们可以考虑一个多粒子系统，其中概率（密度）定义为每体积元素$\mathrm{d}V$的粒子数$\mathrm{d}N$：

$$f(\boldsymbol{r})=\frac{\mathrm{d}N}{\mathrm{d}V} \tag{9-1}$$

概率电流是具有速度的粒子流$\boldsymbol{u}$：

$$\boldsymbol{j}=\frac{\mathrm{d}N}{\mathrm{d}V}\cdot\frac{\mathrm{d}\boldsymbol{r}}{\mathrm{d}t}=f\cdot\boldsymbol{u} \tag{9-2}$$

根据概率和相关电流，可以制定一个连续性方程：

$$\frac{\partial f}{\partial t}+\boldsymbol{\nabla}\cdot\boldsymbol{j}=0 \tag{9-3}$$

量子力学中也广为人知，该方程以总时间导数的形式从数学上表达了概率的守恒，总时间导数为零，即$\mathrm{d}f/\mathrm{d}t=0$。总导数是$f$对时间$\partial f/\partial t$的偏导数之和，测试$f$的明确时间依赖性，以及描述给定位置的概率变化的散度项，这只是由于概率流过感兴趣的体积元素。因此，连续性方程表明，概率的时间依赖性是由于概率流的梯度$\boldsymbol{j}$不为零。例如，如果电流梯度为负，则时间依赖性就是概率的$\boldsymbol{\nabla}\cdot\boldsymbol{j}<0$增益。对于$\boldsymbol{\nabla}\cdot\boldsymbol{j}=0$，在图9-1所示体积元素中找到粒子的概率没有变化。

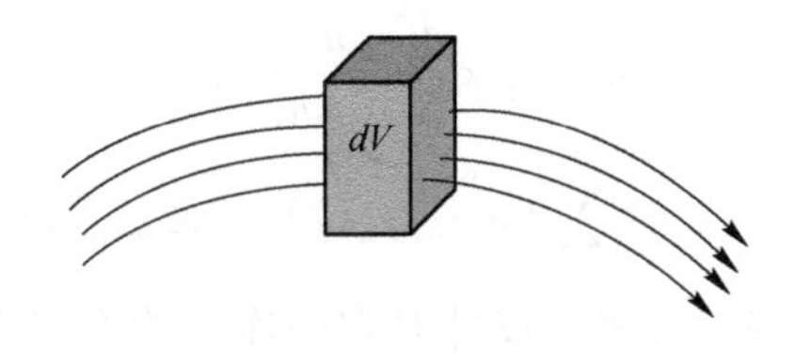

图9-1　概率流

更具体地讨论一个简单的例子，假设概率通量是一维的，如图9-2所示。这既是连续性方程的一个应用，也是其自明性的一个例证。

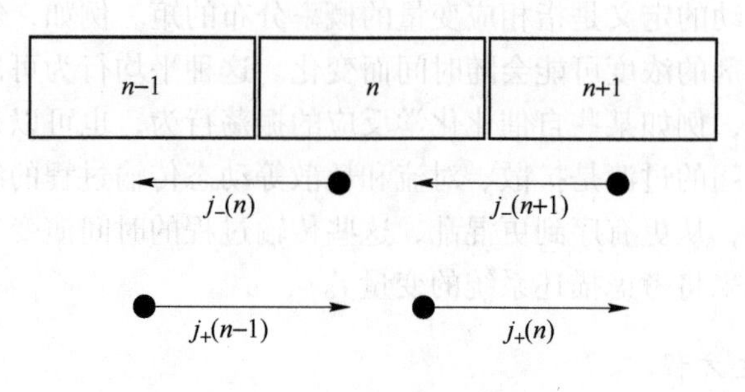

图 9-2　一维的概率平衡

概率流分别表示为 j_+ 和 j_-。将一维空间进一步划分为离散容器，编号为 n。现在考虑时间相关概率 $f_n(t)$，对于容器 n（时间 t 时在此容器 n 中找到粒子的概率）。此容器分别从相邻容器 $n+1$ 和 $n-1$ 接收和传输概率，这些流动或电流的来源和方向由图中的箭头表示。显然，只有四种不同的电流涉及容器 n，它们往返于容器之间，并且朝任一方向流动。

n 中的概率平衡可以计算为：

$$\frac{\partial f_n(t)}{\partial t} = -[j_+(n,t) - j_+(n-1,t)] + [j_-(n+1,t) - j_-(n,t)] \tag{9-4}$$

这是直观清楚的，也符合连续性方程式（9-3），差异只是相应电流梯度的表示：

$$\nabla \cdot \boldsymbol{j} = \nabla \cdot (\boldsymbol{j}_- - \boldsymbol{j}_+) = \Delta j_+ - \Delta j_- \tag{9-5}$$

插入到方程式（9-3）中。方程式（9-4）中的第一个括号项描述了容器 n 的概率净损失，第二个括号项描述了此容器的概率净增益。使用方程式（9-2）给出电流的乘积形式，可以将方程式（9-4）重写为：

$$\frac{\partial f_n(t)}{\partial t} = [u_+(n-1)f_{n-1}(t) + u_-(n+1,t)f_{n+1}(t)] - [u_+(n) + u_-(n,t)]f_n(t) \tag{9-6}$$

速度 u_+ 和 u_- 充当不同容器之间粒子的转移概率，例如：

$$w_{n\to n+1} \propto \frac{1}{\Delta t} \propto \frac{u_+}{\Delta n} = u_+ \tag{9-7}$$

$$\frac{\partial}{\partial t} f_n(t) = \sum_m [w_{m\to n} f_m(t) - w_{n\to m} f_n(t)] \tag{9-8}$$

可以合理地假设这些转移概率仅针对它们连接的不同容器具有特征性，而不依赖于时间，也不依赖于在每个容器中找到粒子的概率 f_n。然后，可以将方程式（9-6）重写为一个控制方程。

上述方程是针对容器 n 仅与最近邻居相连的情况推导出来的，其中每个求和指数只有两个值。但是，可以很容易地包括 $m=n\pm1$、$m=n$ 的情况，此时对和的贡献为零。如果转换概率可以连接这些状态，也可以将求和 m 扩展到所有可能的状态。此外，没有必要将主方程视为一维传输方程。每个状态都可以用一整套变量来表征，因此容器号 n 代表一整套坐标。例如，很容易证明二维主方程对二维 xy 网格上转换的有效性，其中两个坐标由单独的容器号表示：

$$\frac{\partial}{\partial t} f_{n,nn}(t) = \sum_{m,mn} [w_{m,mn \to n,nn} f_{m,mn}(t) - w_{n,nn \to m,mn} f_{n,nn}(t)] \tag{9-9}$$

主方程是一个通用的经典速率方程，描述某个状态（此处为容器 n）的粒子数通过从该状态转换到系统其他状态而发生的变化。它是经典的，因为它忽略了量子跃迁振幅中的干涉项，并假设不存在粒子相关性，例如泡利原理，它会在一定程度上阻止跃迁，以至于最终状态已经以某种概率被占据。可以近似地通过将方程式（9-8）中的跃迁概率乘以表示最终状态 m 可用于跃迁概率的 $n \to m$ 阻塞因子（$1 - f_m$）来考虑这种"$w_{n \to m}$泡利阻塞"的影响。

主方程式（9-8）或式（9-9）表示如何从［$f_n(t=0)$］$t=0$ 时的一组初始概率传播到可访问状态的最终概率分布［$f_n(t \neq 0)$］。由于它允许系统从单个给定的初始状态过渡到几个（可能很多个）其他状态，其效果是概率随时间扩展到许多状态，因此主方程描述了一个耗散过程。计算假设在 $t=0$ 时，所有概率都处于单一状态，即二维 xy 网格的中心容器。从这里开始，可以转换到随机选择的状态，在距离中心的给定距离内概率相等。可以看出，概率从最初的中心容器种群扩散开来，填满了大部分可用空间。概率一开始扩散得非常快，但在过程的后期，需要更多时间才能均匀地填满空间。这是可以预料的，因为可访问空间在每一步中变得越来越大。

耗散过程中概率扩散的趋势可以在一维情况下最容易地可视化，这是方程式（9-8）的最简单解释。进一步假设概率 $w_{n,m} := w_{n \to m} = w_{m \to n} =: w_{m,n}$，人口增加和人口减少的条件，即使不是量子力学规则所要求的，通常也是可以满足的。这种简单情况的主方程为：

$$\frac{\partial}{\partial t} f_n(t) = \sum_m w_{m,n} \{f_m(t) - f_n(t)\} = \begin{cases} >0 & (f_m > f_n) \\ <0 & (f_m < f_n) \end{cases} \tag{9-10}$$

这意味着容器 n 从所有其他细胞 m 获得概率，这些细胞的细胞数量大于容器 n。容器 n 将概率转移到所有其他细胞数量小于容器 n 的容器 m。最终，当所有容器的平均概率相同时，$f_m \approx f_n$ 主方程描述的耗散过程就会停止。这意味着，对于系统渐近地达到平衡，概率 $t \to \infty$ 在所有可访问状态之间均等分配：

$$\lim_{t \to \infty} f_n(t) = (f_n)_{\text{equ}} = \text{const.} \tag{9-11}$$

传输过程通常被称为平衡和松弛过程，因为只要有足够的时间，它们就能使最初远离平衡的系统达到最终的平衡状态。

方程式（9-11）表示热平衡情况的操作定义：平均而言，不同微观状态的概率都是相等的，并且不会随时间而变化。但是，在每次采样测量中，状态的实际数量可能与平均值不同。平衡状态下气体粒子位置的麦克斯韦-玻耳兹曼分布具有相等的概率，而相应的速度出现的概率却大不相同，这并不与这一原则相矛盾。具有不同速度的状态（或容器体）并不等价。在碰撞过程中，高速不像低速和中速那样容易产生。

主方程式（9-8）的显式形式包含所有状态的概率以及所有时间的所有连接转换概率，使其成为一大类系统的非常灵活的运动方程，它还很容易用于对传输过程进行真实的模拟。但是，对于具有许多自由度的系统，准确求解也是非常困难的，甚至是不可能的。因此，已经开发了近似方法，允许对准连续过程进行分析解，这种方法将主方程转换为福克-普朗克方程或所谓的扩散方程。

9.1.1.2　福克-普朗克方程

为了简单起见，再次考虑方程式（9-6）中描述的一维过程。但是，现在假设速度 u_+ 和 u_- 概率 f_n 是容器数 n 的连续函数。这对于空间自由度来说是一个特别好的假设，空间自由度自然是连续的。这个假设对于足够高的能量也有效，以至于在低能量下离散的量子能谱已经退化为经典的连续体。

在这些条件下，可以将方程式（9-6）中的项以泰勒展开式展开到二阶，以得到相应的福克-普朗克方程。具体来说，将概率流替换为 j_+ 通过以下泰勒展开式可得：

$$j_- = [u_+(n-1)f_{n-1}(t) - u_+(n)f_n(t)] \approx -\frac{\partial}{\partial n}[u_+(n)f_n] + \frac{1}{2} \cdot \frac{\partial^2}{\partial n^2}[u_+(n)f_n] \tag{9-12a}$$

和

$$j_- = [u_-(n+1)f_{n+1}(t) - u_-(n)f_n(t)] \approx \frac{\partial}{\partial n}[u_-(n)f_n] + \frac{1}{2} \cdot \frac{\partial^2}{\partial n^2}[u_-(n)f_n] \tag{9-12b}$$

将方程式（9-12a）和式（9-12b）相加，从方程式（9-12）左侧的项可得出方程式（9-6），该方程是概率 f_n 的偏时间导数，以及它的二阶近似值，来自右侧的项。由此得出的概率时间依赖性方程的形式为：

$$\frac{\partial}{\partial t}f_n(t) = -\frac{\partial}{\partial n}[v_n f_n(t)] + \frac{\partial^2}{\partial n^2}[D_{nn} f_n(t)] \tag{9-13a}$$

$$\begin{cases} \text{漂移系数 } v_n = u_+(n) - u_-(n) \\ \text{扩散系数 } D_{mn} = \dfrac{1}{2}[u_+(n) + u_-(n)] \end{cases} \tag{9-13b}$$

这里，传输系数包含传输过程的科学信息，它们定义为 Fokker-Planck 方程。漂移系数描述的是概率电流 j_+ 和 j_- 的差异，而扩散系数则表示系统的平均无方向迁移率。

对于不依赖于容器位置 n 的恒定传输系数，$v_n = \text{const}$ 和 $D_{nn} = \text{const}$，福克-普朗克方程具有高斯解：

$$f_n(t) = \frac{1}{\sqrt{2\pi\sigma_n^2(t)}}\exp\left\{-\frac{[n-\overline{n}(t)]^2}{2\sigma_n^2(t)}\right\} \tag{9-14}$$

这可以通过将归一化函数式（9-14）插入 Fokker-Planck 方程来证明。$\overline{n}(t)$ 是平均值 n（一阶矩），它是 $\sigma_n^2(t)n$ 的方差（二阶矩）。两个矩都是根据方程式(9-14）的概率分布定义的，都是时间相关量。平均值表示高斯概率分布的位置，而方差表示其宽度。$\sigma_n^2(t)$ 和 $\overline{n}(t)$ 都是时间的线性函数：

$$\overline{n}(t) = \overline{n}(0) + v_n \cdot t$$

$$\sigma_n^2(t) = \sigma_n^2(0) + 2D_{mn} \cdot t \tag{9-15}$$

方程式（9-14）中的高斯概率分布以恒定速度向一侧漂移，同时宽度不断增大。值得注意的是，漂移和宽度以相关方式增长，与时间无关。具体而言，变量 n 的概率分布的一阶矩和二阶矩之比是一个常数。

$$\frac{\Delta\overline{n}(t)}{\sigma_n^2(t)} = \frac{\overline{n}(t)-\overline{n}(0)}{\sigma_n^2(t)-\sigma_n^2(0)} = \frac{v_n}{2D_{nn}} = \text{const} \tag{9-16}$$

当然，如果变量 n 的空间是均匀的，概率流 j_+ 和 j_- 相等，漂移系数为零，则 $v_n=0$。那么，概率分布没有理由随时间向一侧漂移，尽管它仍会随时间变宽。

9.1.1.3 扩散方程

对于漂移系数为零的情况，福克-普朗克方程式（9-13）退化为扩散方程。

该扩散方程结构简单，概率 f_n 的时间变化率与扩散系数 D_{nn} 成正比。扩散系数越大，概率 f_n 随时间的变化越快。f_n 的变化率还与 f_n 的空间曲率成正比，而不是其梯度。这一特征的直接结果是，如果概率 f_n 在任何地方都与 n 呈线性相关性，则该概率保持线性。例如，常数概率 $f_n = \text{const}$，不会受到扩散过程的影响。每个容器从其邻居接收的概率与它传输给它们的概率一样多，这种行为与漂移系数为零和最终达到平衡的事实一致。

$$\frac{\partial}{\partial t}f_n(t) = D_{nn}\frac{\partial^2}{\partial n^2}f_n(t) \tag{9-17}$$

当然，概率的非零斜率会导致从较高概率流向较低概率，从而导致平均漂移。根据菲克（经验）定律浓度（概率）f 的梯度总是导致平均电流 j 沿最陡梯度的方向流动，其效果是最终消除该梯度。

$$\boldsymbol{j} = -D\nabla f \tag{9-18}$$

式中，D 为扩散系数，表示感兴趣性质的载流子的迁移率。

很容易看出，菲克定律与扩散方程一致，因为从方程式（9-18）可知：

$$\nabla \cdot \boldsymbol{j} = -D \nabla \cdot \nabla f = -D\Delta f \tag{9-19}$$

式中，∇为拉普拉斯微分算子，在笛卡尔空间维度 $\{x, y, z\}$ 中定义为：

$$\Delta = \nabla \cdot \nabla = \left\{\frac{\partial^2}{\partial x^2} + \frac{\partial^2}{\partial y^2} + \frac{\partial^2}{\partial z^2}\right\}$$

利用连续性方程，可以从只有一个维度 n 的方程式（9-20）得出：

$$\frac{\partial}{\partial t} f_n(t) = -\nabla \cdot \boldsymbol{j} = +D \frac{\partial^2}{\partial n^2} f_n(t) \tag{9-20}$$

然而，方程式（9-20）恰恰是先前导出的扩散方程，取 Fick 方程的梯度可得到扩散方程。在比较中丢失的是概率电流的分量，这些分量相对于空间变量是常数，并且具有零导数。然而，此类电流包含在具有非零漂移系数的 Fokker-Planck 方程中。因此，如果 f 的初始线性变化围绕其平均值，则后一个方程是更适合用于概率的运动方程。

扩散方程具有高斯解，就像福克-普朗克方程一样，只是对于更简单的扩散情况，整个概率分布随时间没有平均漂移。因此，概率分布不会随时间偏离其初始位置，而只是变宽。扩散方程的解是方程式（9-14）形式的高斯解，但具有固定的平均值。

在扩散过程中，概率集中度首先发生非常快速的变化（扩大），此时概率具有较大的曲率（二阶空间导数），然后是较为缓慢的衰减。鉴于上文对菲克定律和解的结构［式（9-14）和式（9-15）］的讨论，这并不奇怪。方差与扩散过程中经过的时间成正比，因此与标准偏差成正比的宽度，即方差的平方根，会随着时间的平方根而变化。

位置 x 的高斯概率分布，有：

$$f(x,t) = \frac{1}{\sqrt{2\pi\sigma_x^2(t)}} \exp\left[-\frac{(x-\bar{x})^2}{2\sigma_x^2(t)}\right] \tag{9-21a}$$

平均位置和位置 $\bar{x} =: \langle x \rangle$、$x$ 的方差由下式给出：

$$\sigma_x^2(t) = \langle x^2 \rangle - \langle x \rangle^2 = \sigma_x^2(0) + 2D_{xx} \cdot t \tag{9-21b}$$

毫不奇怪，由方程式（9-21a）定义的概率分布中唯一非零矩是一阶矩和二阶矩，并且只有二阶矩与时间相关。相应的微分方程除了空间概率函数的曲率外，不包含任何其他信息。

x 轴的原点，使得平均位置为零，即 $\langle x \rangle = 0$ 并以消失的初始方差开始，$\sigma_x^2 = 0$ 可以得到实验上有趣的关系：

$$D_{xx} = \frac{1}{2t}\sigma_x^2(t) = \frac{1}{2t}\langle x^2 \rangle = \frac{1}{2t}x_{rms}^2 \tag{9-22}$$

该方程意味着扩散样品中粒子的平均均方根位移仅随时间平方根的增长而增长：

$$x_{rms} = \sqrt{2 \cdot D_{xx} \cdot t} \tag{9-23}$$

均方根距离 x_{rms} 的实验值确定扩散系数，即方差的平方根 $\sigma_x^2 = \langle x^2 \rangle$，在时间 t 时粒子从其原点（在 $t=0$ 时）移动。

现在，我们可以从前面对分子碰撞的讨论中得到气相扩散系数的估计值。考虑在平衡温度 T 下，A 型粒子在 B 型粒子气体中扩散，可以合理地假设粒子 A 很快与其他气体粒子 B 达到平衡。x_{rms}^2 粒子 A 的总均方位移取决于与粒子 B 的碰撞次数 $N_{AB}(t)$ 以及在时间 t 之前发生的每次 N_{AB} 碰撞相关的均方位移 $x_{i,rms}^2 \approx \lambda^2$。由于在目前的近似中，所有这些碰撞都被认为是彼此独立的，因此方差 $(\sigma_x^2)_i = x_{i,rms}^2$ 每次碰撞后的位移分布简单相加：

$$x_{rms}^2 = \sum_{i=1}^{N_{AB}(t)} x_{i,rms}^2 \approx N_{AB}(t) \cdot \lambda^2 \tag{9-24}$$

式中，$N_{AB}(t)$ 为碰撞 AB 的平均自由程，等于均方根位移。

可用计算的单个粒子 A 的碰撞率，可得：

$$N_{AB}(t) = \rho_B \langle u_{AB} \rangle \cdot \sigma_{AB} \cdot t \tag{9-25}$$

可将其代入式（9-24），得到：

$$x_{rms}^2 \approx N_{AB}(t) \cdot \lambda^2 = \rho_B \langle u_{AB} \rangle \cdot \sigma_{AB} \cdot t \cdot \lambda^2 = \frac{\langle u_{AB} \rangle}{\rho_B \sigma_{AB}} \cdot t \tag{9-26}$$

ρ_B、平均相对速度 $\langle u_{AB} \rangle$ 和碰撞截面 σ_{AB} 的符号与往常一样，AB 碰撞中的特征相对（均方根）速度已经推导。

$$D_{xx} = \frac{x_{rms}^2}{2t} \approx \frac{\langle u_{AB} \rangle}{2\rho_B \sigma_{AB}} = \frac{\sqrt{2k_B T}}{\sqrt{\pi\mu}\rho_B \sigma_{AB}} \tag{9-27}$$

其中 μ 是二元碰撞系统 AB 的约化质量，$\mu = \dfrac{m_A \cdot m_B}{m_A + m_B}$。

根据方程式（9-27），扩散系数（表示粒子 A 在气体 B 中的某种平均迁移率）随温度的平方根而增加。这是因为粒子 A 在热平衡状态下的固有速度随 T 的平方根而增加。此外，重粒子的迁移率会降低，同样是因为它们速度较慢，气体密度和碰撞截面的逆相关性也是有道理的。这些量的乘积越大，气体内的碰撞越频繁，粒子 A 在再次改变飞行方向之前行进的距离越短。

由于这些原因，不同材料的扩散系数差异很大。气体的扩散系数通常为 $D \sim 10^0\ \mathrm{cm^2/s}$ 数量级，定性地依赖于尺寸。熔融金属的扩散系数比数量级小很多个数量级 $D \sim 10^{-14}\ \mathrm{cm^2/s}$。对于后一种材料，传输系数的测量采用放射性示踪方法。

经验温度依赖性，该依赖性在定性上符合预期。然而，实验数据的增加速度比预期的平方根行为要快。

为了便于本讨论中用于说明扩散过程的数值模拟，可以将运动微分方程转换为有限差分方程。例如，概率密度 $f_n(t)$ 的一阶时间导数可以用差分方程近似：

$$\left.\frac{\partial f_n(t)}{\partial t}\right|_{t=t_i} \approx \frac{f_n(t_i+\Delta t/2)-f_n(t_i-\Delta t/2)}{\Delta t} \approx \frac{f_n(t_{i+1})-f_n(t_{i-1})}{2\Delta t} \tag{9-28}$$

类似地，二阶空间（n）导数可用差分方程近似：

$$\left.\frac{\partial f_n(t)}{\partial t}\right|_{t=t_i} \approx \frac{f_n(t_i+\Delta t/2)-f_n(t_i-\Delta t/2)}{\Delta t} \approx \frac{f_n(t_{i+1})-f_n(t_{i-1})}{2\Delta t} \tag{9-29}$$

在这个近似中，扩散方程导致概率的以下迭代方案：

$$f_n(t_{i+1}) = f_n(t_i) + \frac{D_{nn}\Delta t}{(\Delta n)^2}[f_{n+1}(t) - 2f_n(t) + f_{n-1}(t)] \tag{9-30}$$

在时间 t_{i+1}时空间位置 n 的概率$f_n(t_{i+1})$ 由早期时刻 t_i 的f空间分布和扩散系数 D_{nn}决定。

Fokker-Planck 方程描述了概率密度函数$p(x, t)$ 随时间 t 的演变。其一般形式为：

$$\frac{\partial p(x,t)}{\partial t} = -\frac{\partial}{\partial x}[A(x,t)p(x,t)] + \frac{1}{2}\cdot\frac{\partial^2}{\partial x^2}[B(x,t)p(x,t)]$$

式中，$A(x,t)$ 为漂移项，描述了系统的确定性驱动；$B(x, t)$ 为扩散项，描述了系统的随机性。

9.1.2　适用范围

Fokker-Planck 方程适用于描述具有随机性的动态系统。在物理学中，它通常用于描述粒子的扩散行为；在金融数学中，它用于建模资产价格的随机运动；在生物学中，它可以描述细胞或物种的随机迁移模式。

9.2　应用领域

9.2.1　物理学

（1）布朗运动。布朗运动是 Fokker-Planck 方程最原始的应用场景，在布朗运动中，微小粒子受到周围分子的随机碰撞，导致其位置发生无规则的变化。Fokker-Planck 方程能够准确描述这种随机运动的概率密度分布，从而预测粒子的扩散行为。

（2）等离子体物理。在等离子体物理中，Fokker-Planck 方程被广泛应用于描述电子和离子的热输运过程。例如，激光等离子体中电子的热输运和等离子体波的传播等复杂物理过程，通过 Fokker-Planck 方程进行模拟和计算，可以得到更加准确的结果。这些研究不仅有助于理解等离子体的基本性质，还对核聚变、激光技术等领域的发展具有重要意义。

（3）随机动力学系统。在随机动力学系统中，Fokker-Planck 方程用于描述系统状态随时间的演化，特别是当系统存在时间延迟（时滞）时，传统的动力学方程可能无法准确描述系统的行为。此时，可以引入时滞 Fokker-Planck 方程来研究系统的动态特性，这一方法已经在神经网络、生物系统、机械工程等领域得到应用。

（4）涨落现象。涨落现象在自然界中普遍存在，如温度涨落、粒子数涨落等，Fokker-Planck 方程是研究涨落现象的重要工具之一。通过求解 Fokker-Planck 方程，可以得到涨落现象的统计规律，如涨落的大小、分布等，这些结果对于理解系统的稳定性和可靠性具有重要意义。

（5）气体动力学。在气体动力学中，Fokker-Planck 方程被用来描述气体分子的分布及其演变。通过引入碰撞过程和分子间相互作用，可以构造适当的漂移项和扩散项，从而描述气体在不同条件下的宏观行为。例如，Maxwell-Boltzmann 分布可以从 Fokker-Planck 方程的解中得到，这对理解气体的热力学性质和传输现象至关重要。

9.2.2 金融数学

在金融数学中，Fokker-Planck 方程用于建模资产价格的随机行为。经典的 Black-Scholes 模型中的资产价格遵循几何布朗运动，其对应的 Fokker-Planck 方程为：

$$\frac{\partial p(S,t)}{\partial t} = -\frac{\partial}{\partial S}[\mu S p(S,t)] + \frac{1}{2}\cdot\frac{\partial^2}{\partial S^2}[\sigma^2 S^2 p(S,t)]$$

式中，S 为资产价格；μ 为漂移率；σ 为波动率。

该方程用于分析和预测资产价格的概率分布，并且在期权定价等金融领域具有重要应用。

9.2.3 生物学

在生物学中，Fokker-Planck 方程被用于描述细胞迁移和物种分布的随机过程。例如，对于描述细胞在组织中的随机迁移行为，Fokker-Planck 方程可以考虑细胞的迁移速率和随机扩散。通过对相应方程的求解，研究人员可以获得细胞在不同时间点的空间分布信息，这对于理解生物过程（如肿瘤扩散）具有重要意义。

9.2.4 生态学

Fokker-Planck 方程在生态学中用于描述物种分布的变化及其随时间的演变。通过建模环境因素对物种迁徙和种群变化的影响，研究人员能够预测生态系统的长期行为和物种的生存状况。例如，在描述动物迁徙路径和种群扩散时，Fokker-Planck 方程提供了重要的数学框架，帮助理解和管理生态系统。

9.2.5　神经科学

在神经科学中，Fokker-Planck 方程被用来研究神经元的发放行为及其随机性。通过建模神经元膜电位的随机波动，Fokker-Planck 方程能够描述神经信号的分布特性和突触传递的动态行为，这有助于理解神经系统的复杂功能，如信息传递和学习过程。

9.3　讨　论

Fokker-Planck 方程在处理带有随机性的系统中表现出强大的能力，其核心优势在于能够为复杂的随机过程提供概率密度函数的演化描述，从而为实际问题的建模和预测提供了有效的工具。然而，解决 Fokker-Planck 方程的具体问题仍然面临挑战，特别是在高维系统或非线性系统中，方程的解析解和数值解都可能非常复杂。因此，进一步的研究和算法开发对于推动 Fokker-Planck 方程在各个领域的应用具有重要意义。

9.4　结　论

Fokker-Planck 方程作为一个强大的数学工具，在多个领域中发挥了重要作用。本章通过对物理学、金融数学和生物学中应用案例的探讨，展示了其在处理具有随机性的动态系统中的有效性和广泛应用。随着科学技术的不断进步，Fokker-Planck 方程的应用前景将更加广阔，为解决更多复杂的实际问题提供理论支持。

参 考 文 献

[1] RISKEN H. The Fokker-Planck Equation: Methods of Solution and Applications [M]. Springer-Verlag, 1989.

[2] ØKSENDAL B. Stochastic Differential Equations: An Introduction with Applications [M]. Springer, 2003.

[3] BLACK F, SCHOLES M. The pricing of options and corporate liabilities [J]. Journal of Political Economy, 1973, 81 (3): 637-654.

[4] ALLEN R, SANGANI A. Application of fokker-planck equations to the study of cellular migration [J]. Journal of Theoretical Biology, 2020, 495: 110274.

[5] 赵斌. 若干等离子体物理过程的 Fokker-Planck 模拟 [D]. 安徽: 中国科学技术大学, 2007.

[6] FOKKER A D, PLANCK M. On the Theory of Brownian Motion [M]. Annalen der Physik,

1914.
[7] FISHER R A. On the mathematical foundations of theoretical statistics [J]. Philosophical Transactions of the Royal Society of London, 1922.
[8] GARDNER M, UHLENBECK G E. Theory of brownian motion with a generalized drift [J]. Physical Review, 1950.

10　简洁且有逻辑地导出拉格朗日方程

格朗日方程是经典力学中的一个重要工具，它提供了一种简洁而通用的方法来分析复杂系统的动力学行为。该方程基于变分原理和哈密顿原理，通过定义拉格朗日量（动能与势能之差）并求解其极值问题，从而得到物体的运动轨迹。本章将从基本概念出发，逐步推导出拉格朗日方程。

10.1　术　　语

10.1.1　约束

在力学中，当我们研究一个物体的运动或受力情况时，经常会遇到物体不能自由移动或转动的情形，这些限制物体运动或变形的条件就被称为约束。约束可以是物理上的限制，比如物体被固定在地面上不能移动，或者通过绳索、链条等连接物被限制在某一范围内运动。它也可以是几何上的限制，比如物体必须沿着某个特定的路径运动。

约束对于力学体系的分析至关重要，因为它直接影响了物体的运动状态和受力情况。在引入约束后，物体的自由度会减少，即物体能够自由移动或转动的方向和范围会受到限制。因此，在建立力学方程时，必须充分考虑约束条件，以确保方程的准确性和适用性。

根据约束对物体运动限制程度的不同，约束可以分为多种类型。例如，固定约束是指物体被完全固定在某个位置不能移动；滑动约束则允许物体在某一方向上自由滑动，但在其他方向上受到限制；铰链约束则允许物体绕某一固定点转动，但在其他方向上受到限制。

在解决力学问题时，首先需要明确物体所受的约束条件，然后根据这些条件建立相应的力学方程。通过求解这些方程，我们可以得到物体的运动状态、受力情况等重要信息，从而对物体的运动规律有更深入的理解。

10.1.2　广义坐标

在力学中，为了描述一个力学体系（如一个质点、刚体或复杂的多体系统）的运动状态，我们需要选择一组合适的坐标。这组坐标不仅要能够唯一确定体系在某一时刻的位置和姿态，还要便于我们建立和分析力学方程，这样的坐标被称为广义坐标。

广义坐标与通常的笛卡尔坐标（如 x，y，z）不同，它并不局限于空间中的直线坐标或角度坐标。相反，广义坐标的选择可以根据力学体系的特性和约束条件进行灵活调整。例如，在描述一个受约束的质点运动时，我们可以选择质点沿约束路径的位移作为广义坐标；在描述一个刚体的转动时，我们可以选择刚体绕某个固定点的欧拉角或四元数作为广义坐标。

使用广义坐标的好处在于，它可以大大简化力学方程的形式，使问题更容易求解。此外，广义坐标还便于我们引入拉格朗日力学、哈密顿力学等现代力学理论，从而更深入地研究力学体系的运动规律和性质。

在建立力学体系的运动方程时，我们通常需要根据广义坐标和相应的广义力（即与广义坐标相对应的力）来构建拉格朗日函数或哈密顿函数。然后，通过求解这些函数的最小值或极值问题，我们可以得到力学体系的运动轨迹和受力情况。

10.1.3　实位移和虚位移

在力学中，实位移和虚位移是描述物体位置变化时常用的两个概念，它们各自具有特定的含义和应用场景。

实位移（Real Displacement）是指物体在空间中实际发生的位置变化，这种变化是真实的、可观测的，并且通常与时间的流逝相关联。实位移是物体从一个确定的位置移动到另一个确定位置的结果，它可以通过测量物体在初始位置和最终位置之间的直线距离（即位移矢量的大小）和方向来量化。

在力学分析中，实位移是求解物体运动学问题（如速度、加速度等）和动力学问题（如力、动量、能量等）的基础。通过测量和分析实位移，我们可以了解物体的运动状态和受力情况，进而预测和控制物体的运动轨迹。

虚位移（Virtual Displacement）则是一个假想的、非真实的位移，它用于分析物体在受到特定力作用时可能发生的微小位置变化。虚位移并不表示物体在实际中真的发生了移动，而是为了研究物体在某一瞬间或某一位置下对力的响应而引入的一个概念。

在静力学和动力学分析中，虚位移常用于判断物体是否处于平衡状态或求解约束力。具体来说，我们可以通过假设物体发生一个微小的虚位移，并观察这个虚位移是否会导致系统内部产生不平衡的力或力矩。如果虚位移不引起任何不平衡的力或力矩（即系统内部各力对虚位移所做的功之和为零），则物体处于平衡状态；否则，就需要通过调整约束力或其他参数来使系统达到平衡。

实位移和虚位移是力学中描述物体位置变化的两个重要概念。实位移是物体实际发生的位置变化，是求解运动学和动力学问题的基础；虚位移则是一个假想的、非真实的位移，用于分析物体在受到特定力作用时可能发生的微小位置变化，并判断物体是否处于平衡状态或求解约束力。因此，两者在力学分析中各有其独特的作用和应用场景。

10.1.4　广义速度

在力学中，特别是分析力学和拉格朗日力学中，广义速度（Generalized Velocity）是与广义坐标（Generalized Coordinates）相对应的一个概念。广义坐标是用来描述力学体系运动状态的一组独立参数，它们可以是线性的（如质点在空间中的坐标），也可以是角度的（如刚体绕某轴的转角），或者是其他任何能够唯一确定体系状态的参数。

广义速度则是这些广义坐标对时间的导数，它表示了体系在广义坐标空间中随时间的变化率。对于每一个广义坐标 q_i，都有一个对应的广义速度 $\dot{q}_i$，其中点号表示对时间的微分。

在拉格朗日力学中，拉格朗日函数（Lagrangian）是动能 T 和势能 V 之差，即 $L = T - V$。动能 T 是广义速度和质量的函数，而势能 V 则只与广义坐标有关。

因此，广义速度在分析力学中扮演着至关重要的角色，它是连接体系运动状态和动力学方程之间的桥梁。通过求解拉格朗日方程，我们可以得到广义坐标和广义速度随时间的变化规律，进而了解力学体系的运动状态和受力情况。

需要注意的是，广义速度和通常意义上的速度（即质点在空间中移动的速率和方向）有所不同。在广义坐标空间中，广义速度可能并不直接对应于质点在物理空间中的实际移动速度，而是描述了体系在更抽象、更一般坐标空间中的运动状态。

10.1.5　理想约束

在力学中，理想约束（Ideal Constraint）是一种假设性的约束条件，用于简化力学问题的分析。理想约束不考虑约束过程中可能出现的任何摩擦、变形或能量损失，即假设约束是完美的、无摩擦的，并且不会改变系统的机械能（动能和势能之和）。

理想约束的主要特点包括：

（1）无摩擦。在理想约束下，物体与约束之间不存在摩擦力，因此不会因摩擦而产生额外的力或能量损失。

（2）无变形。约束本身被视为刚性的，不会在受力时发生变形或位移，从而保持其几何形状和位置不变。

（3）不做功。理想约束对物体所做的功为零，这意味着，在约束的作用下，物体虽然可能改变其运动状态（如速度或方向），但约束本身并不对物体输入或消耗机械能。换句话说，约束力所做的功与物体沿约束方向的微小位移（即虚位移）的点积始终为零。

（4）可积性。在理想约束下，系统的拉格朗日函数（或哈密顿函数）具有可积性，即可以通过求解拉格朗日方程（或哈密顿方程）得到系统的运动规律。

理想约束是力学分析中的一个重要假设，它使得许多复杂的力学问题得以简化，并能够通过数学方法求解。然而，在实际应用中，完全理想的约束是不存在的。因此，在将理想约束应用于实际问题时，需要根据具体情况进行适当的修正和近似。

例如，在刚体动力学中，我们常常假设铰链约束是理想的，即铰链本身无摩擦、无变形，并且不会消耗能量。这种假设大大简化了刚体运动的分析过程，使得我们能够通过解析方法求解出刚体的运动轨迹和受力情况。然而，在实际工程中，铰链可能会受到摩擦、磨损等因素的影响，从而偏离理想约束的假设。在进行工程设计和分析时，需要充分考虑这些实际因素，以确保结果的准确性和可靠性。

10.2　假　　设

10.2.1　位移的可导性

在某个特定的数学模型中，位移被看作是一个关于 s 个广义位移（可能是描述系统内部不同部分或不同自由度的位移）和时间 t 的函数。

这个函数不仅关于这些广义位移和时间 t 是连续的，而且关于时间 t 的（$s+1$）阶偏导数也是连续的。

10.2.2　牛顿第二运动定律

牛顿第二运动定律是经典力学中的一个基本定律，它建立了物体的加速度与作用在物体上的力之间的关系。这个定律可以表述为：物体的加速度与作用在物体上的合外力成正比，与物体的质量成反比，加速度的方向与合外力的方向相同。

10.2.3　虚功原理

定理：质点组在理想约束的情况下，其平衡条件（必要）是主动力所做的虚功之和为零。这里的充分条件是理想约束。下面对它加以证明，即定理的证明。

假设质点组处于平衡状态，质点组中的每一个质点必然处于平衡。那么，组中第 i 个质点的平衡方程为：$\boldsymbol{F}_i+\boldsymbol{N}_i=0$（$i=1,\ 2,\ \cdots,\ n$）。式中的 $\boldsymbol{F}_i$ 是第 i 个质点所受主动力的合力，$\boldsymbol{N}_i$ 是约束力的合力。两边点乘一个虚位移 $\delta\boldsymbol{r}_i$，则有：

$\boldsymbol{F}_i \cdot \delta \boldsymbol{r}_i + \boldsymbol{N}_i \cdot \delta \boldsymbol{r}_i = 0$，类似这样的方程有 n 个，将这 n 个方程都加起来就可以得到：$\sum_i \boldsymbol{F}_i \cdot \delta \boldsymbol{r}_i + \sum \boldsymbol{N}_i \cdot \delta \boldsymbol{r}_i = 0$。因为在理想约束的情况下：$\sum_i \boldsymbol{N}_i \cdot \delta \boldsymbol{r}_i = 0$，于是证明了质点组在理想约束的情况下，其平衡条件是主动力所做虚功的总和等于零：$\sum_i \boldsymbol{F}_i \cdot \delta \boldsymbol{r}_i = 0$，这个定理叫做虚功原理。要注意虚功原理中的 $\boldsymbol{F}_i$ 主动力对质点组来说应该包括外力和内力两部分，例如：有一质点组用弹簧联系着，这种联系不是约束。弹簧由于形变而引起的这些弹性内力应该是属于主动力 $\boldsymbol{F}_i$。对于刚体，由于刚体内力所做的总功等于零，所以就不必考虑它内力的功。

虚功原理的方程是分析力学中解决静力学问题的基本方程，由它可以求作用在质点组上的力和几何位置，所以虚功原理有时它也可称为分析静力学。从上面的证明可以看出，虚功原理的优点是在光滑约束的情况下可以不计约束反力。但是这并不等于说，虚功原理就不能求约束反力。如果我们要想求出系统中某处的约束反力，只要将该处的约束去掉，代之以作用力，只要这部分约束撤去后其余的约束还是理想约束，那么还是可以用虚功原理来计算约束力的。

10.2.4 达朗贝尔原理

达朗贝尔原理是法国科学家达朗贝尔（J. le Rond D' Alembert，1717—1783）在其著作《动力学专论》中提出来的。依据这一原理，非自由质点系的动力学方程可以用静力学平衡方程的形式写出来。这种处理动力学问题的方法，在工程中获得了广泛的应用，此法最大的特点是引入了惯性力的概念。

假设一质点系由 n 个质点组成，其任一质点 M_i 的质量为 m_i，作用于它上面的主动力和约束力用 $\boldsymbol{F}_i$ 和 $\boldsymbol{F}_{N,i}$ 表示，在任一瞬时，它的加速度为 $\boldsymbol{a}_i$。如果在此质点上假想地加上一惯性力 $\boldsymbol{F}_{I,i} = -m_i a_i$，则在此瞬时，作用于此质点上的主动力 $\boldsymbol{F}_i$、约束力 $\boldsymbol{F}_{N,i}$ 和虚加的惯性力 $\boldsymbol{F}_{I,i}$ 在形式上组成一平衡力系，即：

$$\boldsymbol{F}_i + \boldsymbol{F}_{N,i} + \boldsymbol{F}_{I,i} = 0$$

对质点系的 n 个质点都做这样的处理，则在运动的任意瞬时，虚加于质点系上各质点的惯性力与作用于该系上的主动力、约束力将组成一平衡力系，即：

$$\sum \boldsymbol{F}_i + \sum \boldsymbol{F}_{N,i} + \sum \boldsymbol{F}_{I,i} = 0 \tag{10-1}$$

$$\sum m_O(\boldsymbol{F}_i) + \sum m_O(\boldsymbol{F}_{N,i}) + \sum m_O(\boldsymbol{F}_{I,i}) = 0 \tag{10-2}$$

这就是质点系的达朗贝尔原理。

10.3 定　　理

$z = z(x_1(t), x_2(t), \cdots, x_s(t), t)$ 是一个关于 s 个广义位移 $x_1(t)$，$x_2(t)$，…，$x_s(t)$ 和时间 t 的函数，该函数具有（$s+1$）阶连续偏导数。因此，由这些广义

位移对时间 t 求导所得的 s 个广义速度也具有 s 阶连续偏导数。

$$\dot{x}_i = \sum_{\alpha} \frac{\partial x_i}{\partial q_\alpha} \cdot \frac{\mathrm{d}q_\alpha}{\mathrm{d}t} = \sum_{\alpha} \frac{\partial x_i}{\partial q_\alpha}\dot{q}_\alpha$$

两边对 $\dot{q}_\alpha$ 求导，可得：

$$\frac{\partial \dot{x}_i}{\partial \dot{q}_\alpha} = \frac{\partial x_i}{\partial q_\alpha}$$

另外，由复合函数求导法则：

$$\frac{\mathrm{d}}{\mathrm{d}t}\left(\frac{\partial x_i}{\partial q_\alpha}\right) = \sum_{\beta} \frac{\partial^2 x_i}{\partial q_\beta \partial q_\alpha}\dot{q}_\beta = \sum_{\beta} \frac{\partial}{\partial q_\alpha}\left(\frac{\partial x_i}{\partial q_\beta}\right)\dot{q}_\beta$$

因 $\dot{q}_\beta$ 与 q_α 无关，所以上式变成：

$$\frac{\mathrm{d}}{\mathrm{d}t}\left(\frac{\partial x_i}{\partial q_\alpha}\right) = \frac{\partial}{\partial q_\alpha}\sum_{\beta}\left(\frac{\partial x_i}{\partial q_\beta}\dot{q}_\beta\right) = \frac{\partial \dot{x}_i}{\partial q_\alpha} \tag{10-3}$$

10.3.1 速度对广义速度的导数等于坐标对广义坐标的导数

根据式（10-3）可知：

$$\dot{x}_i = \sum_{\alpha} \frac{\partial x_i}{\partial q_\alpha} \cdot \frac{\mathrm{d}q_\alpha}{\mathrm{d}t} = \sum_{\alpha} \frac{\partial x_i}{\partial q_\alpha}\dot{q}_\alpha$$

两边对 $\dot{q}_\alpha$ 求导，可得：

$$\frac{\partial \dot{x}_i}{\partial \dot{q}_\alpha} = \frac{\partial x_i}{\partial q_\alpha}$$

10.3.2 坐标对广义坐标和时间的求导可以交换顺序

根据式（10-3）可知：

$$\frac{\mathrm{d}}{\mathrm{d}t}\left(\frac{\partial x_i}{\partial q_\alpha}\right) = \sum_{\beta} \frac{\partial^2 x_i}{\partial q_\beta \partial q_\alpha}\dot{q}_\beta = \sum_{\beta} \frac{\partial}{\partial q_\alpha}\left(\frac{\partial x_i}{\partial q_\beta}\right)\dot{q}_\beta$$

因 $\dot{q}_\beta$ 与 q_α 无关，所以上式变成：

$$\frac{\mathrm{d}}{\mathrm{d}t}\left(\frac{\partial x_i}{\partial q_\alpha}\right) = \frac{\partial}{\partial q_\alpha}\sum_{\beta}\left(\frac{\partial x_i}{\partial q_\beta}\dot{q}_\beta\right) = \frac{\partial \dot{x}_i}{\partial q_\alpha}$$

10.3.3 用广义坐标表示的虚功原理

虚功原理是分析非自由质点系平衡的最普遍原理。虚位移原理可表述为：具有理想约束的质点系，在给定位置保持平衡的必要和充分条件是所有作用于该质点系上的主动力在任何虚位移中所做的虚功之和等于零，即：

$$\sum \delta W_F = 0 \tag{10-4}$$

如果任意质点 M_i 上的主动力和虚位移分别用 $\boldsymbol{F}_i$ 和 $\delta \boldsymbol{r}_i$ 表示，那么，虚功原理的矢量表达式为：

$$\sum_{i=1}^{n} \boldsymbol{F}_i \cdot \delta \boldsymbol{r}_i = 0 \tag{10-5}$$

在直角坐标系的投影表达式为：

$$\sum_{i=1}^{n} (F_{xi}\delta x_i + F_{yi}\delta y_i + F_{zi}\delta z_i) = 0 \tag{10-6}$$

式（10-4）~式（10-6）亦称为虚功方程。

$$\boldsymbol{r}_i = \boldsymbol{r}_i(q_1, q_2, \cdots, q_s, t)\delta \boldsymbol{r}_i = \sum_{\alpha=1}^{s} \frac{\partial \boldsymbol{r}_i}{\partial q_\alpha}\delta q_\alpha \qquad (\delta t = 0)$$

$$\delta W = \sum_{i=1}^{n} \boldsymbol{F}_i \cdot \delta \boldsymbol{r}_i = \sum_{i=1}^{n} \boldsymbol{F}_i \cdot \sum_{\alpha=1}^{s} \frac{\partial \boldsymbol{r}_i}{\partial q_\alpha}\delta q_\alpha = \sum_{\alpha=1}^{s}\left(\sum_{i=1}^{n} \boldsymbol{F}_i \cdot \frac{\partial \boldsymbol{r}_i}{\partial q_\alpha}\right)\delta q_\alpha$$

$$= \sum_{\alpha=1}^{s} Q_\alpha \delta q_\alpha = 0$$

因为 δq_α 是互相独立的，所以 $Q_\alpha = 0(\alpha = 1, 2, \cdots, s) \Leftarrow$ 广义坐标下虚功原理的表达式 Q_α 广义力，它是广义坐标 $q_\alpha(\alpha = 1, 2, \cdots, s)$ 的函数。

$$Q_\alpha = \sum_{i=1}^{n} \boldsymbol{F}_i \cdot \frac{\partial \boldsymbol{r}_i}{\partial q_\alpha} = \sum_{i=1}^{n}\left(F_{ix}\frac{\partial x_i}{\partial q_\alpha} + F_{iy}\frac{\partial y_i}{\partial q_\alpha} + F_{iz}\frac{\partial z_i}{\partial q_\alpha}\right)$$

10.3.4　达朗伯-拉格朗日方程

设有一具有理想约束的非自由质点系统，其中质点 M_i 的质量为 m_i，加速度为 $\boldsymbol{a}_i$，应用达朗伯原理，每一质点 M_i 上虚加惯性力 $\boldsymbol{F}_i^n = -m_i\boldsymbol{\alpha}_i$，则作用于质点系上的主动力、约束反力与惯性力成平衡。给系统以虚位移，则根据虚位移原理，系统的所有主动力和惯性力在虚位移中的元功之和等于零。这样，动力学普遍方程可以表述为：受理想约束的系统在运动的任意瞬时，主动力与惯性力在虚位移中的元功之和等于零，即：

$$\sum_{i=1}^{n} (\boldsymbol{F}_i + \boldsymbol{F}_{\mathrm{I}i}) \cdot \delta \boldsymbol{r}_i = 0 \tag{10-7}$$

或

$$\sum_{i=1}^{n} (\boldsymbol{F}_i - m_i\boldsymbol{a}_i) \cdot \delta \boldsymbol{r}_i = 0 \tag{10-8}$$

式中，$\boldsymbol{F}_i$ 为作用于质点 M_i 上的主动力；$\delta \boldsymbol{r}_i$ 为质点 M_i 的虚位移。

写成直角坐标系上的投影式为：

$$\sum_{i=1}^{n} [(F_{xi} - m_i\ddot{x}_i)\delta x_i + (F_{yi} - m_i\ddot{y}_i)\delta y_i + (F_{zi} - m_i\ddot{z}_i)\delta z_i] = 0 \tag{10-9}$$

动力学普遍方程的适用面广，除理想约束外，没有任何其他限制，既适用于完整系统，也适用于非完整系统。

10.4 导出过程

第二类拉格朗日方程是分析力学中最重要的动力学方程，它给出动力学问题一个普遍、简单而又统一的解法。拉格朗日方程只适用于完整约束的质点系。

10.4.1 几个关系式的推证

为方便起见，在推导拉格朗日方程前，先推证几个关系式。

质点系由 n 个质点、s 个完整的理想约束组成，它的自由度数为 $k=3n-s$，广义坐标数与自由度数相等。该系统中，任一质点 M_i 的矢径 $\boldsymbol{r}_i$ 可表示成广义坐标 q_1，q_2，…，q_k 和时间 t 的函数，即：

$$\boldsymbol{r}_i=\boldsymbol{r}_i(q_1,q_2,\cdots,q_k,t)\qquad(i=1,2,\cdots,n)$$

它的速度：

$$v_i=\frac{\mathrm{d}\boldsymbol{r}_i}{\mathrm{d}t}=\dot{\boldsymbol{r}}_i=\sum_{h=1}^{k}\frac{\partial\boldsymbol{r}_i}{\partial q_h}\dot{q}_h+\frac{\partial\boldsymbol{r}_i}{\partial t}\qquad(i=1,2,\cdots,n)\tag{10-10}$$

其中，$\dot{q}_h=\dfrac{\mathrm{d}q_h}{\mathrm{d}t}$ 称为 h 个广义坐标的广义速度，$\dfrac{\partial\boldsymbol{r}_i}{\partial q_h}$、$\dfrac{\partial\boldsymbol{r}_i}{\partial t}$ 分别为广义坐标和时间的函数，与广义速度 $\dot{q}_h$ 没有直接的关系。式（10-10）对 $\dot{q}_h$ 求偏导数，则有：

$$\frac{\partial\boldsymbol{v}_i}{\partial\dot{q}_h}=\frac{\partial\boldsymbol{r}_i}{\partial q_h}\tag{10-11}$$

这是推证的第一个关系式，它表明任一质点的速度对广义速度的偏导数等于其矢径对广义坐标的偏导数。

为推证第二个关系式，将式（10-10）对广义坐标 q_j 求偏导数，则有：

$$\frac{\partial\boldsymbol{v}_i}{\partial q_j}=\sum_{h=1}^{k}\frac{\partial^2\boldsymbol{r}_i}{\partial q_j\partial q_h}\dot{q}_h+\frac{\partial^2\boldsymbol{r}_i}{\partial q_j\partial t}=\sum_{h=1}^{k}\left[\frac{\partial}{\partial q_h}\left(\frac{\partial\boldsymbol{r}_i}{\partial q_j}\right)\dot{q}_h+\frac{\partial}{\partial t}\left(\frac{\partial\boldsymbol{r}_i}{\partial q_j}\right)\right]$$

$$\frac{\partial\boldsymbol{v}_i}{\partial q_j}=\frac{\mathrm{d}}{\mathrm{d}t}\left(\frac{\partial\boldsymbol{r}_i}{\partial q_j}\right)$$

或

$$\frac{\partial\boldsymbol{v}_i}{\partial q_h}=\frac{\mathrm{d}}{\mathrm{d}t}\left(\frac{\partial\boldsymbol{r}_i}{\partial q_h}\right)\tag{10-12}$$

这是第二个关系式，它表明任一质点的速度对广义坐标的偏导数等于其矢径对广义坐标的偏导数，再对时间的一阶导数。

再看看质点的动能对广义坐标的偏导数。

$$\frac{\partial}{\partial q_h}\left(\frac{1}{2}m_iv_i^2\right)=\frac{\partial}{\partial q_h}\left(\frac{1}{2}m_iv_i\cdot v_i\right)=\frac{1}{2}m_i\frac{\partial v_i}{\partial q_h}\cdot v_i+\frac{1}{2}m_iv_i\frac{\partial v_i}{\partial q_h}=m_iv_i\cdot\frac{\partial v_i}{\partial q_h}$$

有：

$$\begin{cases} m_i \boldsymbol{v}_i \cdot \dfrac{\partial \boldsymbol{v}_i}{\partial q_h} = \dfrac{\partial}{\partial q_h}\left(\dfrac{1}{2}m_i v_i^2\right) \\ m_i \boldsymbol{v}_i \cdot \dfrac{\partial \boldsymbol{v}_i}{\partial \dot{q}_h} = \dfrac{\partial}{\partial \dot{q}_h}\left(\dfrac{1}{2}m_i v_i^2\right) \end{cases} \tag{10-13}$$

又由于 $$\frac{\mathrm{d}}{\mathrm{d}t}\left(m_i \boldsymbol{v}_i \cdot \frac{\partial \boldsymbol{r}_i}{\partial q_h}\right) = m_i \ddot{\boldsymbol{r}}_i \cdot \frac{\partial \boldsymbol{r}_i}{\partial q_h} + m_i \boldsymbol{v}_i \cdot \frac{\mathrm{d}}{\mathrm{d}t}\left(\frac{\partial \boldsymbol{r}_i}{\partial q_h}\right)$$

所以 $$m_i \ddot{\boldsymbol{r}}_i \cdot \frac{\partial \boldsymbol{r}_i}{\partial q_h} = \frac{\mathrm{d}}{\mathrm{d}t}\left(m_i \boldsymbol{v}_i \cdot \frac{\partial \boldsymbol{r}_i}{\partial q_h}\right) - m_i \boldsymbol{v}_i \cdot \frac{\mathrm{d}}{\mathrm{d}t}\left(\frac{\partial \boldsymbol{r}_i}{\partial q_h}\right)$$

将式（10-11）、式（10-12）代入式（10-13），得：

$$\begin{cases} m_i \ddot{\boldsymbol{r}}_i \cdot \dfrac{\partial \boldsymbol{r}_i}{\partial q_h} = \dfrac{\mathrm{d}}{\mathrm{d}t}\left(m_i \boldsymbol{v}_i \cdot \dfrac{\partial v_i}{\partial \dot{q}_h}\right) - m_i v_i \cdot \dfrac{\partial \boldsymbol{v}_i}{\partial q_h} \\ m_i \ddot{\boldsymbol{r}}_i \cdot \dfrac{\partial \boldsymbol{r}_i}{\partial q_h} = \dfrac{\mathrm{d}}{\mathrm{d}t} \cdot \dfrac{\partial}{\partial \dot{q}_h}\left(\dfrac{1}{2}m_i v_i^2\right) - \dfrac{\partial}{\partial q_h}\left(\dfrac{1}{2}m_i v_i^2\right) \end{cases} \tag{10-14}$$

10.4.2　第二类拉格朗日方程

动力学普遍方程可以改写为：

$$\sum_{i=1}^{n} \boldsymbol{F}_i \cdot \delta \boldsymbol{r}_i - \sum_{i=1}^{n} m_i \boldsymbol{a}_i \cdot \delta \boldsymbol{r}_i = 0 \tag{10-15}$$

上式中，左侧的第一项主动力的虚功之和，可以用广义力 Q_h 在广义虚位移 δq_h 上所做的功之和表示，即：

$$\sum_{i=1}^{n} \boldsymbol{F}_i \cdot \delta \boldsymbol{r}_i = \sum_{h=1}^{n} Q_h \delta q_h \tag{10-16}$$

值得指出，这里的主动力并非平衡问题中的主动力，因此这里的广义力 Q_h 不等于零。

质点 M_i 的虚位移 $\delta \boldsymbol{r}_i$ 可利用广义坐标的变分表示，即 $\delta \boldsymbol{r}_i = \sum\limits_{h=1}^{k} \dfrac{\partial \boldsymbol{r}_i}{\partial q_h}\delta q_h$，于是，式（10-15）等号左侧的第二项可以改写为：

$$\sum_{i=1}^{n} m_i \boldsymbol{a}_i \cdot \delta \boldsymbol{r}_i = \sum_{i=1}^{k} m_i \boldsymbol{a}_i \cdot \sum_{h=1}^{k} \frac{\partial \boldsymbol{r}_i}{\partial q_h}\delta q_h = \sum_{h=1}^{k}\left(\sum_{i=1}^{n} m_i \ddot{\boldsymbol{r}}_i \cdot \frac{\partial \boldsymbol{r}_i}{\partial q_h}\right)\delta q_h$$

将式（10-15）代入上式，得：

$$\begin{aligned} \sum_{i=1}^{n} m_i \boldsymbol{a}_i \cdot \delta \boldsymbol{r}_i &= \sum_{h=1}^{k}\left\{\sum_{i=1}^{k}\left[\frac{\mathrm{d}}{\mathrm{d}t} \cdot \frac{\partial}{\partial \dot{q}_h}\left(\frac{1}{2}m_i v_i^2\right) - \frac{\partial}{\partial q_h}\left(\frac{1}{2}m_i v_i^2\right)\right]\right\}\delta q_h \\ &= \sum_{h=1}^{k}\left[\frac{\mathrm{d}}{\mathrm{d}t} \cdot \frac{\partial}{\partial \dot{q}_h}\left(\sum_{i=1}^{n}\frac{1}{2}m_i v_i^2\right) - \frac{\partial}{\partial q_h}\left(\sum_{i=1}^{n}\frac{1}{2}m_i v_i^2\right)\right]\delta q_h \end{aligned}$$

所以有 $$\sum_{i=1}^{n} m_i \boldsymbol{a}_i \cdot \delta \boldsymbol{r}_i = \sum_{h=1}^{k}\left(\frac{\mathrm{d}}{\mathrm{d}t} \cdot \frac{\partial T}{\partial \dot{q}_h} - \frac{\partial T}{\partial q_h}\right)\delta q_h$$

其中，T 是该质点系的功能，则有：

$$T = \sum_{i=1}^{n} \frac{1}{2} m_i v_i^2$$

将式（10-16）、式（10-8）代入式（10-15），得：

$$\sum_{i=1}^{n} \left[Q_h - \left(\frac{\mathrm{d}}{\mathrm{d}t} \cdot \frac{\partial T}{\partial \dot{q}_h} - \frac{\partial T}{\partial q_h} \right) \right] \delta q_h = 0$$

注意到 k 个广义坐标的变分 δq_h 是彼此独立的，因此有：

$$\frac{\mathrm{d}}{\mathrm{d}t} \cdot \frac{\partial T}{\partial \dot{q}_h} - \frac{\partial T}{\partial q_h} = Q_h \quad (h = 1, 2, \cdots, k) \tag{10-17}$$

这是一个方程组，方程的数目等于质点系的自由度数，称之为第二类拉格朗日方程，简称为拉格朗日方程。它揭示了系统动能的变化与广义力之间的关系。

10.4.3 保守系统中的拉格朗日方程

如果质点在势力场中运动，它所受到的主动力都是有势力，那么该质点系就是保守系统。该系统的广义力是广义有势力，可以用系统的势能函数表示，即：

$$Q = \frac{-\partial V}{\partial q_h}$$

拉格朗日方程式（10-17）改写为：

$$\frac{\mathrm{d}}{\mathrm{d}t} \cdot \frac{\partial T}{\partial \dot{q}_h} - \frac{\partial T}{\partial q_h} = -\frac{\partial V}{\partial q_h} \tag{10-18}$$

如果做一个表征保守系统能量特征的函数：

$$L = T - V \tag{10-19}$$

称之为拉格朗日函数或动势。注意到势能 V 仅仅是广义坐标 q_h 的函数，与广义速度 $\dot{q}_h$ 无关，它对广义速度的偏导数恒为零。于是，式（10-18）可改写为：

$$\frac{\mathrm{d}}{\mathrm{d}t} \cdot \frac{\partial L}{\partial \dot{q}_h} - \frac{\partial L}{\partial q_h} = 0 \quad (h = 1, 2, \cdots, k) \tag{10-20}$$

式（10-18）、式（10-20）都称为保守系统中的拉格朗日方程。它们是一个方程组，方程的数目等于该系统的自由度数（或广义坐标数）。

10.5 讨　论

拉格朗日方程涉及了多个数学和物理学的概念，包括坐标变换、数学规律的不变性、几何不变量、理想约束体系等。

10.5.1 数学规律不随维度和坐标轴的选取而改变

除了函数的极小值和最值（通常涉及一阶导数和二阶导数）之外，还有很多数学规律具有这种不变性。这些规律通常与几何、拓扑或代数结构有关，不依赖于特定的坐标系统或维度。以下是一些实例。

曲率：在微分几何中，曲率是描述曲线或曲面弯曲程度的量。无论是二维曲线还是三维曲面，其曲率都是固有的几何属性，不随坐标系的选取而改变。

挠率：挠率是描述曲线在空间中扭转程度的量。与曲率类似，挠率也是曲线的固有属性，与坐标系的选取无关。

亏格：在拓扑学中，亏格是描述曲面"洞"的数量的一个整数。例如，球面的亏格为0，环面的亏格为1。亏格是拓扑不变量，与曲面的具体嵌入方式或坐标系的选取无关。

积分：在适当的条件下（如被积函数在积分区域内连续或可积），定积分的值不依赖于积分变量的选取或坐标系的变换。

向量和矩阵运算：向量和矩阵的运算（如加法、数乘、点积、叉积、矩阵乘法等）遵循一定的代数规则，这些规则不依赖于坐标系的选取。

10.5.2　理想约束体系

理想约束体系是指内外约束力所做的功之和为零的体系。这是力学中的一个重要概念，用于简化力学问题的分析。在理想约束下，系统的动能和势能之间的转换不受约束力的影响，因此可以更容易地应用能量守恒定律等原理。

10.5.3　拉格朗日方程与拉矢量

拉格朗日方程是分析力学中的一个基本方程，它描述了系统在给定势能函数和动能函数下的运动规律。通过对拉格朗日方程进行调整或变换，可以得到不同的形式或表示方法，如拉矢量等，这些变换有助于从不同的角度理解系统的运动特性。

10.5.4　坐标变换的例子

$z=z(x)$、$z=z(x, y)$ 以及 $x=r\cos t$，$y=r\sin t$ 是坐标变换的不同例子：

（1）$z=z(x)$ 表示 z 是 x 的函数，这是一个一维到一维的映射。

（2）$z=z(x, y)$ 表示 z 是 x 和 y 的函数，这是一个二维到一维的映射（例如，一个曲面）。

（3）$x=r\cos t$，$y=r\sin t$ 是从极坐标到直角坐标的变换，其中 r 是极径，t 是极角。这种变换在二维平面上非常常见，用于简化某些问题的分析。

总之，数学和物理学中有很多规律和概念具有不随维度和坐标轴选取而改变的特性。这些特性是数学和物理学理论的基础之一，也是我们能够理解和预测自然界现象的重要工具。

参 考 文 献

[1] GOLDSTEIN HERBERT. Classical Mechanics [M]. 3rd. United States of America: Addison Wesley, 1980: 46-47.

[2] PENROSE ROGER. The Road to Reality [M]. Vintage books, 2007.

[3] LANDAU L D, LIFSHITZ E M. Mechanics [M]. 3rd ed. Butterworth Heinemann, 1976: 134.

[4] LANDAU L D, LIFSHITZ E M. The Classical Theory of Fields [M]. Elsevier Ltd. , 1975.

[5] HAND L N, FINCH J D. Analytical Mechanics [M]. 2nd ed. Cambridge University Press, 1998.

11　弹性力学中的偏微分方程

弹性力学是研究材料在外力作用下的变形与应力响应的科学。偏微分方程在弹性力学中起着至关重要的作用，通过描述材料内部的应力、应变和位移场，帮助我们理解和预测材料的行为。本章将探讨弹性力学中的基本偏微分方程及其应用，特别是在静态与动态分析中的重要性，集中在探讨弹性力学主体方程的导出过程，通过理论推导和数学分析，详细阐述弹性力学中基本方程的构建与转换。弹性力学作为固体力学的重要分支，其主体方程描述材料在受力作用下的应力、应变及位移关系方面起着关键作用。本章首先介绍了弹性力学的基本概念，随后逐步推导出弹性力学的基本方程，包括平衡方程、几何方程和物理方程，并讨论了这些方程在极坐标系下的表达形式。最后，通过实例分析验证了导出方程的准确性和适用性。

11.1　概　　述

弹性力学是工程和物理学中一个基本的研究领域，涵盖了从结构分析到材料科学的广泛应用。了解弹性体在外力作用下的行为，对于设计和分析结构的安全性和可靠性至关重要，偏微分方程为描述这些复杂的物理现象提供了数学基础。

11.2　弹性力学的基本概念

11.2.1　应力与应变

应力是单位面积上施加的力，通常用张量表示；应变是材料因外力作用而产生的形变，反映了材料的变形程度。它们之间的关系通常通过本构关系来描述，最常见的是胡克定律：

$$\sigma_{ij} = C_{ijkl}\varepsilon_{kl}$$

式中，σ_{ij}为应力张量；ε_{kl}为应变张量；C_{ijkl}为材料的弹性模量张量。

11.2.2　偏微分方程的基本形式

11.2.2.1　平衡微分方程

一般情况下物体内不同的点将有不同的应力。这就是说，各点的应力分量都是点的位置坐标（x，y，z）的函数，而且在一般情况下，都是坐标的单值连续函数。当弹性体在外力作用下保持平衡时，可根据平衡条件导出应力分量与体积力分量之间的关系式，即平衡微分方程。

假定有一物体在外力作用下处于平衡状态。由于整个物体处于平衡，其内各部分也都处于平衡状态。为导出平衡微分方程，我们从中取出一微小正六面体进行研究，其棱边尺寸分别为 dx、dy、dz，如图 11-1 所示。为清楚起见，图 11-1 中仅画出了在 x 方向有投影的应力分量。需要注意的是，两对应面上的应力分量，由于其坐标位置不同，而存在一个应力增量。例如，在 $AA'D'D$ 面上作用有正应力 σ_x，那么由于 $BB'C'C$ 面与 $AA'D'D$ 面在 x 坐标方向上相差了 dx，由泰勒级数，并舍弃高阶项，可导出 $BB'C'C$ 面上的正应力应表示为 $\sigma_x+\frac{\partial\sigma_x}{\partial x}\mathrm{d}x$。其余情况可类推。

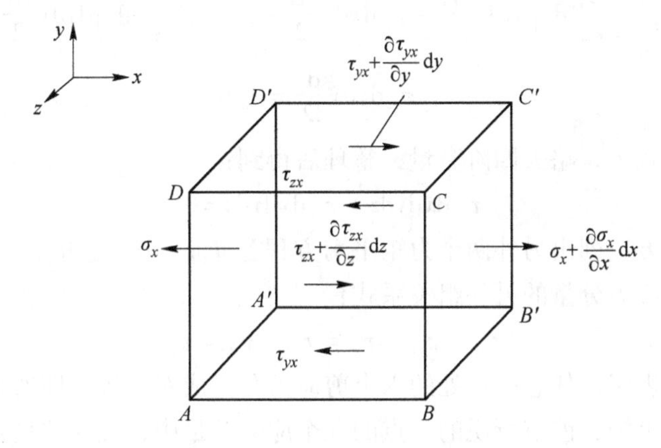

图 11-1 微小单元体的应力平衡

由于所取的六面体是微小的，其各面上所受的应力可以认为是均匀分布的，且作用在各面的中心。另外，若微小六面体上除应力之外，还作用有体积力，那么也假定体积力是均匀分布的，且作用在微元体的体积中心。这样，在 x 方向上，根据平衡方程 $\sum F_x=0$，有：

$$\left(\sigma_x+\frac{\partial\sigma_x}{\partial x}\mathrm{d}x\right)\mathrm{d}y\mathrm{d}z-\sigma_x\mathrm{d}y\mathrm{d}z+\left(\tau_{yx}+\frac{\partial\tau_{yx}}{\partial y}\mathrm{d}y\right)\mathrm{d}x\mathrm{d}z-\tau_{yx}\mathrm{d}x\mathrm{d}z+$$

$$\left(\tau_{zx}+\frac{\partial\tau_{zx}}{\partial z}\mathrm{d}z\right)\mathrm{d}x\mathrm{d}y-\tau_{zx}\mathrm{d}x\mathrm{d}y+X\mathrm{d}x\mathrm{d}y\mathrm{d}z=0 \tag{11-1}$$

整理得：

$$\begin{cases}\dfrac{\partial\sigma_x}{\partial x}+\dfrac{\partial\tau_{yx}}{\partial y}+\dfrac{\partial\tau_{zx}}{\partial z}+X=0\\[2ex]\dfrac{\partial\tau_{xy}}{\partial x}+\dfrac{\partial\sigma_y}{\partial y}+\dfrac{\partial\tau_{zy}}{\partial z}+Y=0\\[2ex]\dfrac{\partial\tau_{xz}}{\partial x}+\dfrac{\partial\tau_{yz}}{\partial y}+\dfrac{\partial\sigma_z}{\partial z}+Z=0\end{cases} \tag{11-2}$$

同理，可得 y 方向和 z 方向上的平衡微分方程。

上述这组微分关系是弹性力学中的基本关系之一。凡处于平衡状态的物体，其应力分量函数都应满足这个方程。

再列出三个力矩方程。在将各面上的应力分量全部写出后，首先列出 $\sum M_{AA'}=0$ 得：

$$\sigma_x \mathrm{d}y\mathrm{d}z\frac{\mathrm{d}y}{2}-\left(\sigma_x+\frac{\partial\sigma_x}{\partial x}\mathrm{d}x\right)\mathrm{d}y\mathrm{d}z\frac{\mathrm{d}y}{2}+\left(\tau_{xy}+\frac{\partial\tau_{xy}}{\partial x}\mathrm{d}x\right)\mathrm{d}y\mathrm{d}z\mathrm{d}x+$$
$$\left(\sigma_y+\frac{\partial\sigma_y}{\partial y}\mathrm{d}y\right)\mathrm{d}x\mathrm{d}z\frac{\mathrm{d}x}{2}-\sigma_y\mathrm{d}x\mathrm{d}z\frac{\mathrm{d}x}{2}-\left(\tau_{yx}+\frac{\partial\tau_{yx}}{\partial y}\right)\mathrm{d}x\mathrm{d}z\mathrm{d}y+$$
$$\left(\tau_{zy}+\frac{\partial\tau_{zy}}{\partial z}\mathrm{d}z\right)\mathrm{d}x\mathrm{d}y\frac{\mathrm{d}x}{2}-\tau_{zy}\mathrm{d}x\mathrm{d}y\frac{\mathrm{d}x}{2}-\left(\tau_{zx}+\frac{\partial\tau_{zx}}{\partial z}\mathrm{d}z\right)\mathrm{d}x\mathrm{d}y\frac{\mathrm{d}y}{2}+$$
$$\tau_{zx}\mathrm{d}x\mathrm{d}y\frac{\mathrm{d}y}{2}=0 \tag{11-3}$$

展开这个式子，略去四阶微量，整理后得到：

$$\tau_{xy}\mathrm{d}x\mathrm{d}y\mathrm{d}z-\tau_{yx}\mathrm{d}x\mathrm{d}y\mathrm{d}z=0$$

用同样的方法列出另外两个力矩平衡方程 $\sum M_{A'B'}=0$，$\sum M_{A'D'}=0$。这样将得到任意一点处应力分量的另一组关系式：

$$\tau_{xy}=\tau_{yx}\quad \tau_{yz}=\tau_{zy}\quad \tau_{zx}=\tau_{xz} \tag{11-4}$$

这个结果表明，任意一点处的六个剪应力分量成对相等，即所谓的剪应力互等定理。由此可知，前节所说的一点的九个应力分量中，独立的只有六个。

对于处于运动状态的物体，只要加上惯性力，也可用列平衡方程的方法来得到运动方程。这时，所得方程的形式仍如式（11-2）一样，但在等式左边的最后一项中，应加有单位体积内的惯性力在响应方向的分量。例如，设 $u(x,\ y,\ z,\ t)$，$v(x,\ y,\ z,\ t)$，$w(x,\ y,\ z,\ t)$ 分别表示一点在 x，y，z 方向的位移分量，它们都是点的坐标及时间的函数。再用 ρ 表示物体的密度（单位体积的质量），则对图 11-1 的单元体，在三个坐标方向上应分别加上惯性力 $-\rho\frac{\partial^2 u}{\partial t^2}\mathrm{d}x\mathrm{d}y\mathrm{d}z$，$-\rho\frac{\partial^2 v}{\partial t^2}\mathrm{d}x\mathrm{d}y\mathrm{d}z$，$-\rho\frac{\partial^2 w}{\partial t^2}\mathrm{d}x\mathrm{d}y\mathrm{d}z$。当考虑到这些惯性力（属于体积力）来列平衡方程时，得到：

$$\begin{cases}\dfrac{\partial\sigma_x}{\partial x}+\dfrac{\partial\tau_{yx}}{\partial y}+\dfrac{\partial\tau_{zx}}{\partial z}+X-\rho\dfrac{\partial^2 u}{\partial t^2}=0\\ \dfrac{\partial\tau_{xy}}{\partial x}+\dfrac{\partial\sigma_y}{\partial y}+\dfrac{\partial\tau_{zy}}{\partial z}+Y-\rho\dfrac{\partial^2 v}{\partial t^2}=0\\ \dfrac{\partial\tau_{xz}}{\partial x}+\dfrac{\partial\tau_{yz}}{\partial y}+\dfrac{\partial\sigma_z}{\partial z}+Z-\rho\dfrac{\partial^2 w}{\partial t^2}=0\end{cases} \tag{11-5}$$

若物体在外力的作用下处于平衡状态，那么物体内部各点的应力分量必须满足前述的平衡微分方程式（11-2），该方程是基于各点的应力分量，以点的坐标函数为前提而导出的。

现在，如果考察位于物体表面上的点（即边界点），显然，这些点的应力分量（代表由内部作用于这些点上的力）应当与作用在该点处的外力相平衡。这种边界点的平衡条件，称为用表面力表示的边界条件，也称为应力边界条件。

在应力边界问题中，可以建立面力分量与应力分量之间的关系。弹性体边界上的点同样满足柯西应力公式，设弹性体上一点的面力为 $\overline{X}$、$\overline{Y}$、$\overline{Z}$，由柯西应力公式有：

$$\begin{cases}\overline{X} = n_x\sigma_x + n_y\tau_{yx} + n_z\tau_{zx} \\ \overline{Y} = n_x\tau_{xy} + n_y\sigma_y + n_z\tau_{zy} \\ \overline{Z} = n_x\tau_{xz} + n_y\tau_{yz} + n_z\sigma_z\end{cases} \tag{11-6}$$

式（11-6）即为物体应力边界条件的表达式。

但是，如果我们用 S 表示整个弹性体的表面积，则往往只在其中一部分面积 S_σ 上给定了外力，而另一部分面积属于 S_u 上则给定的是位移。当然，$S = S_\sigma + S_u$。例如，一根矩形截面的悬臂梁，固定端这一部分面积属于 S_u 部分，它们给定了位移，而未给定外力；其余五个面都属于 S_σ 部分，它们的外力已给定（包括外力等于零）。根据上面的推导方法，显然，在 S_σ 部分的各点都应满足表面力表示的边界条件式（11-6）。但与此同时，在 S_u 部分上的各点还应满足用位移表示的边界条件，也即几何边界条件。现设 $\overline{u}$，$\overline{v}$，$\overline{w}$ 表示给定 S_u 上的点在 x，y，z 轴方向的位移，则几何边界条件为：

$$u = \overline{u} \quad v = \overline{v} \quad w = \overline{w} \tag{11-7}$$

应当注意，边界条件是求解弹性力学问题的重要条件。它表明，应力分量函数不仅在物体内部的各点应满足平衡的微分方程式（11-5），在 S_σ 部分的边界点上还应满足边界条件式（11-6），在 S_u 部分的边界上，其位移还要满足几何边界条件式（11-7），否则不能认为是该问题的解。因此，这一点也正是弹性力学问题求解的困难之一。

应变分析是从材料变形的角度研究弹性体，包括几何方程（Geometry equations）、相容性条件等。

11.2.2.2　几何方程：应变位移关系

弹性体受到外力作用时，其形状和尺寸会发生变化，即产生变形。在弹性力学中所考虑的几何学方面的问题，实质上就是研究弹性体内各点的应变分量与位移分量之间的关系。应变分量与位移分量之间存在的关系式一般称为几何方程，或叫做 Cauchy 几何方程。

ε_{xx}，ε_{yy}和ε_{zz}是任意一点在 x，y 和 z 方向上的线应变（正应变），γ_{xy}，γ_{yz}和γ_{xz}分别代表在 xy，yz 和 xz 平面上的剪应变。类似于应力矩形分量，上面六个应变分量可定义为应变矩形分量。

考察研究物体内任一点 $P(x, y, z)$ 的变形，与研究物体的平衡状态一样，也是从物体内 P 点处取出一个正方微元体，其三个棱边长分别为 dx、dy、dz，如图 11-2 所示。当物体受力变形时，不仅微元体的棱边长度会随之改变，各棱边间的夹角也要发生变化。为研究方便，可将微元体分别投影到 Oxy、Oyz 和 Ozx 三个坐标面上，如图 11-3 所示。

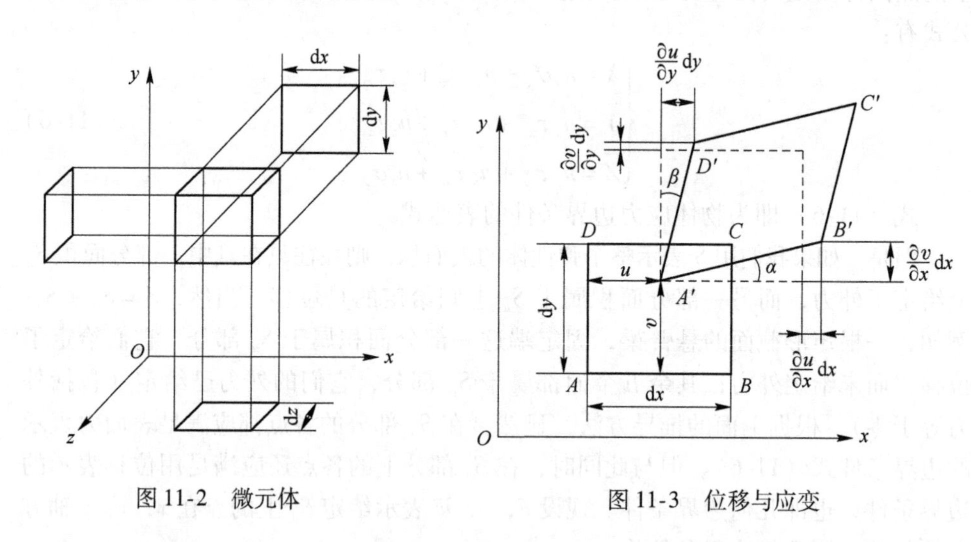

图 11-2　微元体　　　　图 11-3　位移与应变

在外力作用下，物体可能发生两种位移，一种是与位置改变有关的刚体位移，另一种是与形状改变有关的形变位移。在考虑物体的变形时，可以认为物体内各点的位移都是坐标的单值连续函数。在图 11-3 中，若假设 A 点沿坐标方向的位移分量为 u、v，则 B 点沿坐标方向的位移分量应分别为 $u+\dfrac{\partial u}{\partial x}\mathrm{d}x$ 和 $v+\dfrac{\partial v}{\partial x}\mathrm{d}x$，而 D 点的位移分量分别为 $u+\dfrac{\partial u}{\partial y}\mathrm{d}y$ 及 $v+\dfrac{\partial v}{\partial y}\mathrm{d}y$。据此，可以求得：

$$\overline{A'B'}^2=\left(\mathrm{d}x+\frac{\partial u}{\partial x}\mathrm{d}x\right)^2+\left(\frac{\partial v}{\partial x}\mathrm{d}x\right)^2 \tag{11-8}$$

根据线应变（正应变）的定义，AB 线段的正应变为：

$$\varepsilon_x=\frac{\overline{A'B'}-\overline{AB}}{\overline{AB}} \tag{11-9}$$

因 $\overline{AB}=\mathrm{d}x$，故由式（11-9）可得：

$$\overline{A'B'}=(1+\varepsilon_x)\overline{AB}=(1+\varepsilon_x)\mathrm{d}x$$

代入式（11-9），得：

$$2\varepsilon_x + \varepsilon_x^2 = 2\frac{\partial u}{\partial x} + \left(\frac{\partial u}{\partial x}\right)^2 + \left(\frac{\partial v}{\partial x}\right)^2 \tag{11-10}$$

由于只是微小变形的情况，可略去式（11-10）中的高阶微量（即平方项）。这样，得到：

$$\varepsilon_x = \frac{\partial u}{\partial x} \tag{11-11}$$

当微元体趋于无限小时，即 AB 线段趋于无限小，AB 线段的正应变就是 P 点沿 x 方向的正应变。

用同样的方法考察 AD 线段，则可得到 P 点沿 y 方向的正应变为：

$$\varepsilon_y = \frac{\partial v}{\partial y} \tag{11-12}$$

现在再来分析 AB 和 AD 两线段之间夹角（直角）的变化情况。在微小变形时，变形后 AB 线段的转角为：

$$\alpha \approx \tan\alpha = \frac{\frac{\partial v}{\partial x}\mathrm{d}x}{\mathrm{d}x + \frac{\partial u}{\partial x}\mathrm{d}x} = \frac{\frac{\partial v}{\partial x}}{1 + \frac{\partial u}{\partial x}} \tag{11-13}$$

式中，$\frac{\partial u}{\partial x}$ 与 1 相比可以略去，故：

$$\alpha = \frac{\partial v}{\partial x} \tag{11-14}$$

同理，AD 线段的转角为：

$$\beta = \frac{\partial u}{\partial y} \tag{11-15}$$

由此可见，AB 和 AD 两线段之间夹角变形后的改变（减小）量为：

$$\gamma_{xy} = \frac{\partial v}{\partial x} + \frac{\partial u}{\partial y} \tag{11-16}$$

把 AB 和 AD 两线段之间直角的改变量 γ_{xy} 称为 P 点的角应变（或称剪应变）。它由两部分组成，一部分是由 y 方向的位移引起的，另一部分则是由 x 方向位移引起的，并规定角度减小时为正、增大时为负。

至此，讨论了微元体在 Oxy 投影面上的变形情况。如果再进一步考察微元体在另外两个投影面上的变形情况，还可以得到 P 点沿其他方向的线应变和角应变。在三维空间中，变形体内部任意一点共有六个应变分量，即 ε_x、ε_y、ε_z、γ_{xy}、γ_{yz}、γ_{zx}，这六个应变分量完全确定了该点的应变状态。也就是说，若已知这六个应变分量，就可以求得过该点任意方向的正应变及任意两个垂直方向间的角应变，也可以求得过该点的任意两线段之间夹角的改变。可以证明，在形变状态下，物体内的任意一点也一定存在着三个相互垂直的主应变，对应的主应变方向所构成的三个直角，在变形之后仍保持为直角（即剪应变为零）。

几何方程完整表示如下：

$$\{\varepsilon\}=\begin{Bmatrix}\varepsilon_x\\ \varepsilon_y\\ \varepsilon_z\\ \gamma_{xy}\\ \gamma_{yz}\\ \gamma_{zx}\end{Bmatrix}=\begin{Bmatrix}\dfrac{\partial u}{\partial x}\\ \dfrac{\partial v}{\partial y}\\ \dfrac{\partial w}{\partial z}\\ \dfrac{\partial v}{\partial x}+\dfrac{\partial u}{\partial y}\\ \dfrac{\partial w}{\partial y}+\dfrac{\partial v}{\partial z}\\ \dfrac{\partial u}{\partial z}+\dfrac{\partial w}{\partial x}\end{Bmatrix}=\left\{\frac{\partial u}{\partial x},\ \frac{\partial v}{\partial y},\ \frac{\partial w}{\partial z},\ \frac{\partial v}{\partial x}+\frac{\partial u}{\partial y},\ \frac{\partial w}{\partial y}+\frac{\partial v}{\partial z},\ \frac{\partial u}{\partial z}+\frac{\partial w}{\partial x}\right\}^{\mathrm{T}} \tag{11-17}$$

不难看出，当物体的位移分量完全确定时，应变分量就被完全确定；反之，当应变分量完全确定时，位移分量却不完全被确定。这是因为，应变的产生是由于物体内点与点之间存在相对位移，而具有一定形变的物体还可能产生不同的刚体位移。

11.2.2.3　相容性条件

变形协调方程也称变形连续方程，或称相容方程。它是一组描述六个应变分量之间存在的关系式。

在弹性力学中，我们认为物体的材料是一个连续体，它由无数个点构成，这些点充满了物体所占的空间。从物理意义上讲，物体在变形前是连续的，那么在变形后仍然是连续的。对于假定材料是连续分布且无裂隙的物体，其位移分量应是单值连续的，即 u、v、w 是单值连续函数。这就是说，当物体发生形变时，物体内的每一点都有确定的位移，且同一点不可能有两个不同的位移；无限接近相邻点的位移之差是无限小的，故变形后仍为相邻点，物体内不会因变形而产生空隙。

对于前面讨论的六个应变分量，都是通过三个单值连续函数对坐标求偏导数来确定的。因而，这六个应变分量并不是互不相关的，它们之间必然存在着一定的内在关系。

我们可以设想把一个薄板划分成许多微元体，如图 11-4(a) 所示。如果六个应变分量之间没有关联，则各微元体的变形便是相互独立的，从而变形后的微元体之间有可能出现开裂和重叠现象，这显然是与实际情况不相符的，如图 11-4(b) 和 (c) 所示。要使物体变形后仍保持为连续，如图 11-4(d) 所示的情况，那么各微元体之间的变形必须相互协调，即各应变分量之间必须满足一定的协调条件。

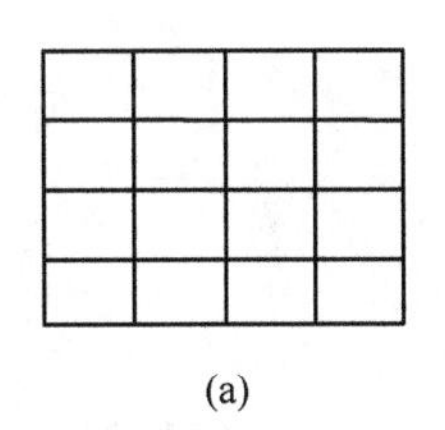
(a)
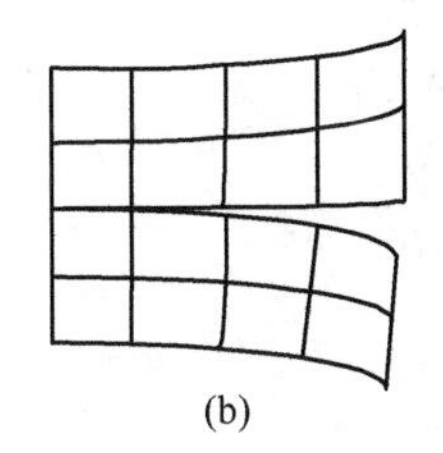
(b)
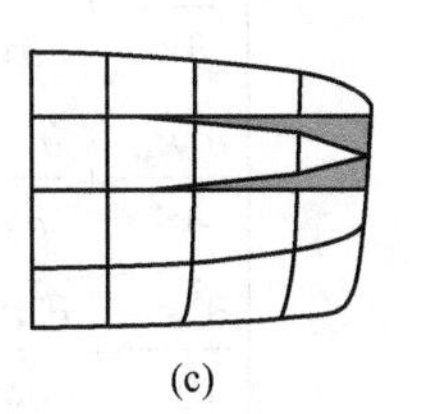
(c)
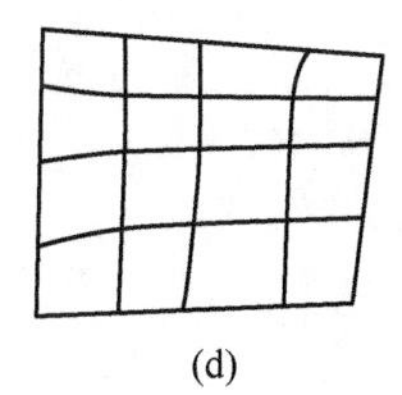
(d)

图 11-4 变形协调的讨论

六个应变分量之间的关系可以分两组来讨论，由几何方程：

$$\varepsilon_{xx}=\frac{\partial u}{\partial x},\quad \varepsilon_{yy}=\frac{\partial v}{\partial y},\quad \gamma_{xy}=\frac{\partial u}{\partial y}+\frac{\partial v}{\partial x} \tag{11-18}$$

若对式（11-18）的前两式分别对 y、x 求二阶偏导数，并注意到位移分量是坐标的单值连续函数，有：

$$\begin{cases}\dfrac{\partial^2\varepsilon_{xx}}{\partial y^2}=\dfrac{\partial^3 u}{\partial x\partial y^2}=\dfrac{\partial^2}{\partial x\partial y}\left(\dfrac{\partial u}{\partial y}\right)\\[2ex]\dfrac{\partial^2\varepsilon_{yy}}{\partial x^2}=\dfrac{\partial^3 v}{\partial y\partial x^2}=\dfrac{\partial^2}{\partial x\partial y}\left(\dfrac{\partial v}{\partial x}\right)\end{cases} \tag{11-19}$$

两式相加，得：

$$\frac{\partial^2\varepsilon_{xx}}{\partial y^2}+\frac{\partial^2\varepsilon_{yy}}{\partial x^2}=\frac{\partial^2}{\partial x\partial y}\left(\frac{\partial u}{\partial y}+\frac{\partial v}{\partial x}\right)=\frac{\partial^2\gamma_{xy}}{\partial x\partial y} \tag{11-20}$$

进行类似的推导，可得到另外两个关系式。

对于几何方程的剪切应变与位移关系式：

$$\gamma_{xy}=\frac{\partial u}{\partial y}+\frac{\partial v}{\partial x},\quad \gamma_{yz}=\frac{\partial v}{\partial z}+\frac{\partial w}{\partial y},\quad \gamma_{zx}=\frac{\partial w}{\partial x}+\frac{\partial u}{\partial z}$$

分别对 z、x、y 求偏导，得：

$$\frac{\partial\gamma_{xy}}{\partial z}=\frac{\partial^2 u}{\partial z\partial y}+\frac{\partial^2 v}{\partial z\partial x},\quad \frac{\partial\gamma_{yz}}{\partial x}=\frac{\partial^2 v}{\partial x\partial z}+\frac{\partial^2 w}{\partial x\partial y},\quad \frac{\partial\gamma_{zx}}{\partial y}=\frac{\partial^2 w}{\partial x\partial y}+\frac{\partial^2 u}{\partial y\partial z} \tag{11-21}$$

先将后两式相加、减去第一式，消去位移分量项，得：

$$\frac{\partial\gamma_{yz}}{\partial x}+\frac{\partial\gamma_{zx}}{\partial y}-\frac{\partial\gamma_{xy}}{\partial z}=2\,\frac{\partial^2 w}{\partial x\partial y} \tag{11-22}$$

再求式（11-22）对 z 的偏导，即：

$$\frac{\partial}{\partial z}\left(\frac{\partial\gamma_{yz}}{\partial x}+\frac{\partial\gamma_{zx}}{\partial y}-\frac{\partial\gamma_{xy}}{\partial z}\right)=2\,\frac{\partial^3 w}{\partial x\partial y\partial z}=2\,\frac{\partial^2\varepsilon_{zz}}{\partial x\partial y} \tag{11-23}$$

同样可得到另外两个与式（11-23）相似的关系式。

综上两组公式将得到应变分量之间的六个微分关系式，即变形协调方程：

$$
\begin{cases}
\dfrac{\partial^2 \varepsilon_{xx}}{\partial y^2} + \dfrac{\partial^2 \varepsilon_{yy}}{\partial x^2} = \dfrac{\partial^2 \gamma_{xy}}{\partial x \partial y} \\
\dfrac{\partial^2 \varepsilon_{yy}}{\partial z^2} + \dfrac{\partial^2 \varepsilon_{zz}}{\partial y^2} = \dfrac{\partial^2 \gamma_{yz}}{\partial y \partial z} \\
\dfrac{\partial^2 \varepsilon_{zz}}{\partial x^2} + \dfrac{\partial^2 \varepsilon_{xx}}{\partial z^2} = \dfrac{\partial^2 \gamma_{zx}}{\partial z \partial x} \\
\dfrac{\partial}{\partial z}\left(\dfrac{\partial \gamma_{yz}}{\partial x} + \dfrac{\partial \gamma_{zx}}{\partial y} - \dfrac{\partial \gamma_{xy}}{\partial z} \right) = 2\dfrac{\partial^2 \varepsilon_{zz}}{\partial x \partial y} \\
\dfrac{\partial}{\partial x}\left(\dfrac{\partial \gamma_{zx}}{\partial y} + \dfrac{\partial \gamma_{xy}}{\partial z} - \dfrac{\partial \gamma_{yz}}{\partial x} \right) = 2\dfrac{\partial^2 \varepsilon_{xx}}{\partial y \partial z} \\
\dfrac{\partial}{\partial y}\left(\dfrac{\partial \gamma_{xy}}{\partial z} + \dfrac{\partial \gamma_{yz}}{\partial x} - \dfrac{\partial \gamma_{zx}}{\partial y} \right) = 2\dfrac{\partial^2 \varepsilon_{yy}}{\partial z \partial x}
\end{cases}
\tag{11-24}
$$

上述方程从数学上保证了物体变形后仍保持为连续，各微元体之间的变形相互协调，即各应变分量之间满足一定的相容性协调条件。

物理方程与材料特性有关，它描述材料抵抗变形的能力，也叫本构方程（Constitutive law）。本构方程是物理现象的数学描述，它建立在实验观察以及普遍自然原理之上。对物理现象进行准确的数学描述一般都十分复杂甚至不可行，本构关系则是对一般真实行为模式的一种近似。另外，本构方程只描述材料的行为而不是物体的行为，所以，它描述的是同一点的应力状态与它相应的应变状态之间的关系。

11.2.2.4　广义虎克定律

A　广义虎克定律的一般表达式和 Lame 系数

在进行材料的简单拉伸实验时，从应力应变关系曲线上可以发现，在材料达到屈服极限前，试件的轴向应力 σ 正比于轴向应变 σ，这个比例常数定义为杨氏模量 E，有如下表达式：

$$\varepsilon = \sigma / E \tag{11-25}$$

在材料拉伸实验中还可发现，当试件被拉伸时，它的径向尺寸（如直径）将减少。当应力不超过屈服极限时，其径向应变与轴向应变的比值也是常数，定义为泊松比 μ。

实验证明，弹性体剪切应力与剪应变也成正比关系，比例系数称之为剪切弹性模量，用 G 表示。

对于理想弹性体，可以设 6 个直角坐标应力分量与对应的应变分量呈线性关系，关系式如下：

$$\{\sigma\} = \begin{Bmatrix} \sigma_x \\ \sigma_y \\ \sigma_z \\ \tau_{xy} \\ \tau_{yz} \\ \tau_{zx} \end{Bmatrix} = \begin{bmatrix} a_{11} & a_{12} & a_{13} & a_{14} & a_{15} & a_{16} \\ a_{21} & a_{22} & a_{23} & a_{24} & a_{25} & a_{26} \\ a_{31} & a_{32} & a_{33} & a_{34} & a_{35} & a_{36} \\ a_{41} & a_{42} & a_{43} & a_{44} & a_{45} & a_{46} \\ a_{51} & a_{52} & a_{53} & a_{54} & a_{55} & a_{56} \\ a_{61} & a_{62} & a_{63} & a_{64} & a_{65} & a_{66} \end{bmatrix} \begin{Bmatrix} \varepsilon_{xx} \\ \varepsilon_{yy} \\ \varepsilon_{zz} \\ \gamma_{xy} \\ \gamma_{yz} \\ \gamma_{zx} \end{Bmatrix} = D\{\varepsilon\} \tag{11-26}$$

式（11-26）即为广义虎克定律的一般表达式。按照广义虎克定律，三个主应力 σ_1，σ_2，σ_3 与三个主应变 ε_1，ε_2，ε_3 之间同样也是线性关系。以 σ_1 为例：

$$\sigma_1 = a\varepsilon_1 + b\varepsilon_2 + c\varepsilon_3 \tag{11-27}$$

这里的 a，b，c 是常数。对于各向同性材料，σ_1 对主应变 ε_2 和 ε_3 的影响应该是相同的，因此 b 和 c 应该相等。因此，式（11-27）关于 σ_1 的表达式可写成：

$$\sigma_1 = a\varepsilon_1 + b(\varepsilon_2 + \varepsilon_3) = (a - b)\varepsilon_1 + b(\varepsilon_1 + \varepsilon_2 + \varepsilon_3) \tag{11-28}$$

式中，$\varepsilon_1 + \varepsilon_2 + \varepsilon_3$ 为体积应变 Δ。

若符号 b 用 λ 表示，$(a-b)$ 用 2ν 表示，则关于 σ_1 的方程可表示为：

$$\sigma_1 = \lambda\Delta + 2\nu\varepsilon_1 \tag{11-29a}$$

相似地，对于 σ_2，σ_3 可得到：

$$\sigma_2 = \lambda\Delta + 2\nu\varepsilon_2 \tag{11-29b}$$

$$\sigma_3 = \lambda\Delta + 2\nu\varepsilon_3 \tag{11-29c}$$

式中，λ 和 ν 为两个常数，称为 Lame 系数。

B 广义虎克定律的工程表达式

在工程上，广义虎克定律常采用的表达式为：

$$\begin{cases} \varepsilon_x = \dfrac{1}{E}[\sigma_x - \mu(\sigma_y + \sigma_z)] \\ \varepsilon_y = \dfrac{1}{E}[\sigma_y - \mu(\sigma_z + \sigma_x)] \\ \varepsilon_z = \dfrac{1}{E}[\sigma_z - \mu(\sigma_x + \sigma_y)] \end{cases} \tag{11-30}$$

它与下面的表达式等价：

$$\begin{cases} \sigma_x = \dfrac{E}{(1+\mu)(1-2\mu)}[(1-\mu)\varepsilon_x + \mu(\varepsilon_y + \varepsilon_z)] \\ \sigma_y = \dfrac{E}{(1+\mu)(1-2\mu)}[(1-\mu)\varepsilon_y + \mu(\varepsilon_z + \varepsilon_x)] \\ \sigma_z = \dfrac{E}{(1+\mu)(1-2\mu)}[(1-\mu)\varepsilon_z + \mu(\varepsilon_x + \varepsilon_y)] \end{cases} \tag{11-31}$$

对于剪应力和剪应变，线性的各向同性材料的剪应变与剪应力的关系是：

$$\gamma_{xy} = \frac{\tau_{xy}}{G} \tag{11-32a}$$

式中，G 为剪切模量。

与此类似，其他剪应变与其相应剪应力的关系为：

$$\gamma_{yz} = \frac{\tau_{yz}}{G} \tag{11-32b}$$

$$\gamma_{zx} = \frac{\tau_{zx}}{G} \tag{11-32c}$$

这样，一点的六个应力分量和六个应变分量之间的关系可以用如下矩阵形式表示：

$$\begin{Bmatrix} \sigma_x \\ \sigma_y \\ \sigma_z \\ \tau_{xy} \\ \tau_{yz} \\ \tau_{zx} \end{Bmatrix} = [D] \begin{Bmatrix} \varepsilon_x \\ \varepsilon_y \\ \varepsilon_z \\ \gamma_{xy} \\ \gamma_{yz} \\ \gamma_{zx} \end{Bmatrix} \tag{11-33}$$

式中，$[D]$ 为弹性矩阵，它是一个常数矩阵，只与材料常数杨氏模量 E 和泊松比 μ 有关。

$[D]$ 的表达式为：

$$[D] = \frac{E(1-\mu)}{(1+\mu)(1-2\mu)} \begin{bmatrix} 1 & \frac{\mu}{1-\mu} & \frac{\mu}{1-\mu} & \frac{\mu}{1-\mu} & 1 & 0 \\ \frac{\mu}{1-\mu} & 1 & 0 & 0 & 0 & \frac{1-2\mu}{2(1-\mu)} \\ \frac{\mu}{1-\mu} & \frac{\mu}{1-\mu} & 1 & 0 & 0 & 0 \\ 0 & 0 & 0 & \frac{1-2\mu}{2(1-\mu)} & 0 & 0 \\ 0 & 0 & 0 & 0 & \frac{1-2\mu}{2(1-\mu)} & 0 \\ 0 & 0 & 0 & 0 & 0 & \frac{1-2\mu}{2(1-\mu)} \end{bmatrix} \tag{11-34}$$

在式（11-33）的基础上，可以直接得到如下关系式：

$$\begin{Bmatrix} \sigma_x \\ \sigma_y \\ \sigma_z \\ \tau_{xy} \\ \tau_{yz} \\ \tau_{zx} \end{Bmatrix} = \frac{E(1-\mu)}{(1+\mu)(1-2\mu)} \begin{bmatrix} 1 & \frac{\mu}{1-\mu} & \frac{\mu}{1-\mu} & \frac{\mu}{1-\mu} & 1 & 0 \\ \frac{\mu}{1-\mu} & 1 & 0 & 0 & 0 & \frac{1-2\mu}{2(1-\mu)} \\ \frac{\mu}{1-\mu} & \frac{\mu}{1-\mu} & 1 & 0 & 0 & 0 \\ 0 & 0 & 0 & \frac{1-2\mu}{2(1-\mu)} & 0 & 0 \\ 0 & 0 & 0 & 0 & \frac{1-2\mu}{2(1-\mu)} & 0 \\ 0 & 0 & 0 & 0 & 0 & \frac{1-2\mu}{2(1-\mu)} \end{bmatrix} \begin{Bmatrix} \varepsilon_x \\ \varepsilon_y \\ \varepsilon_z \\ \gamma_{xy} \\ \gamma_{yz} \\ \gamma_{zx} \end{Bmatrix} \tag{11-35}$$

用主应力分量表达的广义虎克定律为：

$$\begin{cases} \varepsilon_1 = \frac{1}{E}[\sigma_1 - \mu(\sigma_2 + \sigma_3)] \\ \varepsilon_2 = \frac{1}{E}[\sigma_2 - \mu(\sigma_3 + \sigma_1)] \\ \varepsilon_3 = \frac{1}{E}[\sigma_3 - \mu(\sigma_1 + \sigma_2)] \end{cases} \tag{11-36}$$

C　Lame 系数与材料常数的关系

由式（11-33）可以得到：

$$\Delta = \frac{\sigma_1 + \sigma_2 + \sigma_3}{(3\lambda + 2\nu)} \tag{11-37}$$

代入式（11-29a）并整理得：

$$\varepsilon_1 = \frac{\lambda + \nu}{\mu(3\lambda + 2\nu)}\left[\sigma_1 - \frac{\lambda}{2(\lambda + \nu)}(\sigma_2 + \sigma_3)\right] \tag{11-38}$$

对照式（11-37）的第一式可以得到：

$$E = \frac{\nu(3\lambda + 2\nu)}{\lambda + \nu}, \quad \mu = \frac{\lambda}{2(\lambda + \nu)} \tag{11-39}$$

由式（11-30）解得：

$$\nu = \frac{E}{2(1+\mu)} \tag{11-40}$$

由此得出，Lame 系数 ν 等于剪切弹性模量 G，即：

$$\nu = G \tag{11-41}$$

应力分析中推导出的平衡微分方程是描述弹性体内某一点 6 个直角应力分量与体积力分量之间的关系。本节研究的物理方程则描述了应力和应变之间的关系，综合这两组基本方程，可以推导出用应变表示的平衡微分方程；更进一步，再考虑描述应变与位移关系的几何方程，可以推导出用位移表示的平衡微分方程，即位移平衡微分方程。

由$\sum F_x=0$推导出的平衡微分方程为：

$$\frac{\partial\sigma_x}{\partial x}+\frac{\partial\tau_{xy}}{\partial y}+\frac{\partial\tau_{xz}}{\partial z}+X=0 \tag{11-42}$$

对于各向同性的材料，有：

$$\sigma_x=\lambda\Delta+2\nu\varepsilon_{xx},\quad \tau_{xy}=G\gamma_{xy},\quad \tau_{xz}=G\gamma_{xz} \tag{11-43}$$

将式（11-34）代入式（11-33），变为：

$$\lambda\frac{\partial\Delta}{\partial x}+\nu\left(2\frac{\partial\varepsilon_{xx}}{\partial x}+\frac{\partial\gamma_{xy}}{\partial y}+\frac{\partial\gamma_{xz}}{\partial z}\right)=0 \tag{11-44}$$

再用几何方程$\varepsilon_{xx}=\frac{\partial u}{\partial x}$，$\gamma_{xy}=\frac{\partial u}{\partial y}+\frac{\partial v}{\partial x}$，$\gamma_{xz}=\frac{\partial u}{\partial z}+\frac{\partial w}{\partial x}$进行进一步替换，得到：

$$\lambda\frac{\partial\Delta}{\partial x}+\nu\left(2\frac{\partial^2u}{\partial x^2}+\frac{\partial^2u}{\partial y^2}+\frac{\partial^2v}{\partial x\partial y}+\frac{\partial^2u}{\partial z^2}+\frac{\partial^2w}{\partial x\partial z}\right)=0 \tag{11-45}$$

整理得：

$$\lambda\frac{\partial\Delta}{\partial x}+\nu\left(\frac{\partial^2u}{\partial x^2}+\frac{\partial^2u}{\partial y^2}+\frac{\partial^2u}{\partial z^2}\right)+\nu\frac{\partial}{\partial x}\left(\frac{\partial u}{\partial x}+\frac{\partial v}{\partial y}+\frac{\partial w}{\partial z}\right)=0 \tag{11-46}$$

其中，考虑到体积应变的公式：

$$\Delta=\varepsilon_{xx}+\varepsilon_{yy}+\varepsilon_{zz}=\frac{\partial u}{\partial x}+\frac{\partial v}{\partial y}+\frac{\partial w}{\partial z} \tag{11-47}$$

得到下式：

$$(\lambda+\nu)\frac{\partial}{\partial x}\left(\frac{\partial u}{\partial x}+\frac{\partial v}{\partial y}+\frac{\partial w}{\partial z}\right)+\nu\left(\frac{\partial^2u}{\partial x^2}+\frac{\partial^2u}{\partial y^2}+\frac{\partial^2u}{\partial z^2}\right)=0 \tag{11-48}$$

式（11-48）即是位移平衡微分方程中的第一式。

考虑由另外两式$\sum F_y=0$，$\sum F_z=0$导出的平衡微分方程，经过类似的推导可得到另外两个用位移表示的平衡微分方程。定义拉普拉斯算子$\nabla^2=\frac{\partial^2}{\partial x^2}+\frac{\partial^2}{\partial y^2}+\frac{\partial^2}{\partial z^2}$，最后得到用位移表示的平衡微分方程如下：

$$\begin{cases}(\lambda+\nu)\dfrac{\partial\Delta}{\partial x}+\nu\nabla^2u=0\\(\lambda+\nu)\dfrac{\partial\Delta}{\partial y}+\nu\nabla^2v=0\\(\lambda+\nu)\dfrac{\partial\Delta}{\partial z}+\nu\nabla^2w=0\end{cases} \tag{11-49}$$

上述用位移表达的平衡微分方程涉及应力、应变以及应力和应变关系，反映了弹性体的力学特征、几何特征和物理特征，该方程在弹性力学问题求解中较为重要。

11.3 弹性力学中的偏微分方程

11.3.1 静态弹性问题

在静态情况下，材料的位移场可通过以下方程求解：

$$\nabla^2 \boldsymbol{u} = -\frac{1}{\mu}\nabla \cdot f \tag{11-50}$$

式中，$\boldsymbol{u}$ 为位移场，μ 为材料的剪切模量。

方程式（11-50）通常结合合适的边界条件（如固定边界或自由边界）进行求解。

11.3.2 动态弹性问题

在动态情况下，弹性体的位移场由波动方程描述：

$$\rho \frac{\partial^2 \boldsymbol{u}}{\partial t^2} = \nabla \cdot \sigma \tag{11-51}$$

式中，ρ 为材料的密度。

此方程反映了应力波在材料中的传播特性，常用于分析振动和冲击问题。

11.4 结　　论

弹性力学中的偏微分方程广泛应用于工程领域，例如结构分析、地震工程及材料设计等。通过求解这些方程，工程师能够预测结构在不同载荷下的响应，确保安全和性能。

偏微分方程在弹性力学中具有重要意义，为理解材料的力学行为提供了理论基础。随着计算技术的发展，数值方法的应用日益广泛，使得复杂问题的求解变得可行。未来的研究应继续探索新方法，以提高求解精度和效率。

参 考 文 献

[1] TIMOSHENKO S, GOODIER J N. Theory of Elasticity [M]. McGraw-Hill, 1970.

[2] GELLERT W, et al. Elasticity: Theory and Applications [M]. Springer, 2013.

[3] ZIENKIEWICZ O C, TAYLOR R L. The Finite Element Method [M]. Butterworth-Heinemann, 2005.

[4] https://www. baidu. com/link? url =-SpMXRnxPERNspsNzcHsyxJyszwzz0AYLCyi3Z1KwgqNycMjtd6oiM9RXMb_c6GL94s_SaOnTknEJpa9bS8tra&wd = &eqid = 8d48a7c40041df280000000666f22eb5.

[5] http://oss. jishulink. com/caenet/forums/upload/2013/04/10/86/71130322704023. pdf.

12 通俗易懂地解释有限元法

有限元法（Finite Element Method，FEM）作为一种强大的数值计算方法，广泛应用于工程学、物理学等多个领域。本章旨在以通俗易懂的方式，解释有限元法的基本原理、应用及其优势，使读者能够轻松理解这一复杂而重要的技术。在解决复杂的物理和工程问题时，我们往往面临难以直接求解的连续系统。有限元法通过将连续的求解域离散化为有限个相互连接的单元（子域），利用数学近似方法求解，从而大大简化了问题的处理过程。本章将深入浅出地介绍有限元法的基本概念、工作流程及应用实例。

12.1 概　　述

有限元法（FEM）是一种强大的数值技术，广泛应用于工程和科学领域，尤其在求解复杂的物理问题时。通过将一个大而复杂的问题分解为许多小而简单的问题，有限元法使得分析和计算变得更加高效和可行。这一方法不仅提高了计算精度，还能有效处理多种边界条件和非线性问题。

在有限元分析具体问题时，其基本未知量为某种场变量。场变量可以是标量（温度 t），也可以是矢量（位移 $\boldsymbol{u}$，$\boldsymbol{v}$，$\boldsymbol{w}$），最后处理的实际上都是标量。

每个具体的工程问题总有一个确切的定义域空间：绝大多数具体的工程问题是二维或三维的（二维往往是对三维的简化）。另外，还可以将问题分为有限维问题和无限维问题，例如：

（1）有限维，例如曲轴、飞机构件、汽轮机叶片；

（2）无限维，例如电场、磁场、声场、水坝。

适用有限元方法分析的工程问题中最具代表性的是力学问题，由于有限元方法的问题源于力学问题，因此许多概念带有明显的力学特征；另外，力学问题代表性强，力学量的矢量特性、共轭量（位移场、应力场）直观性强。有限元法的应用场合见表 12-1。

表 12-1　有限元法的应用场合

力学	位移场、应力场、速度场
传热学	温度场

续表 12-1

电学	电场、磁场
流体力学	流场
声学	声场

12.2 有限元法的基本概念

最初，人们热衷于用各种力学理论严谨地研究结构构件的受力行为，于是开发了以平衡（Equilibrium）、几何（Kinematics）、本构（Constitutive）三大方程为基础分析方法，姑且称为弹性力学法。此法本质是一个边界条件问题（Boundary Value Problem），需要求解微分方程，算出构件的位移后，再推出应力、应变、反力等。其中，平衡方程和几何方程几乎都是偏微分方程（组），公式如下：

$$\left.\begin{aligned}\frac{\partial \sigma_{11}}{\partial x_1}+\frac{\partial \sigma_{12}}{\partial x_2}+\frac{\partial \sigma_{13}}{\partial x_3}+f_1=0\left(=\rho\frac{\partial^2 u_1}{\partial t^2}\right)\\ \frac{\partial \sigma_{21}}{\partial x_1}+\frac{\partial \sigma_{22}}{\partial x_2}+\frac{\partial \sigma_{23}}{\partial x_3}+f_2=0\left(=\rho\frac{\partial^2 u_2}{\partial t^2}\right)\\ \frac{\partial \sigma_{31}}{\partial x_1}+\frac{\partial \sigma_{32}}{\partial x_2}+\frac{\partial \sigma_{33}}{\partial x_3}+f_3=0\left(=\rho\frac{\partial^2 u_3}{\partial t^2}\right)\end{aligned}\right\}\text{平衡方程}$$

$$\left.\begin{aligned}\varepsilon_{11}&=\frac{\partial u_1}{\partial x_1}\\ \varepsilon_{22}&=\frac{\partial u_2}{\partial x_2}\\ \varepsilon_{33}&=\frac{\partial u_3}{\partial x_3}\\ \varepsilon_{12}=\varepsilon_{21}&=\frac{1}{2}\left(\frac{\partial u_2}{\partial x_1}+\frac{\partial u_1}{\partial x_2}\right)\\ \varepsilon_{23}=\varepsilon_{32}&=\frac{1}{2}\left(\frac{\partial u_3}{\partial x_2}+\frac{\partial u_2}{\partial x_3}\right)\\ \varepsilon_{31}=\varepsilon_{13}&=\frac{1}{2}\left(\frac{\partial u_1}{\partial x_3}+\frac{\partial u_3}{\partial x_1}\right)\end{aligned}\right\}\text{几何方程}$$

$$
\left.\begin{aligned}
\varepsilon_{11} &= \frac{1}{E}[\sigma_{11} - \nu(\sigma_{22} + \sigma_{33})] \\
\varepsilon_{22} &= \frac{1}{E}[\sigma_{22} - \nu(\sigma_{33} + \sigma_{11})] \\
\varepsilon_{33} &= \frac{1}{E}[\sigma_{33} - \nu(\sigma_{11} + \sigma_{22})] \\
\varepsilon_{23} &= \frac{1+\nu}{E}\sigma_{23} \\
\varepsilon_{31} &= \frac{1+\nu}{E}\sigma_{31} \\
\varepsilon_{12} &= \frac{1+\nu}{E}\sigma_{12}
\end{aligned}\right\} \text{物理方程}
$$

三维立体问题用三大方程力学方法虽然理论简单直接，结果也最精确，但对于略微复杂的结构，上述分析便会遇到复杂的微分方程。

在被微分方程折磨够了之后，人们开始改进弹性力学法，试图绕开求解微分方程，于是虚功原理（Virtual Work Principal）和最小势能原理被搬上了舞台（它们是等价的，同时又等价于结构满足静力平衡）。

那么，怎样才能绕开微分方程呢？答案是在计算一开始就去猜结构受力后的位移，比如你觉得最终的位移可能是线性的，可以假设位移的表达式为 $u(x) = a_0 + a_1 x$；另一个人觉得位移可能有周期性，可以假设 $u(x) = b_0 + b_1 \sin x$。这个位移最好满足边界条件（注意，这里是“最好”），之后算出结构在假设位移下的内外力虚功，或者是应变能，令其满足对应的能量原理。完成这些后大家发现，整个计算过程中没有出现微分方程，只需要求一些积分，就能得到位移表达式中的未知数，从而得到完整的位移函数。

$$\delta \Pi = \int_\Omega \sigma_{ij} \delta \hat{\varepsilon}_{ij} \mathrm{d}\Omega - \left(\int_\Omega \bar{b}_i \delta \hat{u}_i \mathrm{d}\Omega + \int_{s_p} \bar{p}_i \delta \hat{u}_i \mathrm{d}A \right)$$

$$\Downarrow$$

$$\delta \Pi = \int_\Omega \sigma_{ij} \delta \hat{\varepsilon}_{ij} \mathrm{d}\Omega - \left(\int_\Omega \bar{b}_i \hat{u}_i \delta \hat{u}_i \mathrm{d}\Omega + \int_{s_p} \bar{p}_i \delta \hat{u}_i \mathrm{d}A \right) = 0$$

$$\Downarrow$$

$$\int_\Omega \sigma_{ij} \delta \hat{\varepsilon}_{ij} \mathrm{d}\Omega = \left(\int_\Omega \bar{b}_i \delta \hat{u}_i \mathrm{d}\Omega + \int_{s_p} \bar{p}_i \delta \hat{u}_i \mathrm{d}A \right)$$

$$\Downarrow$$

$$\delta U = \delta W$$

人们通过猜位移并引入能量原理的方式终于摆脱了微分方程，可以通过积分来分析结构了。

为什么要这样做呢？因为积分好算，数值积分中又以 Gaussian Interpolation 效率最高，现在的有限元软件基本采用 Gaussian，积分点、减缩积分等概念就是数值积分中的内容。这是有限元发展中极为重要的理论突破，学界将其称为从弹性力学法解微分方程到猜位移求积分。当然，这个方法是有代价的，后文会详细介绍，正是在消除这个代价的过程中诞生了有限元。

摆脱微分束缚后，研究人员争相运用猜位移的方法去研究结构：从简单到复杂，从一维到多维，从轴力构件到任意变形实体等。

于是有人引入了矩阵（Matrix）改善计算效率，把相似计算写成矩阵形式，使得书写更加简洁，效率也更高。矩阵的引入和有限元的核心原理的关联不大，但作为一种工具实在是太好用了，使得现代有限元中充斥了矩阵运算，后来人们给运算过程中的一些关键元素起了名字，比如刚度矩阵。图 12-1 为杆单元示意图，图 12-2 为梁单元示意图。

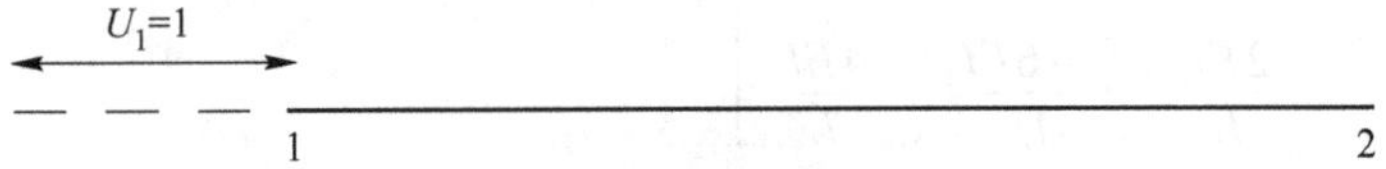

$U_1=1$

1　　2

图 12-1　杆单元示意图

求解方程 $[K]\{U\}=F$ 得

$$\begin{bmatrix} \frac{EA}{L} & -\frac{EA}{L} \\ -\frac{EA}{L} & \frac{EA}{L} \end{bmatrix} \begin{Bmatrix} 1 \\ 0 \end{Bmatrix} = \begin{bmatrix} F_1 \\ F_2 \end{bmatrix}$$

$\begin{bmatrix} \frac{EA}{L} & -\frac{EA}{L} \\ -\frac{EA}{L} & \frac{EA}{L} \end{bmatrix}$为 2 自由度杆的单元刚度矩阵。

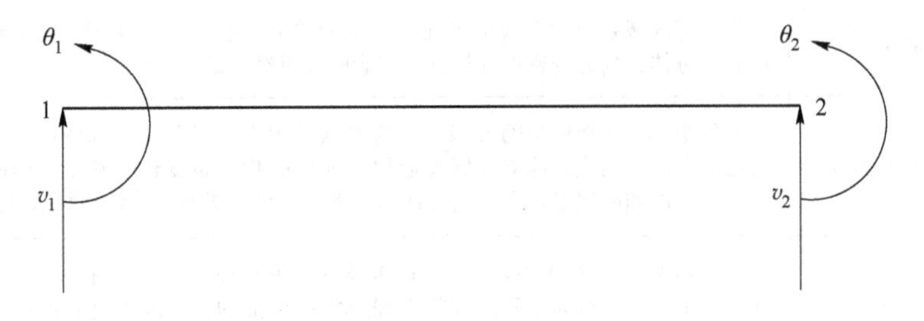

图 12-2　梁单元示意图

写成 $[K]\{U\}=F$ 形式得：

$$\begin{bmatrix} V_1 \\ M_1 \\ V_2 \\ M_2 \end{bmatrix}^3 = \begin{bmatrix} \frac{12EI}{L^3} & \frac{6EI}{L^2} & \frac{-12EI}{L^3} & \frac{6EI}{L^2} \\ \frac{6EI}{L^2} & \frac{4EI}{L} & -\frac{6EI}{L^2} & \frac{2EI}{L} \\ \frac{-12EI}{L^3} & -\frac{6EI}{L^2} & \frac{12EI}{L^3} & -\frac{6EI}{L^2} \\ \frac{6EI}{L^2} & \frac{2EI}{L} & -\frac{6EI}{L^2} & \frac{4EI}{L} \end{bmatrix}^b \begin{bmatrix} V_1 \\ \theta_1 \\ V_2 \\ \theta_2 \end{bmatrix}^b$$

$$\begin{bmatrix} \frac{12EI}{L^3} & \frac{6EI}{L^2} & \frac{-12EI}{L^3} & \frac{6EI}{L^2} \\ \frac{6EI}{L^2} & \frac{4EI}{L} & -\frac{6EI}{L^2} & \frac{2EI}{L} \\ \frac{-12EI}{L^3} & \frac{-6EI}{L^2} & \frac{12EI}{L^3} & \frac{-6EI}{L^2} \\ \frac{6EI}{L^2} & \frac{2EI}{L} & \frac{-6EI}{L^2} & \frac{4EI}{L} \end{bmatrix}^a$$

为2节点4自由度梁的单元刚度矩阵。

12.3 步骤解析

有限元法的核心理念是将一个连续的物理系统（例如固体、流体或热传导问题）划分为有限个小部分，称为单元。每个单元通过简单的方程描述其行为，最终通过将所有单元的解组合起来，获得整个系统的近似解。这种分解允许我们对复杂形状和材料属性进行详细分析，有限元法的实施过程通常包括以下几个步骤，见表12-2。

表 12-2 有限元法的实施过程

步　骤	内　容
（1）离散化	将研究区域划分为有限个单元，常见的单元形状包括三角形、四边形、四面体和立方体，划分的密度和精度直接影响计算结果的准确性
（2）选择形函数	为每个单元选择适当的形函数，这些函数用来表示单元内部的解。形函数通常是简单的多项式，能够较好地近似单元内的物理量变化。常见的形函数包括线性、二次和高次形函数，选择适当的形函数可以提升计算效率和结果的精度
（3）建立方程	根据物理定律（如牛顿定律、热传导方程等）通过变分原理或强制条件，推导出每个单元的行为方程。这些方程通常是局部的，可以通过数值积分等方法求解
（4）组装全局方程	将所有单元的方程组合在一起，形成一个大的线性方程组，该方程组描述了整个问题的行为，此步骤需要确保各个单元间的兼容性和相互作用

续表 12-2

步 骤	内 容
(5) 求解方程组	使用数值方法（如高斯消元法、迭代法等）求解该线性方程组，从而获得各个节点的近似解。随着计算机技术的发展，求解算法的效率和稳定性也在不断提升，能够处理更大规模和更复杂的问题
(6) 后处理	对计算结果进行分析和可视化，提取有用的信息，如应力、位移、温度分布等。这一过程通常需要使用专业软件生成图形和动画，以便更好地理解结果

12.3.1 有限单元法处理问题的基本步骤

如图 12-3 所示，将给定的区域离散化为子区域（单元）的集合，离散化的目的是使问题的性质在每一单元内尽量简单。一般情况下，单元内部不能存在任何间断性。离散化的另一个作用是使单元的几何形状尽可能地吻合实际问题的几何边界。

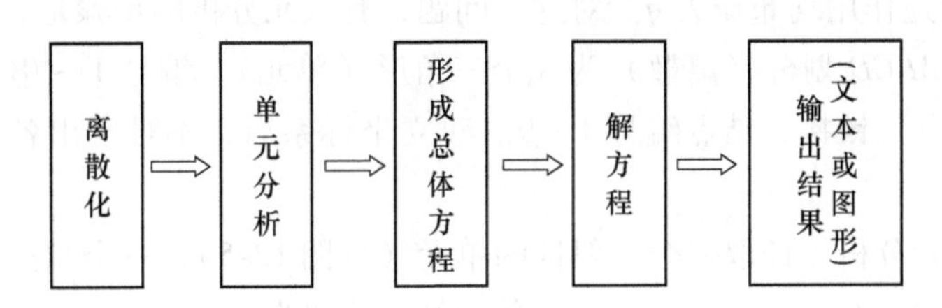

图 12-3 有限元法处理问题的流程

（1）用预先选定的单元类型划分求解域，创建有限元网格；

（2）给单元及节点编号；

（3）创建几何特性，例如：坐标系，横截面的面积等。

对有限元网格中现存的各种典型单元进行单元分析。利用各种方法形成单元的刚度矩阵、载荷矩阵及质量矩阵（动力分析需要质量矩阵），这里就需要选择近似的插值函数（位移模式），在直角坐标系中通常采用多项式函数，在圆柱坐标系中则常采用三角函数和多项式函数的混合形式。由于同类的单元可以采用相同的位移模式，因此只需对典型的单元进行单元分析。

（1）对各典型单元创建与其微分方程等价的变分形式；

（2）假设典型的独立变量（Trial function）（例如 u）的形式为：

$$u = \sum_{i=1}^{n} u_i \phi_i$$

（3）将上式代入变分形式，并得到：

$$[\underline{k}]\{\underline{u}\} = \{\underline{f}\}$$

（4）推导或选择单元插值函数计算 ϕ_i 相关的单元矩阵。

将单元方程合并为总体方程组：

（1）给出局部自由度与总体自由度之间的关系，此关系反映了基本变量在单元之间的连续性或单元之间的连接性；

（2）给出二阶变量之间的平衡条件，局部坐标系中的力分量与总体坐标系中的力分量之间的关系；

（3）依据叠加性质及以上两步对单元方程进行合并；

（4）施加边界条件；

（5）求解总体方程；

（6）输出结果。

12.3.2　应用实例

图 12-4 为一边长为 a、厚度为 t 的正方形薄板，其中 AB 边固定，BC、CD 边自由，AD 边作用均布压力 q。对这一问题，有限元分析的步骤是：

（1）将 $ABCD$ 划分（离散）为 8 个三角形（单元），编号①～⑧。各单元仅在顶点（结点）铰接，结点编号 1～9。建立坐标系后，不难定出各结点的坐标 (x_i, y_i)。

（2）单元分析。任取一个一般性的单元（见图 12-5），三个结点的编号为 i、j、k，(u_i, v_i)、(u_j, v_j)、(u_k, v_k) 单元结点位移为：

$$\{\underline{u}\} = \{u_i \quad v_i \quad u_j \quad v_j \quad u_k \quad v_k\}^{\mathrm{T}}$$

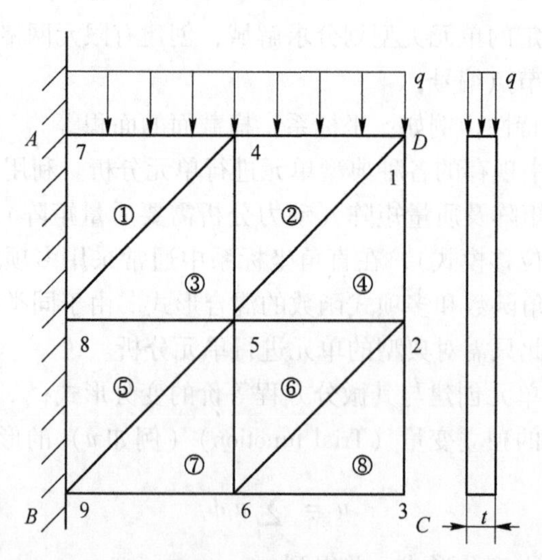

图 12-4　正方形薄板

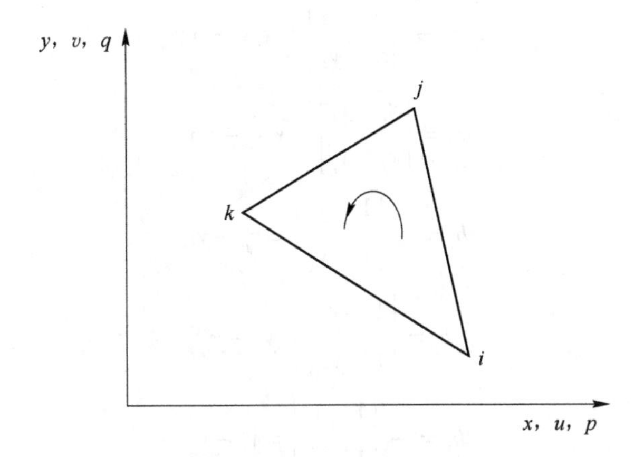

图 12-5 分割单元

假定单元内位移场 u，v 是 x，y 的一次函数，则有：

$$\begin{cases} u = \alpha_1 + \alpha_2 x + \alpha_3 y \\ v = \alpha_4 + \alpha_5 x + \alpha_6 y \end{cases} \tag{12-1}$$

$$\begin{Bmatrix} u_i \\ u_j \\ u_k \end{Bmatrix} = \begin{bmatrix} 1 & x_i & y_i \\ 1 & x_j & y_j \\ 1 & x_k & y_k \end{bmatrix} \begin{Bmatrix} \alpha_1 \\ \alpha_2 \\ \alpha_3 \end{Bmatrix} = [DA] \begin{Bmatrix} \alpha_1 \\ \alpha_2 \\ \alpha_3 \end{Bmatrix}$$

$\alpha_1 \sim \alpha_6$ 为待定常数，在结点处应有：

$$\begin{Bmatrix} \alpha_1 \\ \alpha_2 \\ \alpha_3 \end{Bmatrix} = [DA]^{-1} \begin{Bmatrix} u_i \\ u_j \\ u_k \end{Bmatrix} = \frac{1}{2\Delta} \begin{bmatrix} a_i & a_j & a_k \\ b_i & b_j & b_k \\ c_i & c_j & c_k \end{bmatrix} \begin{Bmatrix} u_i \\ u_j \\ u_k \end{Bmatrix}$$

可解出：

$$\begin{Bmatrix} v_i \\ v_j \\ v_k \end{Bmatrix} = \begin{bmatrix} 1 & x_i & y_i \\ 1 & x_j & y_j \\ 1 & x_k & y_k \end{bmatrix} \begin{Bmatrix} \alpha_4 \\ \alpha_5 \\ \alpha_6 \end{Bmatrix} = [DA] \begin{Bmatrix} \alpha_4 \\ \alpha_5 \\ \alpha_6 \end{Bmatrix}$$

$$\begin{Bmatrix} \alpha_4 \\ \alpha_5 \\ \alpha_6 \end{Bmatrix} = [DA]^{-1} \begin{Bmatrix} v_i \\ v_j \\ v_k \end{Bmatrix} = \frac{1}{2\Delta} \begin{bmatrix} a_i & a_j & a_k \\ b_i & b_j & b_k \\ c_i & c_j & c_k \end{bmatrix} \begin{Bmatrix} v_i \\ v_j \\ v_k \end{Bmatrix}$$

其中，

$$a_i = \begin{vmatrix} x_j & y_j \\ x_k & y_k \end{vmatrix} = x_j y_k - x_k y_j$$

$$a_j = -\begin{vmatrix} x_i & y_i \\ x_k & y_k \end{vmatrix} = x_k y_i - x_i y_k$$

$$a_k = \begin{vmatrix} x_i & y_i \\ x_j & y_j \end{vmatrix} = x_i y_j - x_j y_i$$

$$b_i = -\begin{vmatrix} 1 & y_j \\ 1 & y_k \end{vmatrix} = y_{j_i} - y_{k_i}$$

$$b_j = \begin{vmatrix} 1 & y_i \\ 1 & y_k \end{vmatrix} = y_k - y_{i_i}$$

$$b_k = -\begin{vmatrix} 1 & y_i \\ 1 & y_j \end{vmatrix} = y_i - y_{j_i}$$

$$c_i = \begin{vmatrix} 1 & x_j \\ 1 & x_k \end{vmatrix} = x_k - x_j$$

$$c_j = -\begin{vmatrix} 1 & x_i \\ 1 & x_k \end{vmatrix} = x_i - x_k$$

$$c_k = \begin{vmatrix} 1 & x_i \\ 1 & x_j \end{vmatrix} = x_j - x_i$$

$$2\Delta = \det DA = a_i + a_j + a_k$$

当 i, j, k 的位置为逆时针排列时，2Δ 恒正，且等于三角形单元面积的2倍。将这些结果代入式（12-1）有：

$$\begin{aligned} u &= \frac{1}{2\Delta}(a_i + b_i x + c_i y)u_i + \frac{1}{2\Delta}(a_j + b_j x + c_j y)u_j + \frac{1}{2\Delta}(a_k + b_k x + c_k y)u_k \\ &= N_i(x,y)u_i + N_j(x,y)u_j + N_k(x,y)u_k \end{aligned}$$

$$v = N_i(x,y)v_i + N_j(x,y)v_j + N_k(x,y)v_k$$

以上两式可以合并成：

$$\begin{Bmatrix} u \\ v \end{Bmatrix} = \begin{bmatrix} N_i & 0 & N_j & 0 & N_k & 0 \\ 0 & N_i & 0 & N_j & 0 & N_k \end{bmatrix} \begin{Bmatrix} u_i \\ v_i \\ u_j \\ v_j \\ u_k \\ v_k \end{Bmatrix} = \begin{bmatrix} N_i & 0 & N_j & 0 & N_k & 0 \\ 0 & N_i & 0 & N_j & 0 & N_k \end{bmatrix} \{\underline{u}\} \tag{12-2}$$

（3）单元的应变、应力，利用式（12-1）不难求得：

$$\begin{Bmatrix} \varepsilon_x \\ \varepsilon_y \\ \varepsilon_{xy} \end{Bmatrix} = \begin{bmatrix} \frac{\partial}{\partial x} & 0 \\ 0 & \frac{\partial}{\partial y} \\ \frac{\partial}{\partial y} & \frac{\partial}{\partial x} \end{bmatrix} \begin{Bmatrix} u \\ v \end{Bmatrix} = \begin{bmatrix} \frac{\partial}{\partial x} & 0 \\ 0 & \frac{\partial}{\partial y} \\ \frac{\partial}{\partial y} & \frac{\partial}{\partial x} \end{bmatrix} \begin{bmatrix} N_i & 0 & N_j & 0 & N_k & 0 \\ 0 & N_i & 0 & N_j & 0 & N_k \end{bmatrix} \{\underline{u}\}$$

$$= \frac{1}{2\Delta} \begin{bmatrix} b_i & 0 & b_j & 0 & b_k & 0 \\ 0 & c_i & 0 & c_j & 0 & c_k \\ c_i & b_i & c_j & b_j & c_k & b_k \end{bmatrix} \{\underline{u}\} = [B]\{\underline{u}\}$$

$$\begin{Bmatrix} \sigma_x \\ \sigma_y \\ \sigma_{xy} \end{Bmatrix} = [E] \begin{Bmatrix} \varepsilon_x \\ \varepsilon_y \\ \varepsilon_{xy} \end{Bmatrix} = [E][B]\{\underline{u}\} \tag{12-3}$$

其中，

$$[B] = \frac{1}{2\Delta} \begin{bmatrix} b_i & 0 & b_j & 0 & b_k & 0 \\ 0 & c_i & 0 & c_j & 0 & c_k \\ c_i & b_i & c_j & b_j & c_k & b_k \end{bmatrix} \tag{12-4}$$

在假定单元内位移场 u，v 是 x，y 的一次函数的前提下，单元内的应变和应力将是常数，故这种单元又称为常应变三角元。

（4）为了在单元内构成均匀应力场，必须在单元的各边施加均布载荷，它们的合力一定作用在各边的中点，如图 12-6(a) 所示。再将各边上的合力平分到各边的两点结点，由图 12-6(b) 不难得出：

$$p_i = \frac{1}{2}(F_{1x} + F_{3x}) = \frac{t}{2}[(y_j - y_i)\sigma_x + (x_i - x_j)\tau_{xy} - (y_k - y_j)\sigma_x - (x_i - x_k)\tau_{xy}]$$

$$= \frac{t}{2}[(y_j - y_k)\sigma_x + (x_k - x_j)\tau_{xy}]$$

$$= \frac{t}{2}(b_i\sigma_x + c_i\tau_{xy})$$

类似可求得 q_i、p_j、q_j、p_k、q_k，并可合并写成：

$$\begin{Bmatrix} p_i \\ q_i \\ p_j \\ q_j \\ p_k \\ q_k \end{Bmatrix} = \frac{t}{2} \begin{bmatrix} b_i & 0 & c_i \\ 0 & c_i & b_i \\ b_j & 0 & c_j \\ 0 & c_j & b_j \\ b_k & 0 & c_k \\ 0 & c_k & b_k \end{bmatrix} \begin{Bmatrix} \sigma_x \\ \sigma_y \\ \tau_{xy} \end{Bmatrix} = t\Delta[B]^{\mathrm{T}} \begin{Bmatrix} \sigma_x \\ \sigma_y \\ \tau_{xy} \end{Bmatrix} = t\Delta[B]^{\mathrm{T}}[E][B]\{\underline{u}\}$$

根据单元刚度矩阵 $[k]$ 的直观意义，常应变三角元的单元刚度矩阵即为：

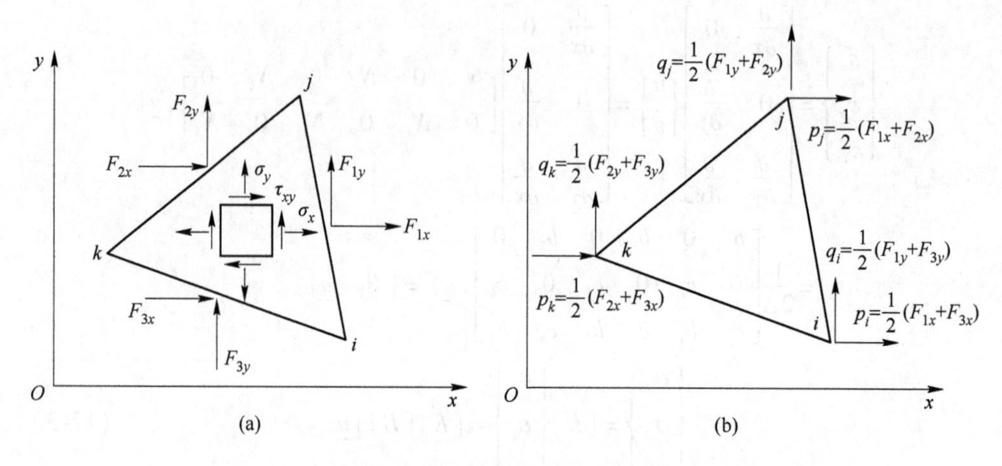

图 12-6　常应变三角元

（a）合力作用在各边的中点；（b）合力作用在各边的两点结点

$$[k]=[B]^{\mathrm{T}}[E][B]\cdot\Delta\cdot t \tag{12-5}$$

（5）单元①和②的边上作用着均布的外载荷，可以把它们的合力平分到两个结点，如图 12-7 所示。

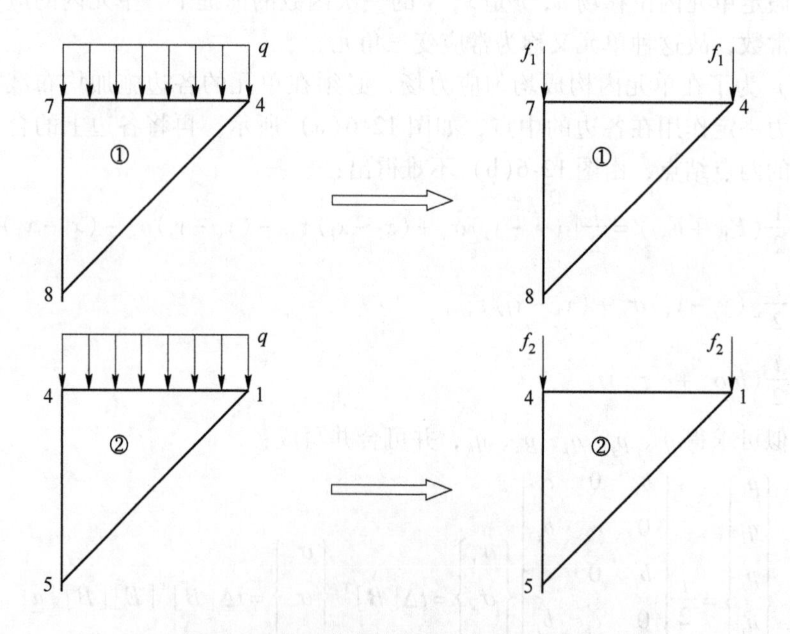

图 12-7　均匀载荷转为集中载荷的示意图

$$f_1=\frac{t}{2}q(x_4-x_7)$$

$$f_2 = \frac{t}{2} q(x_1 - x_4)$$

(6) 为了组装总体刚度矩阵，每个单元还应形成一个数组 LM。元素 LM(1)~LM(6) 分别为 u_i、v_i、u_j、v_j、u_k、v_k 在总体自由度中的序号。

由于单元的结点位移和结点力都是用总体坐标描述的，因此单元刚度矩阵不必再进行坐标变换。

(7) 组装总体刚度矩阵和载荷向量，为了实现位移约束条件：

$$u_7 = v_7 = u_8 = v_8 = u_9 = v_9 = 0$$

这些自由度对应的行和列可以不必组装，总体平衡方程为：

$$[K]\{U\} = \{F\} \tag{12-6}$$

其中，非约束自由度位移为：

$$\{U\} = \{u_1 \quad v_1 \quad u_2 \quad v_2 \quad u_3 \quad v_3 \quad u_4 \quad v_4 \quad u_5 \quad v_5 \quad u_6 \quad v_6\}^{\mathrm{T}}$$

相应自由度的载荷向量为：

$$\{F\} = \{0 \quad -f_2 \quad 0 \quad 0 \quad 0 \quad 0 \quad 0 \quad -(f_1 + f_2) \quad 0 \quad 0 \quad 0 \quad 0\}^{\mathrm{T}}$$

解方程式（12-6）可得到各非约束自由度的位移，再由式（12-3）可求得各单元的应力。

12.4 结　　论

有限元法在多个领域得到了广泛的应用。例如，在汽车设计中，工程师利用有限元法模拟碰撞情境，预测车体在碰撞过程中的应力分布，从而优化设计，提高安全性。在航空航天领域，有限元法用于分析飞机机翼的疲劳寿命，确保结构的可靠性。此外，在土木工程中，有限元法被用来评估桥梁和建筑物的抗震性能。在生物医学领域，它可以用于模拟生物材料的力学行为，帮助开发新型医疗器械。

有限元法通过将复杂问题分解为简单的单元，为科学和工程领域提供了一种强大的分析工具，灵活性和高精度使其成为解决实际工程问题的理想选择。随着计算机技术的发展，有限元法的应用范围和精度也在不断提升，推动着科学与工程的进步。未来，随着人工智能和机器学习的结合，有限元法有望实现更高效的自动化建模和优化分析。

参 考 文 献

[1] ZIENKIEWICZ O C, TAYLOR R L. The Finite Element Method [M]. McGraw-Hill, New York, 1989.

[2] BATHE K J. Finite Element Procedures [M]. Prentice Hall, New York, 1996.

[3] REDDY J N. An Introduction to the Finite Element Method [M]. 3rd Edition. McGraw Hill

2nc. , New York, 2006.
[4] BELYTSCHKO T, LIU W K, MORAN B. Nonlinear Finite Elements for Continua and Structures [M]. John Wiley & Sons, New York, 2000.

13 通过斯托克斯三大假设导出 N-S 方程

纳维-斯托克斯方程（Navier-Stokes Equations，简称 N-S 方程）作为流体力学中的基石，描述了黏性流体在复杂环境中的运动规律。本章旨在通过斯托克斯提出的三大假设，详细推导 N-S 方程，并探讨其在不同领域的应用。斯托克斯的三大假设为理解黏性流体运动提供了理论框架，对于流体动力学的深入研究具有重要意义。

13.1 概　　述

纳维-斯托克斯方程自 19 世纪中期被提出以来，已成为流体力学领域不可或缺的工具。这些方程不仅适用于描述气体和液体的流动，还在航空航天、气象学、生物医学工程等领域发挥着重要作用。斯托克斯在构建 N-S 方程时，提出了三大关键假设，这些假设为方程的建立提供了理论支撑。本节将从斯托克斯的三大假设出发，详细推导 N-S 方程。

思路分析如下：

（1）微团受力分析是弹性力学的内容，流体的研究是从固体开始的，抓住从熟悉的对象拓展到不熟悉的对象；

（2）角变形速度是对牛顿内摩擦定律（也叫黏性定律）的解剖，黏性定律的速度梯度，实质是角变形率；

（3）弹性力学直接用于流体，尽管方程正确，但不方便人们理解，也不利于进一步深究，为此斯托克斯改造牛顿内摩擦定律，让它具有大家可以接受的基本假设，从基本假设可以推出广义黏性定律；

（4）纳维方程是利用弹性力学的思想（归根到底也是牛顿第二定律在固体中的应用），但考虑了欧拉法框架下的全加速度，这个固体不同（固体的加速度为0）；

（5）广义黏性定律（流体）代入纳维方程，便得到 N-S 方程。

13.2 导出过程

13.2.1 微团受力分析

在流体力学中，流体微团的受力状态是理解和描述流体运动规律的基础。流体微团作为流体运动的基本单元，其受力情况直接决定了流体的运动特性。对流体微团的受力状态进行全面分析，一般有体积力和表面力两个角度。

（1）体积力。体积力是作用在流体微团内每个质点上的力，无需接触即可产生作用效果，如重力和电磁力等。

1）重力。重力是地球对流体微团中每个质点的吸引作用，其大小与质点的质量成正比，方向竖直向下。在流体中，重力通过流体的质量分布影响流体的整体运动，如形成自然对流等。

2）电磁力。在某些特定条件下，如电磁流体动力学（MHD）中，电磁力也会显著影响流体微团的受力状态。电磁力通过流体中的电荷和电流与电磁场的相互作用产生，可以显著改变流体的运动轨迹和速度分布。

（2）表面力。表面力是直接作用在流体微团外表面的接触力，包括压力和黏性力两种。

1）压力。压力是由周围流体对流体微团的挤压作用产生的，与流体是否运动及流体是否具有黏性无关。压力是一个标量，其作用效果是沿法向挤压流体微团。在流体中，压力分布的不均匀性会导致流体的流动和变形。

2）黏性力。黏性力是由于流体黏性的存在而产生的力，当相邻流体微团之间存在相对运动时，黏性力会促使流体微团发生变形。黏性力在流体微团表面的切向分量为剪应力，法向分量为正应力。在大多数黏性流动中，正应力相比于剪应力要小得多，因此常被忽略。

① 剪应力。剪应力是黏性力在流体微团表面的切向分量，它促使流体微团在平行于接触面的方向上发生相对运动。剪应力的大小与流体的黏性、相对速度以及接触面的几何特性有关。

② 正应力。正应力是黏性力在流体微团表面的法向分量，虽然其值相对较小，但在某些特定条件下仍不可忽视。因此，正应力主要影响流体微团的压缩和膨胀行为。

如图 13-1 所示，把所有黏性力写成张量形式如下：

$$P = \begin{bmatrix} \sigma_{xx} & \tau_{xy} & \tau_{xz} \\ \tau_{yx} & \sigma_{yy} & \tau_{yz} \\ \tau_{zx} & \tau_{zy} & \sigma_{zz} \end{bmatrix}$$

根据力矩平衡，可以推出切应力互等定律：

$$\tau_{xy} = \tau_{yx}, \quad \tau_{xz} = \tau_{zx}, \quad \tau_{yz} = \tau_{zy}$$

即 P 的九个分量中只有六个是独立的分量。

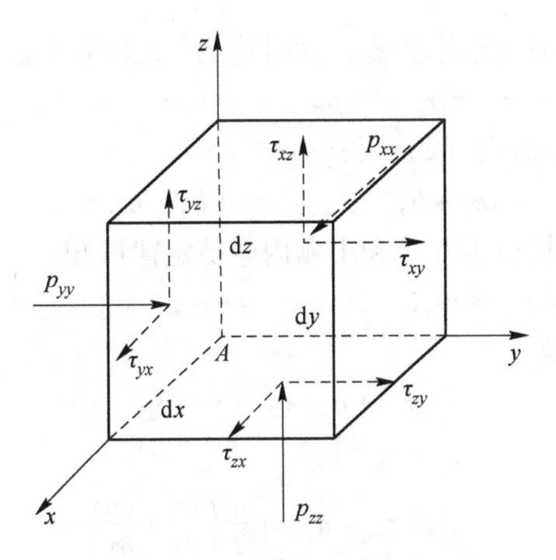

图 13-1 流体微团的受力状态图

13.2.2 角变形速度的本质

从图 13-2 可以看出：

$$\frac{\mathrm{d}u}{\mathrm{d}y}=\frac{\mathrm{d}u\cdot\mathrm{d}t}{\mathrm{d}y\cdot\mathrm{d}t}=\frac{ED'}{A'E}\cdot\frac{1}{\mathrm{d}t}=\frac{\tan(\mathrm{d}\theta)}{\mathrm{d}t}\approx\frac{\mathrm{d}\theta}{\mathrm{d}t}$$

因此，速度梯度等于角变形率。

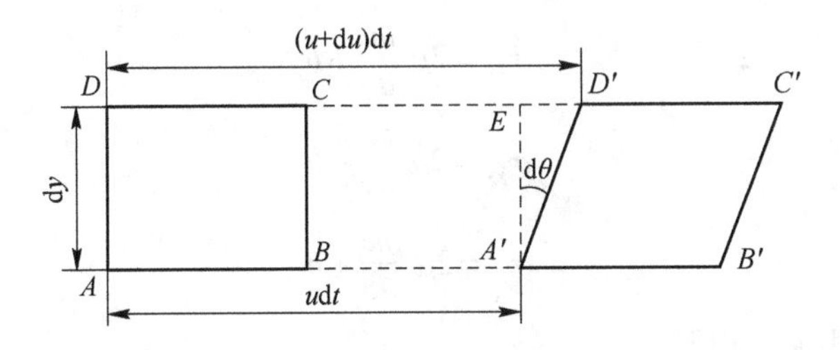

图 13-2 角变形速度和速度梯度

根据牛顿黏性定律，有：

$$\tau_{yx}=\tau_{xy}=\mu\frac{\partial u}{\partial y}$$

因此，我们知道速度梯度和黏性力成正比关系。

13.2.3 斯托克斯假设及其结果——广义牛顿黏性定律

斯托克斯做了三大假设：

（1）黏性应力与变形率之间呈线性关系；

（2）流体是各向同性的，即应力与变形率之间的关系与方向无关；

（3）当流体静止时变形率为零，此时应力-变形率关系给出的正应力就是流体的静压强 p，即 $\sigma_{xx}=\sigma_{yy}=\sigma_{zz}=-p$。

联合假设（1）和假设（2），得到：

$$\sigma_{xx}=a\varepsilon_x+b,\quad \sigma_{yy}=a\varepsilon_y+b,\quad \sigma_{zz}=a\varepsilon_z+b$$

联合假设（2）、切应力互等和牛顿内摩擦定律可知：

$$\tau_{xy}=\tau_{yx}=a\gamma_z,\quad \tau_{yz}=\tau_{zy}=a\gamma_x,\quad \tau_{xz}=\tau_{zx}=a\gamma_y$$

流体动压强的定义：

$$\sigma_{xx}+\sigma_{yy}+\sigma_{zz}=-3p$$

由于

$$\tau_{xy}=\tau_{yx}=a\gamma_z=\frac{a}{2}\left(\frac{\partial v}{\partial x}+\frac{\partial u}{\partial y}\right)$$

$$\tau_{yx}=\tau_{xy}=\mu\frac{\partial u}{\partial y}$$

$$a=2\mu$$

代入正应力本构方程，得：

$$\sigma_{xx}=a\varepsilon_x+b$$
$$\sigma_{yy}=a\varepsilon_y+b$$
$$\sigma_{zz}=a\varepsilon_z+b$$

得到：

$$\sigma_{xx}=2\mu\frac{\partial u}{\partial x}+b$$

$$\sigma_{yy}=2\mu\frac{\partial v}{\partial y}+b$$

$$\sigma_{zz}=2\mu\frac{\partial w}{\partial z}+b$$

以上三式相加，得到：

$$\sigma_{xx}+\sigma_{yy}+\sigma_{zz}=2\mu\left(\frac{\partial u}{\partial x}+\frac{\partial v}{\partial y}+\frac{\partial w}{\partial z}\right)+3b$$

根据动压强的定义：

$$\sigma_{xx}+\sigma_{yy}+\sigma_{zz}=-3p$$

可知：

$$b=-p-\frac{2}{3}\mu\left(\frac{\partial u}{\partial x}+\frac{\partial v}{\partial y}+\frac{\partial w}{\partial z}\right)$$

将上式代入正应力本构方程，得：

$$\sigma_{xx}=a\varepsilon_x+b$$
$$\sigma_{yy}=a\varepsilon_y+b$$
$$\sigma_{zz}=a\varepsilon_z+b$$

得到：

$$\sigma_{xx} = -p + 2\mu \frac{\partial u}{\partial x} - \frac{2}{3}\mu\left(\frac{\partial u}{\partial x} + \frac{\partial v}{\partial y} + \frac{\partial w}{\partial z}\right)$$

$$\sigma_{yy} = -p + 2\mu \frac{\partial v}{\partial y} - \frac{2}{3}\mu\left(\frac{\partial u}{\partial x} + \frac{\partial v}{\partial y} + \frac{\partial w}{\partial z}\right)$$

$$\sigma_{zz} = -p + 2\mu \frac{\partial w}{\partial z} - \frac{2}{3}\mu\left(\frac{\partial u}{\partial x} + \frac{\partial v}{\partial y} + \frac{\partial w}{\partial z}\right)$$

$$\tau_{xy} = \tau_{yx} = \mu\left(\frac{\partial v}{\partial x} + \frac{\partial u}{\partial y}\right)$$

$$\tau_{yz} = \tau_{zy} = \mu\left(\frac{\partial w}{\partial y} + \frac{\partial v}{\partial z}\right)$$

$$\tau_{xz} = \tau_{zx} = \mu\left(\frac{\partial w}{\partial x} + \frac{\partial u}{\partial z}\right)$$

上面就是广义内摩擦定律。

当流体不可压缩时，广义内摩擦定律变为：

$$\sigma_{xx} = -p + 2\mu \frac{\partial u}{\partial x}$$

$$\sigma_{yy} = -p + 2\mu \frac{\partial v}{\partial y}$$

$$\sigma_{zz} = -p + 2\mu \frac{\partial w}{\partial z}$$

$$\tau_{xy} = \tau_{yx} = \mu\left(\frac{\partial v}{\partial x} + \frac{\partial u}{\partial y}\right)$$

$$\tau_{yz} = \tau_{zy} = \mu\left(\frac{\partial w}{\partial y} + \frac{\partial v}{\partial z}\right)$$

$$\tau_{xz} = \tau_{zx} = \mu\left(\frac{\partial w}{\partial x} + \frac{\partial u}{\partial z}\right)$$

13.2.4 纳维方程

由于流体微元足够小，速度和黏性力等函数的泰勒展开后，可以近似只取一阶项。

根据图 13-3，分析 x 方向上的受力情况。

面积力为：

$$\left(\sigma_{xx} + \frac{\partial \sigma_{xx}}{\partial x}\mathrm{d}x\right)\mathrm{d}y\mathrm{d}z - (\sigma_{xx})\mathrm{d}y\mathrm{d}z + \left(\tau_{yx} + \frac{\partial \tau_{yx}}{\partial y}\mathrm{d}y\right)\mathrm{d}x\mathrm{d}z - (\tau_{yx})\mathrm{d}x\mathrm{d}z +$$
$$\left(\tau_{zx} + \frac{\partial \tau_{zx}}{\partial z}\mathrm{d}z\right)\mathrm{d}x\mathrm{d}y - (\tau_{zx})\mathrm{d}x\mathrm{d}y = \left(\frac{\partial \sigma_{xx}}{\partial x} + \frac{\partial \tau_{yx}}{\partial y} + \frac{\partial \tau_{zx}}{\partial z}\right)\mathrm{d}x\mathrm{d}y\mathrm{d}z$$

体积力为：

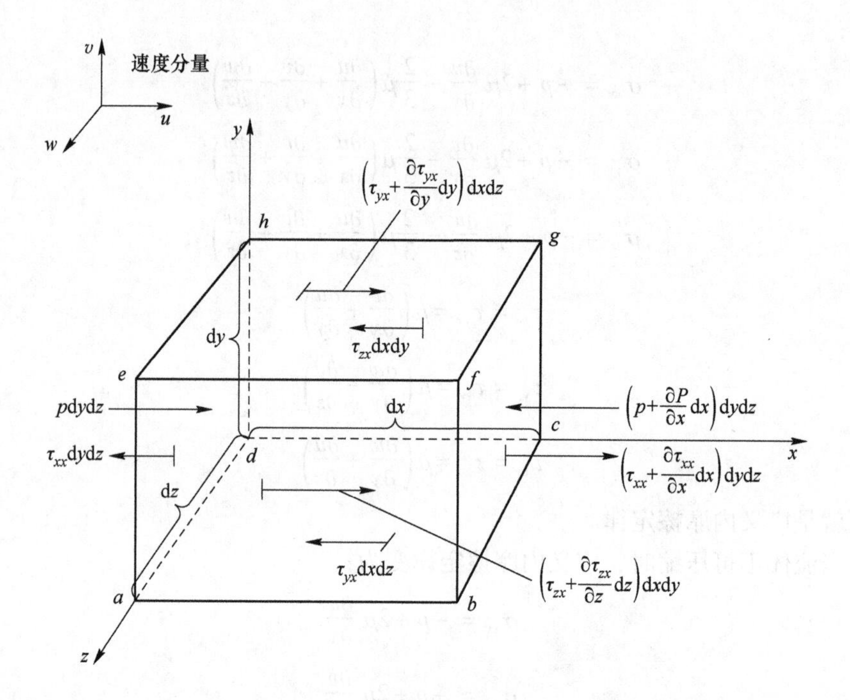

图 13-3　黏性力的泰勒展开

$$f_x \rho \mathrm{d}x\mathrm{d}y\mathrm{d}z$$

合力为：

$$\rho \mathrm{d}x\mathrm{d}y\mathrm{d}z \frac{\mathrm{d}u}{\mathrm{d}t}$$

建立平衡方程：

$$\rho \mathrm{d}x\mathrm{d}y\mathrm{d}z \frac{\mathrm{d}u}{\mathrm{d}t} = f_x \rho \mathrm{d}x\mathrm{d}y\mathrm{d}z + \left(\frac{\partial \sigma_{xx}}{\partial x} + \frac{\partial \tau_{yx}}{\partial y} + \frac{\partial \tau_{zx}}{\partial z}\right)\mathrm{d}x\mathrm{d}y\mathrm{d}z$$

化简得到：

$$\frac{\mathrm{d}u}{\mathrm{d}t} = f_x + \frac{1}{\rho}\left(\frac{\partial \sigma_{xx}}{\partial x} + \frac{\partial \tau_{yx}}{\partial y} + \frac{\partial \tau_{zx}}{\partial z}\right)$$

上式就是流体力学平衡方程，也叫纳维方程。

13.2.5　广义内摩擦定律代入到纳维方程，得出 N-S 方程

把广义内摩擦定律代入到纳维方程，得出 N-S 方程为：

$$\rho\left(\frac{\partial u}{\partial t} + u\frac{\partial u}{\partial x} + v\frac{\partial u}{\partial y} + w\frac{\partial u}{\partial z}\right) = \rho f_x - \frac{\partial p}{\partial x} + \eta\left(\frac{\partial^2 u}{\partial x^2} + \frac{\partial^2 u}{\partial y^2} + \frac{\partial^2 u}{\partial z^2}\right) + \eta\left(\frac{\partial u}{\partial x} + \frac{\partial u}{\partial y} + \frac{\partial u}{\partial z}\right)$$

这四项分别表示为：蓄积项 + 对流项 = 源项 + 扩散项。

若流体不可压缩，则有：

$$\rho\left(\frac{\partial u}{\partial t}+u\frac{\partial u}{\partial x}+v\frac{\partial u}{\partial y}+w\frac{\partial u}{\partial z}\right)=\rho f_x-\frac{\partial p}{\partial x}+\eta\left(\frac{\partial^2 u}{\partial x^2}+\frac{\partial^2 u}{\partial y^2}+\frac{\partial^2 u}{\partial z^2}\right)$$

13.3 结 论

本章通过斯托克斯的三大假设详细推导了 N-S 方程，并探讨了其在不同领域的应用。N-S 方程作为流体力学中的基本方程，不仅揭示了黏性流体运动的基本规律，还为众多工程和科学问题的解决提供了有力工具。然而，关于 N-S 方程的全局解和湍流问题仍需进一步深入研究。

参 考 文 献

[1] RHYMING, INGE L. Dynamique Des Fluides [M]. Presses Polytechniques et Universitaires Romandes, 1991.

[2] SMITS, ALEXANDER J. A Physical Introduction to Fluid Mechanics [M]. Wiley, 1991.

[3] TEMAM, ROGER. Navier-Stokes Equations: Theory and Numerical Analysis [M]. ACM Chelsea Publishing, 1984.

[4] WHITE, FRANK M. Viscous Fluid Flow [M]. McGraw-Hill, 2006.

[5] 梁铎强. 传输现象 [M]. 北京：冶金工业出版社, 2005.

14　将传统热机抽象为卡诺热机的逻辑

目前热力学教科书几乎都以卡诺循环来定义克劳修斯熵，但大多数教科书只给出了卡诺循环的过程和计算，而没有给出卡诺循环是如何产生的，这给人们理解卡诺循环带来了困难。卡诺循环为什么要这样构造呢？本章探讨了卡诺热机与传统热机的关系，让初学者明白基于卡诺循环提出熵的概念并非偶然，卡诺热机的理想模型来之不易。如果热力学教科书能包含卡诺热机模型的由来，对学生理解卡诺对人类文明的贡献，对熵的定义有更深的理解，将大有裨益。

14.1　简　　介

克劳修斯热力学是开始热力学最自然的方式，许多教科书都以经典热力学的介绍开始。在经典热力学中，最难理解的概念是熵，熵的推导是一个很难掌握的过程。在推导熵时，卡诺热机是一个无法绕过的理想模型。卡诺循环是卡诺热机遵循的特定热力学循环，该循环由四个可逆过程组成：等温膨胀、绝热膨胀、等温压缩和绝热压缩。理解卡诺最初提出这种循环的原因以及卡诺循环的合理性，可能是理解和掌握热质循环的重要前提。

卡诺循环在熵的研究和推导中起着核心作用。卡诺循环的可逆性和效率是建立热与功的关系的关键因素，并为定义和量化熵提供基础。通过分析卡诺循环，可以推导出熵的概念，并了解其对热流方向的影响以及实际热机效率的极限。

此外，卡诺循环的理想化性质使得分析清晰而精确，使其成为理解热力学系统原理和行为的宝贵工具。通过掌握卡诺循环，人们可以打下坚实的热力学基础，从而更深入地理解熵及其在解释物理系统行为方面的重要性。卡诺循环确实是推导熵的重要先决条件，它提供了一个理论框架和模型，有助于建立热力学的基本原理，包括熵的概念及其与热、功和热力学第二定律的关系。

与其他理想模型（如粒子、刚体、理想流体、理想气体、绝对黑体、理想溶液和理想稀溶液）一样，卡诺热机是高度抽象的对象。它们无法用感官直接感知，但它们是客观存在的。理解卡诺提出的卡诺循环背后的基本思想确实是理解和掌握该循环的关键先决条件，它为理解热力学的基本原理及其在热机中的应用提供了依据，并提供了对这些系统的效率和行为的更深入的洞察力。

14.2 热机基本功能及等温可逆膨胀

热机运转的首要条件是吸收热量，其首要功能是做功，体现在卡诺热机的第一个过程，即等温可逆膨胀。

热力学第一定律指出，能量既不能产生也不能消失，只能转移或从一种形式转换为另一种形式。在热机中，这一定律体现在吸热和做功的条件中。

一方面，吸热是指从高温储层吸收热能的过程。在热机中，吸热发生在吸热或膨胀过程中。发动机的工作流体从热储层吸收热量，从而增加其内部能量。

另一方面，功是热机的功能或输出。它是工作流体经历热力学循环时发生的能量转移。当工作流体膨胀并对活塞或涡轮做功时，它会将部分吸收的热能转化为机械功，这些功可用于执行诸如驱动机器或发电等任务。

14.3 飞轮的作用

在某些热机中，飞轮在膨胀、冷却和压缩等各种过程中起着至关重要的作用。在膨胀步骤中，飞轮吸收多余的能量并将其储存为旋转动能。这使得飞轮可以在后续步骤中释放储存的能量，提供额外的动力并保持热机的平稳运行。在冷却步骤中，飞轮继续提供机械能，补偿能量损失并确保热机内部持续的能量转换。在压缩步骤中，飞轮可以返回部分储存的旋转能量，支持压缩过程并提高整体效率。因此，飞轮在某些热机中确实是不可或缺的，它有助于平衡能量波动，保持热机的稳定性并提高其效率。

飞轮在热机中发挥多种功能，因此被视为机器不可或缺的一部分。飞轮的功能包括储存能量、平滑功率输出、提高系统稳定性、协助启动和停止，以及控制速度和负载。

我们也可以反过来看：正是因为飞轮的存在，绝热膨胀和绝热压缩才不可避免，飞轮也为绝热膨胀、等温压缩和绝热压缩提供能量。飞轮起着至关重要的作用，为压缩提供必要的能量，使发动机能够发挥其应有的作用。

14.4 等温可逆压缩和废气排放

与电热机、氢燃料电池和可再生能源热机不同，传统热机（包括蒸汽机和内燃机）必须排放废气。

卡诺热机是热机的理想化模型，可以看作是传统热机（包括蒸汽机和内燃机）的抽象。因此，卡诺热机代表了基于热力学原理的任何热机系统的理论效率上限。

传统热机，例如蒸汽机和内燃机，是实践中存在的特殊类型的热机，在运行过程中会排放废气。

在卡诺循环的等温可逆压缩步骤中，实际上是外部对工作流体做功，导致热机做负功，这意味着热机从环境中吸收功。

在等温压缩过程中，工作流体的内部能量不变，后续步骤中释放的热量可视为对废气排放的影响。由于废气的温度低于第一步中的气体，因此它们无法自动返回热机重新使用，而是与废气一起排放，废气的释放意味着能量损失和热机效率的降低。因此，废气排放的不可避免性与热机效率无法达到100%的事实是一致的。从这个意义上说，废气排放的不可避免性需要卡诺循环中存在第三个过程。

14.5　可逆过程、等温过程、绝热过程

卡诺热机在可逆过程中工作时可达到最大效率。可逆过程可以在不改变系统或其环境的情况下逆转。在可逆过程中，热源和散热器之间的温差保持无限小，从而最大限度地减少热损失。在可逆等温过程中，热量以非常小的温差传递；而在可逆绝热过程中，不与环境进行热交换，以避免能量损失。通过执行这些可逆过程，卡诺热机可达到最大效率，这被称为卡诺效率。

卡诺循环被设定为等温和绝热过程；等温过程和绝热过程是研究得比较深入的两个过程。卡诺循环是一种理论上的热力学循环，由两个可逆过程组成：等温过程和绝热过程，这两个过程是热力学中经常研究和分析的。

14.6　结　论

卡诺热机被认为是热力学中的一个理想模型，它为任何热机可以达到的最大效率提供了理论基准。卡诺热机假设了几个理想条件，例如可逆过程、无内摩擦和完美隔热，而这些条件在实际系统中无法完全实现。

卡诺循环的四个过程是完备的，即充分的，不冗余的，体现了卡诺等人高超的抽象能力。四个过程体现了热机的基本功能和热机建立的两个必要条件，即设置飞轮和排出废气。

热机的基本功能是做功，基本条件是吸热，每一步都体现了能量守恒定律。飞轮在第一步从热机获得能量，在第二、三、四步过程中又回到热机维持做功。飞轮是必不可少的，这种必要性体现在绝热膨胀、等温压缩和绝热压缩中。废气排放是不可避免的，这种必要性体现在卡诺循环的等温压缩中。

探索卡诺热机与其原型之间的关系可能有助于学生理解卡诺循环的动机和意义。通过提供历史背景并强调卡诺对热力学领域的贡献，学生可以更深入地了解卡诺热机模型的发展及其对人类文明的影响。

在热力学教科书中介绍卡诺热机模型的起源可以带来多种好处，它可以让学生理解卡诺循环背后的原因及其在建立热力学基础中的作用。此外，它还可以深入了解熵概念的发展以及它是如何从卡诺循环中推导出来的。这种方法可以促进对热力学的更全面理解，并鼓励学生培养批判性思维技能，学生可以掌握卡诺循环的意义及其与更广泛的热力学领域的相关性。

参考文献

[1] TRUESDELL C. Rational Thermodynamics [M]. Springer, New York, NY, 1984.

[2] AKIH KUMGEH B. Toward improved understanding of the physical meaning of entropy in classical thermodynamics [J]. Entropy, 2016, 18: 270.

[3] XU K, GUO Y, LEI G, et al. A review of flywheel energy storage system technologies [J]. Energies, 2023, 16: 6462.

[4] SAIDUR R, REZAEI M, MUZAMMIL W K, et al. Technologies to recover exhaust heat from internal combustion engines [J]. Renewable and Sustainable Energy Reviews, 2012, 16 (8): 5649-5659.

[5] TAYLOR A M K P. Science review of internal combustion engines [J]. Energy Policy, 2008, 36 (12): 4657-4667.

[6] FEIDT MICHEL. History and prospects of maximum power efficiency for the carnot engine [J]. Entropy, 2017, 19 (7): 369-393.

15 经典热力学重要函数的公理化导出

熵和吉布斯函数的定义是重要内容，为了学习热力学，了解它们的导出是很有必要的。在这方面，传统的热力学教科书对其介绍显得较为分散、繁琐和困难，很多材料工程的大学生无法掌握其脉络。为了改变此情况，本章尝试将熵和吉布斯函数的导出进行公理化，希望它成为材料工程的大学生入门热力学的最佳方法。

15.1 介　　绍

工科大学生，包括材料工程专业的学生，如果抓不住热力学的重点，就无法理解术语的意思，更无法自由地导出熵、吉布斯函数，这样很难入门热力学。为此，我们罗列了必要的术语和公理，公理化地导出熵、克劳修斯不等式、吉布斯函数，让热力学基础成为一个公理化体系，正像欧几里得几何那样。

15.2 术语和公理

（1）状态函数。状态函数是只对平衡状态的体系有确定值，其变化值只取决于系统的始态和终态。状态函数的大小变化不依赖路径，周而复始，其值还原。

（2）热力学封闭系统。它是只有能量和功的交换，没有物质交换的热力学系统。

（3）可逆过程。可逆过程是指体系和环境都能复原的热力学过程。

（4）自发过程。自发过程是不可逆过程的一种，是不需要外界干预就能自动进行的过程。

（5）热力学平衡。热力学上的平衡状态，一般包括压力、温度、化学反应和相变的平衡。

（6）理想气体。理想气体是指气体分子之间没有相互作用力，并且只在碰撞时有力的作用，所以理想气体是不存在分子势能的，它只有分子动能。因为分子动能的大小是受温度所影响的，也就是说，宏观的温度是分子平均动能的标志。或者说，理想气体的内能只是温度的函数。根据分子动理论，理想气体符合以下公式：

$$pV = nRT \tag{15-1}$$

（7）摩尔等容热容。在体积不变的条件下，1 mol 物质温度升高 1 K 时所需吸收的热量，常用符号 $C_{v,m}$ 表示。根据热力学第一定律，物体的内能变化等于等容条件下的交换热：

$$\mathrm{d}U = \mathrm{d}Q_V \tag{15-2}$$

理想气体的摩尔等容热容为：

$$C_{v,m} = \frac{\mathrm{d}Q_V}{n\mathrm{d}T} \tag{15-3}$$

（8）体积功。因体积变化而引起系统与环境间交换的功称为体积功，计算公式为：

$$\mathrm{d}W = -p\mathrm{d}V \tag{15-4}$$

15.3 公　理

（1）热力学第一定律：能量是守恒的，不能创造和消灭，只能从一种状态变成另外一种状态。其数学表达式为：

$$\mathrm{d}U = \mathrm{d}Q - p\mathrm{d}V + \mathrm{d}W' \tag{15-5}$$

式中，W'为非体积功。

（2）热力学第二定律：热不能自发从低温物体传到高温物体。

（3）卡诺热机过程由等温可逆膨胀、绝热可逆膨胀、等温可逆压缩、绝热可逆压缩四个过程组成。卡诺热机过程如图 15-1 所示，其考虑了热力学第一定

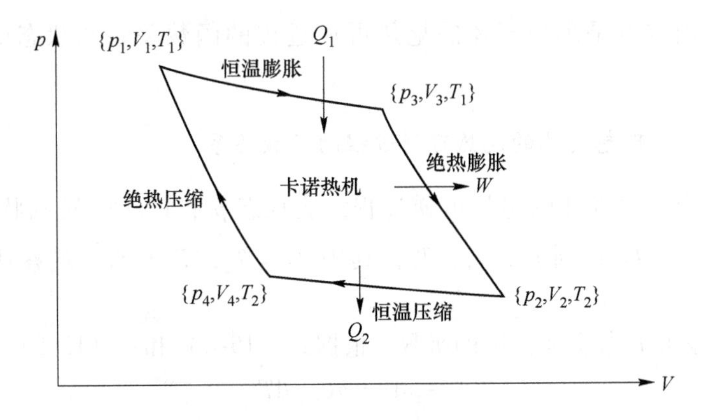

图 15-1　卡诺循环示意图

律、飞轮的必需性、尾气排放的必需性，因此卡诺热机四个步骤可以认为是热机过程的完备描述。

卡诺循环中的可逆过程专指理想气体膨胀或压缩过程的任意瞬间系统压强与外压恒相等。

15.4　熵、吉布斯函数的导出

15.4.1　内能的定义

内能是热力学范围的能量，一般是原子外部的能量，比如键能、分子的动能和势能等，不包括核能及其内部的能量、体系整体动能和在外场下的整体势能。内能是最初的概念，也是最重要的概念之一。

15.4.2　焓的定义

焓 H 的定义如下：

$$H = U + pV \tag{15-6}$$

H 的定义是人为的，仅仅为了方便。

根据式（15-5）和式（15-6），可知：

$$\mathrm{d}H = \mathrm{d}Q_p \tag{15-7}$$

条件：其他种类内能为零，可逆，等压，$W' = 0$。

如果不可逆，显然有：

$$\mathrm{d}H < \mathrm{d}Q_p \tag{15-8}$$

条件：其他种类内能为零，不可逆，等压，$W' = 0$。

15.4.3　熵的定义

熵的导出重点是理想气体的绝热可逆过程的函数关系和状态函数的术语理解。

15.4.3.1　理想气体的绝热可逆过程的函数关系

设想一个理想气体的绝热可逆过程，从状态 p_2，V_2，T_2 转到状态 p_3，V_3，T_3，从 p_4，V_4，T_4 转到 p_1，V_1，T_1，其中 $T_1 = T_2$，$T_3 = T_4$，观察体积之间的关系。

理想气体的内能只是温度的函数。根据式（15-4）和式（15-5）可以得出：

$$-p\mathrm{d}V = nC_{v,m}\mathrm{d}T$$

把式（15-1）代入上式，得：

$$-\frac{nRT}{V}\mathrm{d}V = nC_{v,m}\mathrm{d}T$$

简化得到：

$$-\frac{R}{V}\mathrm{d}V = \frac{C_{v,m}}{T}\mathrm{d}T$$

对于绝热可逆膨胀过程有：

$$\int_{V_2}^{V_3} -\frac{R}{V}\mathrm{d}V = \int_{T_2}^{T_3}\frac{C_{v,m}}{T}\mathrm{d}T$$

对于绝热可逆压缩过程有：

$$\int_{V_4}^{V_1} -\frac{R}{V}\mathrm{d}V = \int_{T_4}^{T_1}\frac{C_{v,m}}{T}\mathrm{d}T$$

由于 $T_1 = T_2$，$T_3 = T_4$，所以：

$$\int_{V_2}^{V_3} -\frac{R}{V}\mathrm{d}V = \int_{V_4}^{V_1} -\frac{R}{V}\mathrm{d}V$$

$$\int_{V_2}^{V_3} -\frac{1}{V}\mathrm{d}V = -\int_{V_4}^{V_1} -\frac{1}{V}\mathrm{d}V$$

$$\int_{V_2}^{V_3} \frac{1}{V}\mathrm{d}V = \int_{V_1}^{V_4}\frac{1}{V}\mathrm{d}V$$

$$\ln\frac{V_3}{V_2} = \ln\frac{V_4}{V_1}$$

最终：

$$\frac{V_2}{V_1} = \frac{V_3}{V_4} \tag{15-9}$$

15.4.3.2 卡诺循环

A 绝热可逆膨胀和绝热可逆压缩过程

根据 15.4.3.1 节，体积功公式的原函数相同，只是上下限正好相反，所以绝热可逆膨胀和绝热可逆压缩所做的功正好相互抵消。因此，理想气体的热容不是常数。

B 理想气体的绝热膨胀过程和绝热压缩过程

根据 $-p\mathrm{d}V = nC_{v,m}\mathrm{d}T$，两个绝热过程做的体积功大小是一样的，只是一个是正功、一个是负功。

另外，根据式（15-4）可知，体积功的原函数是一样的，都是 $-nRT\ln V$，因此得：

$$\eta = \frac{W}{Q_h} = \frac{Q_h + Q_l}{Q_h} = \frac{\int_{V_1}^{V_2} (-nRT)\,\mathrm{d}\ln V + \int_{V_3}^{V_4} (-nRT)\,\mathrm{d}\ln V + W_{2\to3} + W_{4\to1}}{\int_{V_1}^{V_2} (-nRT)\,\mathrm{d}\ln V}$$

$$= \frac{\int_{V_1}^{V_2} T_h \mathrm{d}\ln V + \int_{V_3}^{V_4} T_l \mathrm{d}\ln V}{\int_{V_1}^{V_2} T_h \mathrm{d}\ln V} = \frac{T_h - T_l}{T_h}$$

$$\frac{Q_h}{T_h} + \frac{Q_l}{T_l} = 0 \tag{15-10}$$

15.4.3.3　任意可逆循环都可由一系列卡诺循环组成

如图 15-2 所示，任意可逆循环都可由一系列卡诺循环组成。

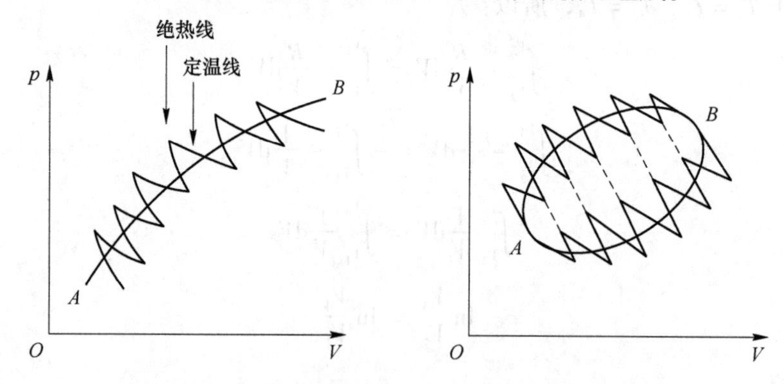

图 15-2　任意可逆循环都可由一系列卡诺循环组成

任意一个小的卡诺循环，都有：

$$\frac{\mathrm{d}Q_h}{T_h} + \frac{\mathrm{d}Q_l}{T_l} = 0 \tag{15-11}$$

所以，只要是可逆循环，有 $\int \frac{\mathrm{d}Q}{T} = 0$。

由于路径是任意的，因此 $\int \frac{\mathrm{d}Q}{T}$ 的值不依赖路径，是一个状态函数的差值。因此可以定义出熵 S，其中：

$$\mathrm{d}S = \frac{\mathrm{d}Q}{T} \quad （可逆） \tag{15-12}$$

15.4.4　吉布斯函数的定义

15.4.4.1　卡诺定理的意义

卡诺定理表明，实际的热机效率更低，这表明热耗散是不可避免的。那么相对于可逆热机，不可逆热机的 Q_h 变小了，同时 Q_l 变得更负。

$$\left(\frac{\mathrm{d}Q_h}{T_h}+\frac{\mathrm{d}Q_l}{T_l}\right)_{Inv}<\left(\frac{\mathrm{d}Q_h}{T_h}+\frac{\mathrm{d}Q_l}{T_l}\right)_v=0$$

因此

$$\mathrm{d}S>\frac{\mathrm{d}Q}{T}\quad（不可逆）\tag{15-13}$$

15.4.4.2 克劳修斯定理

根据式（15-12）和式（15-13），克劳修斯定理可以被导出来。

$\mathrm{d}S\geqslant\frac{\mathrm{d}Q}{T}$，其中等于表示可逆过程，大于号表示不可逆过程（包括自发过程）。

15.4.4.3 吉布斯函数的定义

（1）在实际应用中，很多是等温等压过程，若不考虑非体积功 W'。

1）可逆过程中，根据式（15-12），$T\mathrm{d}S=\mathrm{d}Q$，所以 $\mathrm{d}(TS)=\mathrm{d}Q$。再根据式（15-7），因此，$\mathrm{d}(TS)=\mathrm{d}H$，$d(H-TS)=0$。

2）不可逆过程中，根据式（15-13），$T\mathrm{d}S>\mathrm{d}Q$，所以 $\mathrm{d}(TS)>\mathrm{d}Q$。再根据式（15-2），$\mathrm{d}(TS)>\mathrm{d}Q>\mathrm{d}H$，所以 $\mathrm{d}(TS)>\mathrm{d}H$，$\mathrm{d}(H-TS)<0$。

定义

$$G=H-TS\tag{15-14}$$

$$\mathrm{d}G\leqslant0\quad（等压，等温）\tag{15-15}$$

（2）若考虑非体积功，根据式（15-5）、式（15-6）、式（15-14）、式（15-15）可知：

$$\mathrm{d}(G+W')\leqslant0$$

$\mathrm{d}G\leqslant\mathrm{d}(-W')$，即：

$$-\mathrm{d}G\geqslant\mathrm{d}W'\tag{15-16}$$

式（15-16）表明，体系向外做功的能力，小于吉布斯能的降低，极限是吉布斯能的降低。

15.5 讨　　论

（1）术语的理解和数学的运用是前提。几个术语，比如状态函数、封闭系统、可逆过程、自发过程、热力学平衡、理想气体，不好理解，理解这些术语是入门物理化学的前提。

（2）难点是绝热过程的函数关系，本书简化了推导步骤，让学生理解起来比较顺利。

（3）重点是卡诺循环。绝热对消是容易理解的，但 $\frac{V_2}{V_1}=\frac{V_3}{V_4}$ 的比值，需要绝热过程的函数关系。

（4）和吉布斯函数的定义一样，亥姆霍兹函数更多是针对定容问题。

15.6　结　　论

（1）类似一个公理化的推导，学生容易接受。

（2）简洁的内容，学生更容易抓住重点。热力学最容易入门的是方法，有了方程之后，解方程的问题就容易了。

参考文献

[1] CLERK MAXWELL, JAMES, et al. Theory of Heat [M]. Mineola: Dover Publications, 2001: 115-158.

[2] PLANCK M. Treatise on Thermodynamics [M]. Dover Publications, 1945.

[3] RUDOLF CLAUSIUS. The Mechanical Theory of Heat: With Its Applications to the Steam-engine and to the Physical Properties of Bodies [M]. J. Van Voorst, 1867.

[4] FERMI E. Thermodynamics [M]. Dover Publications (still in print), 1956.

[5] ATKINS PETER, JULIO DE PAULA. Physical Chemistry [M]. 8th ed. Oxford University Press, 2006.

[6] ENGEL THOMAS, PHILIP REID. Physical Chemistry [M]. Pearson Benjamin Cummings, 2006.

[7] 印永嘉. 物理化学简明教程 [M]. 4 版. 北京：高等教育出版社，2009.

16　从阿伦尼乌斯方程到最快熵增的观点

本章回顾并宽松地证明了广泛应用于各学科的阿伦尼乌斯方程，并由此提出了这样的观点：在任何时刻，精心选择系统的熵以最大速度增加，以下简称为最快的熵增加。第一，我们可以通过大量的例子证明阿伦尼乌斯方程是普遍适用的，这种普遍适用性让人想起其相关的普遍定理，例如熵增原理和平稳作用原理。第二，通过比较艾林方程并利用马尔可夫过程对阿伦尼乌斯方程进行松散证明。第三，通过楞次定律和电化学沉淀的例子，我们提出了熵增最快的观点。最后，分析了最快熵增观的应用。

16.1　阿伦尼乌斯方程的普遍适用性

真正的宏观物理过程可以认为是由扩散和反应两种基本机制组成。扩散是指物质自发地从空间中高浓度区域向低浓度区域扩散的过程。反应是指物质之间发生的化学或物理变化，如化学反应、核反应等。这两种机制共同作用可以解释许多宏观现象，如物质的传递、混合、反应速率等。

在扩散和反应中，阿伦尼乌斯方程被广泛使用，见表16-1。

表16-1　阿伦尼乌斯方程的应用

序号	应　　用
1	化学动力学速率，包括生化反应、环境化学反应、电化学
2	晶体空位的产生率
3	蠕变率
4	hasse 变化率
5	随温度变化的扩散系数
6	黏度随温度的变化
7	溶解度随着温度的变化
8	复杂的生物过程，如青蛙和果蝇胚胎发生
9	固体缺陷随温度变化的退火

续表 16-1

序号	应　用
10	随温度变化而磨损
11	固体中核径迹的退火
12	非晶化动力学
13	松弛动力学
14	汽化转变
15	蒸气压
16	介电弛豫比
17	水解降解
18	解吸
19	电导率扩散

在上述研究中，发现许多反应和扩散都符合阿伦尼乌斯方程。艾森伯格等人发现扩散可以看作是一种特殊的反应，因此在本书中我们将扩散视为一种反应。

阿伦尼乌斯方程的普适性间接支持了从宏观角度来看，扩散可以被视为描述物质传输的反应过程。扩散可以看作是一种特殊的运动过程，类似于物质分子或粒子在空间中的扩散。在化学中，扩散可以被视为一个反应过程，因为它涉及物质的运动和分子之间的相互作用。

16.2　艾林方程到阿伦尼乌斯方程

阿伦尼乌斯公式是一个经验公式，是对实验结果的拟合，我们尝试做一些松散的证明。首先，我们比较艾林方程和阿伦尼乌斯方程可以认为，艾林方程的推导过程就是阿伦尼乌斯方程的松散求导结果。

阿伦尼乌斯方程和艾林方程并不等价，因此通过艾林方程证明阿伦尼乌斯方程并不严格，但通过比较它们可以得到一些启示。下面简要回顾一下艾林方程的推导。

基元反应 $A + BC \rightarrow AB + C$。在过渡态理论（TST）中，活化分子是在反应物和产物之间的过渡态反应过程中形成的。

$$A + BC \rightleftharpoons A—B—C^{\#} \longrightarrow AB + C$$

艾林认为，利率是：

$$-r_A = v_I K_C^{\#} C_A C_{BC} \tag{16-1}$$

式中，v_I 为激活的复合物穿过屏障的频率；$K_C^{\#}$ 为能垒顶部的伪平衡。

艾林方程表明，反应速率可以用过程终态与初态之间的吉布斯函数差来描述。

阿伦尼乌斯方程和艾林方程都与化学反应速率有关，但它们并不等价。阿伦尼乌斯方程是描述化学反应速率与温度关系的经验公式，其表达式为：

$$k = A \cdot \exp[-E_a/(RT)] \quad (16\text{-}2)$$

式中，k 为反应速率常数；A 为指前因子；E_a 为活化能；R 为气体常数；T 为反应温度。

阿伦尼乌斯方程是基于实验证据的经验规则，适用于描述许多化学反应的温度依赖性。

艾林方程源自统计力学原理，用于描述化学反应速率与温度之间的关系。根据式（16-1），艾林方程的表达式为：

$$k = (k_B T/h) \cdot \exp[-\Delta G/(RT)] \quad (16\text{-}3)$$

式中，k_B 为玻耳兹曼常数；h 为普朗克常数；ΔG 为自由能变化；T 为反应温度。

艾林方程利用统计力学的概念推导出来，可以更准确地描述不同能级下分子的数量分布，从而得到反应速率与温度的关系。

从阿伦尼乌斯公式的微分形式：

$$\frac{\mathrm{d}\ln k}{\mathrm{d}T} = \frac{E_a}{RT^2}$$

可以看出，一个反应的活化能越大，则 k 随温度的变化率也越大；反之，反应的活化能越小，k 随温度的变化率也就越小。

尽管阿伦尼乌斯方程和艾林方程都与反应速率和温度有关，但它们的推导和应用方式不同。阿伦尼乌斯方程是适用于广泛化学反应的经验公式，而艾林方程是基于统计力学的理论推导，可以更准确地描述分子水平上的反应机理。

以上两个方程没有直接关系，一种是经验性的，另一种是理论性的。只是一个经验方程总是希望有一个理论解释；而一个理论方程总是希望有实验验证。因此，经常将这两个方程进行比较来分析和解释一些问题。

两者都与化学速率与温度有关，但它们并不等同，两个应用程序的背景和重点略有不同。阿伦尼乌斯方程主要关注活化能和温度对化学反应速率的影响，通常用于描述在较低温度范围内反应速率的变化。

艾林方程更全面地考虑了活化自由能、温度和量子效应对反应速率的影响，涉及的物理因素较多，尤其是与量子力学相关的物理因素。艾琳方程通常在较高温度范围或考虑更复杂的反应机制时使用。

有人认为吉布斯函数分为两个部分，即焓和熵，这可能有利于函数的测量和计算。然而，我们想象中吉布斯函数的定义，其实是因为吉布斯准则，即恒温恒压下的熵准则。因此，熵比吉布斯函数更重要。

16.3　利用马尔可夫过程不严格证明阿伦尼乌斯方程

用数学方法证明阿伦尼乌斯方程并不严格。但我们相信，由于以下原因，许多扩散和反应都符合这一概率假设。

（1）系统必须是线性的，服从线性数学关系；

（2）系统必须是稳定的，输出必须满足 t 时刻的收敛条件；

（3）系统必须是可观测的，对于给定的可测量输入，可以获得稳定的输出；

（4）系统必须是可控的，在给定输入的情况下可以逐步控制。

阿伦尼乌斯方程用于估计由势垒隔开的两种扩散物质的化学反应速率，推导它相当于考虑这样一个问题：由 ΔE 随机扩散产生的不对称双阱势 $U(X)$ 需要多长时间才能逃脱，如图 16-1 所示。

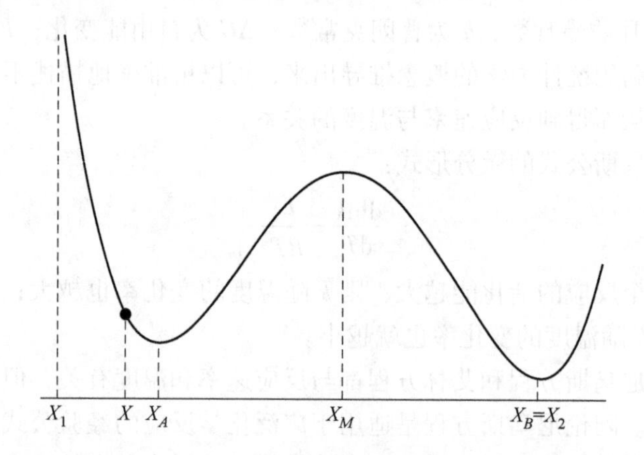

图 16-1　双阱电位示意图 $U(X)$

柯尔莫哥洛夫后向方程中的 $a(X)=-[\mathrm{d}U(X)/\mathrm{d}X]/\tilde{\gamma}X$，并取（为了书写方便，暂时不具体代入）$b^2(X)=2D$，$t_0$ 将导数替换为 t，我们得到：

$$\frac{\partial \boldsymbol{Pt}_{X_0}(t)}{\partial t}=a(X_0)\frac{\partial}{\partial X_0}\boldsymbol{Pt}_{X_0}(t)+D\frac{\partial^2}{\partial X_0^2}\boldsymbol{Pt}_{X_0}(t) \tag{16-4}$$

当然，这意味着 $\boldsymbol{Pt}_{X_0}(t)$ 初始时刻 t_0 的 X_0 粒子 t 时刻仍然处于 $I=[X_1,\ X_2]$ 的可能性。随着时间 T 的推移，逃逸的概率密度 I 表示为 $\prod(T)$，我们有：

$$\boldsymbol{Pt}_{X_0}(t)=\int_t^{+\infty}\mathrm{d}T\prod(T)$$

所以

$$\prod(t)=\frac{\partial \boldsymbol{Pt}_{X_0}(t)}{\partial t}$$

那么平均逃逸时间为：

$$\langle T\rangle = \int_0^{+\infty} \mathrm{d}T \prod(T) T = -\int_0^{+\infty} \mathrm{d}T \frac{\partial \boldsymbol{Pt}_{X_0}(T)}{\partial T} T = \int_0^{+\infty} \mathrm{d}T \boldsymbol{Pt}_{X_0}(T) \prod(T) \tag{16-5}$$

第二个等号是各部分的积分之和 $\boldsymbol{Pt}_{X_0}(+\infty)=0$。对于 t 积分，由 $\boldsymbol{Pt}_{X_0}(t_0)=1$，$\boldsymbol{Pt}_{X_0}(+\infty)=0$ 得：

$$a(X)\frac{\partial}{\partial X}\langle T_I(X)\rangle + D\frac{\partial^2}{\partial X^2}\langle T_I(X)\rangle = -1 \tag{16-6}$$

让

$$\Phi(X) = \exp\left[\frac{1}{D}\int a(X)\mathrm{d}X\right]$$

可以重写为：

$$\frac{\mathrm{d}}{\mathrm{d}X}\left[\Phi(X)\frac{\mathrm{d}\langle T(X)\rangle}{\mathrm{d}X}\right] = -\frac{1}{D}\Phi(X)$$

两边积分：

$$\langle T(X)\rangle = C_1\int^X \mathrm{d}Y\frac{1}{\Phi(Y)} - \frac{1}{D}\int^X \mathrm{d}Y\frac{1}{\Phi(Y)}\int^Y \mathrm{d}Z\Phi(X) + C_2 \tag{16-7}$$

左边界是反光墙：

$$\lim_{X\to X_1^+}\frac{d\langle T(X)\rangle}{\mathrm{d}X} = 0$$

相当于排序 $C_1=0$，取积分下限为 X_1；右边界是吸收墙，$\langle T(X_{\mathrm{B}})\rangle$ 给出 C_2；结合爱因斯坦关系式 $D=T/\tilde{\gamma}$，我们得到：

$$\langle T(X)\rangle = -\frac{1}{D}\int_X^{X_B}\mathrm{d}Y\mathrm{e}^{\frac{U(Y)}{T}}\int_{X_1}^{Y}\mathrm{d}Z\mathrm{e}^{-\frac{U(Z)}{T}} \tag{16-8}$$

第一个积分的主要贡献来自 $Y\sim X_M$，第二个积分的主要贡献来自 $Z\sim X_A$，所以当 $Y\sim X_M$ 是弱依赖 Y 时，可以提出，那么上式就近似为两个积分的直积：

$$\langle T(X)\rangle \simeq -\frac{1}{D}\int_{X_1}^{X_M}\mathrm{d}Y\mathrm{e}^{-\frac{U(Z)}{T}}\int_X^{X_B}\mathrm{d}Z\mathrm{e}^{\frac{U(Y)}{T}} \tag{16-9}$$

然后鞍点近似给出：

$$\langle T\rangle = \frac{2\pi}{\sqrt{-U''(X_A)U''(X_M)}}\frac{T}{D}\mathrm{e}^{\frac{U(X_M)-U(X_A)}{T}} \tag{16-10}$$

那么就有阿伦尼乌斯方程：

$$R\sim\langle T\rangle^{-1}\propto\frac{T}{D}\mathrm{e}^{-\frac{\Delta E}{T}} \tag{16-11}$$

从阿伦尼乌斯方程的松散证明可以看出，方程的条件很容易满足。换句话说，柯尔莫哥洛夫的后向方程适用于连续时间、连续状态的马尔可夫过程。

马尔可夫过程是具有马尔可夫性质的随机过程，这意味着过程的未来状态仅取决于其当前状态，而与其过去状态无关。换句话说，可以仅根据进程的当前状态预测进程的未来行为，此属性通常用于对无记忆行为是合理假设的系统进行建模。

扩散过程（例如布朗运动）可以建模为马尔可夫过程，因为扩散未来状态的概率分布仅取决于其当前位置，并且与过去位置的序列无关。

另外，反应过程涉及化学反应，其行为不仅取决于当前状态，还取决于系统的历史，包括过去的反应事件。虽然在某些情况下反应过程可以建模为马尔可夫模型（例如，假设混合良好且均匀的系统），但当纳入空间异质性、扩散限制或复杂反应动力学等因素时，它们通常会表现出非马尔可夫行为。

总之，虽然扩散过程可以建模为马尔可夫过程，但反应过程是否表现出马尔可夫行为，取决于系统的具体条件和假设。

使用概率证明阿伦尼乌斯方程时，过渡态不是必需的。

16.4　最快熵增加的观点

通过比较艾林方程和阿伦尼乌斯方程的公式，然后通过马尔可夫过程没有严格证明的阿伦尼乌斯公式。我们发现，动力学速率常数实际上与初态和终态的熵密切相关。虽然它们都使用吉布斯函数，但吉布斯准则是等温等压条件下的熵准则，因此熵准则更为本质和基础。

平稳作用原理和熵增原理都是宇宙的普遍规律，熵增的平稳作用应该是可以接受的。我们可以相对安全地提出关于熵的平稳作用原理的观点，即对于宏观过程，当选择合适的系统时，系统的熵总是以最快的路线增加。换句话说，就像最速降线一样，熵沿着最快的路径增加。

下面我们用两个例子来说明这个问题。

根据焦耳-楞次定律，对于并联电路，无论电阻多大或多小，都会有电流流过，但这种电流分布必然使整个电路的发热量最大，对此我们可以考虑作为熵增加最快的速率。这个宏观过程和微观过程的路径是相似的，都是涉及概率的事件。

在电化学沉淀中，我们认为当两种阳离子的电势相等时，它们会一起沉淀。事实上，潜力是相等的，也不是相等的，甚至是相距甚远的。它们都会一起沉淀，但量不同。势，其实就是吉布斯函数，也是一个涉及概率的事件。

为此，我们认为，在宏观过程中，不同路径上都会存在一定的速度，但各种速度的分布是为了使系统的熵增加最快，这个最快速度在任何时刻都有效。这个观点很难验证：一方面，这个系统的选择是困难的；另一方面，系统熵的计算和测量也很困难。因此，从猜测到严格证明还有很长的路要走。

需要注意的是，宏观过程的各个路径和微观过程的各个路径是可以相互比较的，因此费曼积分更多的是配分函数的计算，这种概率问题符合宏观过程的最大熵。

某些过程不符合阿伦尼乌斯方程的原因，包括但不限于非热缺陷、杂质、实验条件和误差。

因为宇宙是由基本粒子组成，受热激活，最可能状态的状态数代表所有状态数基本满足，柯尔莫哥洛夫后向方程很容易满足，所以引入了熵增最快的观点。

16.5 最快熵增观的应用

熵增最快原理的应用非常广泛，我们可以随意举一些例子。

由于电源的频率不同，电磁波传播的路径不同，但最终必须按照空气和电线的一定比例进行传播，因为电力传输效率往往是可控的。这个比例最终使电磁能以最大速率传播，我们可以将其视为最大熵增加速率。

在动量、热量和质量传递中，动量、热量和质量传递可以根据不同的方向，不一定根据最大梯度，各个方向的速度如何分配就是按照熵增最快的方式来分配。

在锻造过程中，能量传递的方向和速度在各个方向上按照一定的比例传递。由于锻造时间往往在一定范围内，所以这个比例必须按照能量的最大速度来传递，我们可以将其视为熵增加最大的速度。

16.6 结　　论

（1）阿伦尼乌斯方程适用于很多扩散过程和反应过程，间接证明扩散可以看作一种特殊的反应过程。

（2）阿伦尼乌斯方程看似是一个速度问题，但实际本质上是一个热力学问题，所以动力学的本质是热力学，或者说动力学是热力学的一部分。

（3）任何时候，精心选择系统的熵都会以最大速度增加，该观点可以解释许多宏观过程。

（4）这个观点有很长的路要走，因为选择合理的系统是困难的，熵的计算和测量也是困难的。

参 考 文 献

[1] QI LE, POKHAREL PREM, CHENGSHENG NI, et al. Biochar changes thermal activation of greenhouse gas emissions in a rice-lettuce rotation microcosm experiment [J]. Journal of Cleaner Production, 2020, 247: 119-148.

[2] MUHAMMAD T, WAQAS H, KHAN S A, et al. Significance of nonlinear thermal radiation in 3D Eyring-Powell nanofluid flow with Arrhenius activation energy [J]. J Therm Anal Calorim, 2021, 143: 929-944.

[3] KEGLEVICH GYÖRGY, KISS NÓRA ZS, MUCSI ZOLTÁN. Milestones in microwave-assisted organophosphorus chemistry [J]. Pure and Applied Chemistry, 2016, 88 (10/11): 931-939.

[4] GUALTIERI A F, FERRARI S. Kinetics of illite dehydroxylation [J]. Physics and Chemistry of Minerals, 2006, 33 (7): 490-501.

[5] L'VOV B V. Fundamental restrictions of the second-law and Arrhenius plot methods used in the determination of reaction enthalpies in decomposition kinetics [J]. Journal of Thermal Analysis and Calorimetry, 2008, 92 (2): 639-642.

[6] PIERRE R BÉRUBÉ, ERIC R HALL. Effects of elevated operating temperatures on methanol removal kinetics from synthetic kraft pulp mill condensate using a membrane bioreactor [J]. Water Research, 2000, 34 (18): 4359-4366.

[7] KIM MIN JUNG, SHIN HYE WON, LEE SEUNG JU. A novel self-powered time-temperature integrator (TTI) using modified biofuel cell for food quality monitoring [J]. Food Control, 2016, 70: 167-173.

[8] AVIZIOTIS IOANNIS G, CHEIMARIOS NIKOLAOS, VAHLAS CONSTANTIN, et al. Experimental and computational investigation of chemical vapor deposition of Cu from Cu amidinate [J]. Surface and Coatings Technology, 2013, 230: 273-278.

[9] JOHNSON RICHARD L, TRATNYEK PAUL G, JOHNSON REID O'BRIEN. Persulfate persistence under thermal activation conditions [J]. Environmental Science & Technology, 2008, 42 (24): 9350-9356.

[10] DU YONGYONG, YANG LIJUN, LIU XIAO, et al. Effect of moisture and thermal degradation on the activation energy of oil-paper insulation in frequency domain spectroscopy measurement [J]. IET Generation, Transmission & Distribution, 2016, 10 (9): 2042-2049.

[11] KHALIFA N, KAOUACH H, ZAGHDOUDI W, et al. Photoluminescence investigations and thermal activation energy evaluation of Fe^{3+}-doped PVA films [J]. Appl. Phys. A, 2015, 120: 1469-1474.

[12] GUERRA J ANDRES, BENZ FELIX, ZANATTA A RICARDO, et al. Concentration quenching and thermal activation of the luminescence from terbium-doped <i>a</i>-SiC: H and <i>c</i>-AlN thin films [J]. Physica Status Solidi (c), 2013, 10 (1): 68-71.

[13] FONTSERÈ A, PÉREZ-TOMÁS A, PLACIDI M, et al. Reverse current thermal activation of AlGaN/GaN HEMTs on Si(111) [J]. Microelectron Reliab, 2012, 52 (11): 2547-2550.

[14] COLLIER VIRGINIA E, ELLEBRACHT NATHAN C, LINDY GEORGE I, et al. Kinetic and mechanistic examination of acid-base bifunctional aminosilica catalysts in aldol and nitroaldol condensationsk [J]. ACS Catalysis, 2015: 460-468.

[15] KATANAHA NIKOLAY A, GETSOV LEONID. Characteristics of creep in conditions of long operation [J]. Materiali in Tehndogije, 2011, 45 (6): 523-527.

[16] JAWAD M, SAEED A, TAZA G, et al. MHD Darcy-forchheimer flow of casson nanofluid due

to a rotating disk with thermal radiation and arrhenius activation energy [J]. Journal of Physics Communications, 2021, 5: 523-527.

[17] ALSAADI F E, ULLAH I, HAYAT T, et al. Entropy generation in nonlinear mixed convective flow of nanofluid in porous space influenced by Arrhenius activation energy and thermal radiation [J]. J Therm Anal Calorim, 2020, 140: 799-809.

[18] KUMAGAI TATSUO, WAKAI F. Estimation of stress exponent and activation energy for rapid densification of 8 mol% yttria-stabilized zirconia powder [J]. Journal of the American Ceramic Society, 2013, 96 (3): 852-858.

[19] KOHOUT JAN. New description of steady-state creep rate, yield stress, stress relaxation and their interrelation [J]. Materials Science Forum, 2005, 482: 319-322.

[20] PENG L M, ZHU S J, WANG F G, et al. Creep behavior in an Al-Fe-V-Si alloy and SiC whisker-reinforced Al-Fe-V-Si composite [J]. Journal of Materials Science, 1998, 33: 5643-5652.

[21] MOUNTFORD P A, THOMAS A N, BORDEN M A. Thermal activation of superheated lipid-coated perfluorocarbon drops [J]. Langmuir: the ACS Journal of Surfaces and Colloids, 2015, 31 (16): 4627-4634.

[22] XU FANG, YAMAZAKI DAISUKE, SAKAMOTO NAOYA, et al. Silicon and oxygen self-diffusion in stishovite: Implications for stability of SiO_2-rich seismic reflectors in the mid-mantle [J]. Earth and Planetary Science Letters, 2017, 459: 332-339.

[23] BROMILEY GEOFFREY D, BROOKE JENNIFER, KOHN SIMON C. Hydrogen and deuterium diffusion in non-stoichiometric spinel [J]. High Pressure Research, 2017, 37 (3): 360-376.

[24] KING SCOTT D. Reconciling laboratory and observational models of mantle rheology in geodynamic modelling [J]. Journal of Geodynamics, 2016, 100: 33-50.

[25] CARCIONE J M, POLETTO F, FARINA B. The Burgers/squirt-flow seismic model of the crust and mantle [J]. Physics of the Earth and Planetary Interiors, 2018, 274: 14-22.

[26] TAILBY NICHOLAS D, CHERNIAK DANIELE J, WATSON E BRUCE. Al diffusion in quartz [J]. American Mineralogist, 2018, 103 (6): 839-847.

[27] KHALEQUE T S, SAYEED MOTALEB S A. Effects of temperature- and pressure-dependent viscosity and internal heating on mantle convection [J]. Int J Geomath, 2021, 12: 23.

[28] AL-ARFAJ A A. Estimation of the normal boiling points of water and 1, 2-dimethoxyethane through the viscosity-temperature dependence in the corresponding binary mixtures [J]. Physics and Chemistry of Liquids, 2019, 57: 1, 19-36.

[29] BEDROV DMITRY, SMITH GRANT D, SEWELL THOMAS D. Temperature-dependent shear viscosity coefficient of octahydro-1, 3, 5, 7-tetranitro-1, 3, 5, 7-tetrazocine (HMX): A molecular dynamics simulation study [J]. The Journal of Chemical Physics, 2000, 112 (16): 7203.

[30] STEIN C, HANSEN U. Arrhenius rheology versus Frank-Kamenetskii rheology-Implications for mantle dynamics [J]. Geochemistry, Geophysics, Geosystems, 2013, 14 (8): 2757-2770.

[31] JUN KORENAGA. Scaling of stagnant-lid convection with Arrhenius rheology and the effects of

mantle melting [J]. Geophysical Journal International, 2009, 179 (1): 154-170.

[32] TACHINAMI C, SENSHU H, IDA S. Thermal evolution and lifetime of intrinsic magnetic fields of super-earths in habitable zones [J]. The Astrophysical Journal, 2011, 726 (2): 70.

[33] GLIŠOVIĆ PETAR, FORTE ALESSANDRO M. AMMANN MICHAEL W. Variations in grain size and viscosity based on vacancy diffusion in minerals, seismic tomography, and geodynamically inferred mantle rheology [J]. Geophysical Research Letters, 2015, 42 (15): 6278-6286.

[34] BOBROVA A M, BARANOV A A. The mantle convection model with non-Newtonian rheology and phase transitions: The flow structure and stress fields [J]. Izvestiya, Physics of the Solid Earth, 2016, 52 (1): 129-143.

[35] ISLAM S B, SHEFA S A, KHALEQUE T S. Mathematical modelling of mantle convection at a high Rayleigh number with variable viscosity and viscous dissipation [J]. J Egypt Math Soc, 2022, 30: 5.

[36] LI QINGSONG, KIEFER WALTER S. Mantle convection and magma production on present-day Mars: Effects of temperature-dependent rheology [J]. Geophysical Research Letters, 2007, 34 (16): 203-207.

[37] VAN DEN BERG A P, YUEN D A, BEEBE G L, et al. The dynamical impact of electronic thermal conductivity on deep mantle convection of exosolar planets [J]. Physics of the Earth and Planetary Interiors, 2010, 178 (3/4): 136-154.

[38] VERHOEVEN OLIVIER, VACHER PIERRE. Laboratory-based electrical conductivity at Martian mantle conditions [J]. Planetary and Space Science, 2016, 134: 29-35.

[39] NOACK L, BREUER D. First- and second-order Frank-Kamenetskii approximation applied to temperature-, pressure- and stress-dependent rheology [J]. Geophysical Journal International, 2013, 195 (1): 27-46.

[40] GUERRERO J M, LOWMAN J P, TACKLEY P J. Spurious transitions in convective regime due to viscosity clipping: Ramifications for modeling planetary secular cooling [J]. Geochemistry, Geophysics, Geosystems, 2010, 178 (3/4): 136-154.

[41] GUERRERO J M, LOWMAN J P, TACKLEY P J. Spurious transitions in convective regime due to viscosity clipping: Ramifications for modeling planetary secular cooling [J]. Geochemistry, Geophysics, Geosystems, 2019, 20 (7): 3450-3468.

[42] GUO H, KUMAR V. Solid-state poly (methyl methacrylate) (PMMA) nanofoams. Part Ⅰ: Low-temperature CO_2 sorption, diffusion, and the depression in PMMA glass transition [J]. Polymer, 2015, 57: 157-163.

[43] RUPAK KISHOR, SUDHAKAR PADMANABHAN, KRISHNA R SARMA, et al. Correlation of Arrhenius parameters for UHMWPE synthesis with ethylene solubility characteristics in different polymerization media [J]. Journal of Applied Polymer Science, 2011, 122 (4): 2646-2652.

[44] FARESS F, YARI A, RAJABI KOUCHI F, et al. Developing an accurate empirical correlation for predicting anti-cancer drugs' dissolution in supercritical carbon dioxide [J]. Sci Rep, 2022, 12: 9380.

[45] MAGNUSSON HANS, FRISK KARIN. Diffusion, permeation and solubility of hydrogen in copper [J]. Journal of Phase Equilibria and Diffusion, 2017, 38 (1): 65-69.

[46] WU Q Y, SUN X K, GAO M, et al. Effect of voids on Arrhenius relationship between H-solubility and temperature in nickel [J]. Scripta Materialia, 1997, 36 (2): 227-231.

[47] XIAO MIN, LIU HELEI, WANG JIALU, et al. An experimental and modeling study of physical N_2O solubility in 2-(ethylamino) ethanol [J]. The Journal of Chemical Thermodynamics, 2019, 138: 34-42.

[48] ZAJACZ ZOLTAN, TSAY ALEXANDRA. An accurate model to predict sulfur concentration at anhydrite saturation in silicate melts [J]. Geochimica et Cosmochimica Acta, 2019: S001670371930417X.

[49] GUO HUIMIN, KUMAR VIPIN. Some thermodynamic and kinetic low-temperature properties of the PC-CO_2 system and morphological characteristics of solid-state PC nanofoams produced with liquid CO_2 [J]. Polymer, 2015, 56: 46-56.

[50] SIRACUSA VALENTINA, INGRAO CARLO. Correlation amongst gas barrier behaviour, temperature and thickness in BOPP films for food packaging usage: A lab-scale testing experience [J]. Polymer Testing, 2017, 59: 277-289.

[51] ZOU HONGTAO, LING YAO, DANG XIULI, et al. Solubility characteristics and slow-release mechanism of nitrogen from organic-inorganic compound coated urea [J]. International Journal of Photoenergy, 2015: 1-6.

[52] WU YANAN, ZHOU LING, ZHANG XIA, et al. Determination and correlation of the solubility of acetylpyrazine in pure solvents and binary solvent mixtures [J]. Chemistry, 2018, 47 (5): 950-973.

[53] WHITWORTH K L, BALDWIN D S, KERR J L. The effect of temperature on leaching and subsequent decomposition of dissolved carbon from inundated floodplain litter: Implications for the generation of hypoxic blackwater in lowland floodplain rivers [J]. Chemistry and Ecology, 2014, 30 (6): 491-500.

[54] CLAVIJO MICHELANGELI JOSÉ A, SINCLAIR THOMAS R, BLIZNYUK NIKOLAY. Using an Arrhenius-type function to describe temperature response of plant developmental processes: Inference and cautions [J]. New Phytologist, 2016, 210 (2): 377-379.

[55] CRAPSE J, PAPPIREDDI N, GUPTA M, et al. Evaluating the Arrhenius equation for developmental processes [J]. Mol Syst Biol, 2021, 17 (8): e9895.

[56] PARENT B, TARDIEU F. Temperature responses of developmental processes have not been affected by breeding in different ecological areas for 17 crop species [J]. New Phytologist, 2012, 194: 760-774.

[57] JOHNSON F H, EYRING H, WILLIAMS R. The nature of enzyme inhibitions in bacterial luminescence: Sulfanilamide, urethane, temperature and pressure [J]. Journal of Cellular and Comparative Physiology, 1942, 20: 247-268.

[58] PARENT B, TURC O, GIBON Y, et al. Modelling temperaturecompensated physiological rates, based on the co-ordination of responses to temperature of developmental processes [J]. Journal

of Experimental Botany, 2010, 61: 2057-2069.

[59] GATEAU P, PETITJEAN C, PANTEIX P J, et al. Solubility of tin dioxide in soda-lime silicate melts [J]. Journal of Non-Crystalline Solids, 2012, 358 (8): 1135-1140.

[60] SONG LIANGCHENG, GUO HUAI, XU YIFANG, et al. Ants of water + ethanol mixtures [J]. Fluid Phase Equilibria, 2014, 384: 143-149.

[61] SANTOS E, ALBO J, IRABIEN A. Acetate based Supported Ionic Liquid Membranes (SILMs) for CO_2 separation: Influence of the temperature [J]. Journal of Membrane Science, 2014, 452: 277-283.

[62] ROMAN V CHEPULSKII, STEFANO CURTAROLO. Calculation of solubility in titanium alloys from first principles [J]. Acta Materialia, 2009, 57 (18): 5314-5323.

[63] YAMADA JUNYA, SHIBUYA TAKEHIRO, KOBAYASHI ATSUSHI, et al. Mercury solubility measurements in natural gas components at high pressure [J]. Fluid Phase Equilibria, 2020, 506: 112342.

[64] FLACONNECHE B, MARTIN J, KLOPFFER M H. Permeability, diffusion and solubility of gases in polyethylene, polyamide 11 and poly (vinylidene fluoride) [J]. Oil & Gas Science and Technology, 2001, 56 (3): 261-278.

[65] MODGIL S K, VIRK H S. Annealing of fission fragment tracks in inorganic solids [J]. Nuclear Instruments and Methods in Physics Research Section B: Beam Interactions with Materials and Atoms, 1985, 12 (2): 212-218.

[66] MR KRAMBERGER, BATIČ M, CINDRO V, et al. Annealing studies of effective trapping times in silicon detectors [J]. Nuclear Instruments and Methods in Physics Research Section A: Accelerators Spectrom eters Detectors and Associated Equipment, 2007, 571 (3): 608-611.

[67] FÜRTAUER LISA, WEISZMANN JAKOB, WECKWERTH WOLFRAM, et al. Dynamics of plant metabolism during cold acclimation [J]. International Journal of Molecular Sciences, 2019, 20 (21): 5411.

[68] PEI X, PU W, YANG J, et al. Wear law in mixed lubrication based on stress-promoted thermal activation [J]. Friction, 2021, 9: 710-722.

[69] WEN WANG, DIRK DIETZEL, ANDRÉ SCHIRMEISEN. Thermal activation of nanoscale wear [J]. Physical Review Letters, 2021.

[70] HONG U S, JUNG S L, CHO K H, et al. Wear mechanism of multiphase friction materials with different phenolic resin matrices [J]. Wear, 2009, 266 (7/8): 739-744.

[71] LANE B M, DOW T A, SCATTERGOOD R. Thermo-chemical wear model and worn tool shapes for single-crystal diamond tools cutting steel [J]. Wear, 2013, 300 (1/2): 216-224.

[72] LIU JINGJING, JIANG YIJIE, GRIERSON DAVID S, et al. Tribochemical wear of diamond-like carbon-coated atomic force microscope tips [J]. ACS Applied Materials & Interfaces, 2017: 7b08026.

[73] MUKHTAR A, RANA. A model for annealing of nuclear tracks in solids [J]. Radiation Measurements, 2007, 42 (3): 317-322.

[74] RUFINO M, GUEDES S. Arrhenius activation energy and transitivity in fission-track annealing equations [J]. Chemical Geology, 2022, 595: 120779.

[75] PODLIVAEV A I, OPENOV L A. Thermal annealing of Stone-Wales defects in fullerenes and nanotubes [J]. Phys. Solid State, 2018, 60: 162-166.

[76] RAYMOND GOLD, JAMES H ROBERTS, FRANK H RUDDY. Annealing phenomena in solid state track recorders [J]. Nuclear Tracks, 1981, 5 (3): 253-264.

[77] MUKHTAR AHMED RANA. Mechanisms and kinetics of nuclear track etching and annealing: Free energy analysis of damage in fission fragment tracks [J]. Nuclear Instruments and Methods in Physics Research Section B: Beam Interactions with Materials and Atoms, 2012, 672 (none): 57-63.

[78] MODGIL S K, VIRK H S. Annealing of fission fragment tracks in inorganic solids [J]. Nuclear Instruments and Methods in Physics Research Section B: Beam Interactions with Materials and Atoms, 1985, 12 (2): 212-218.

[79] CLAVERIE A, KOFFEL S, CHERKASHIN N, et al. Amorphization, recrystallization and end of range defects in germanium [J]. Thin Solid Films, 2010, 518 (9): 2307-2313.

[80] WALLACE J, AJI L, MARTIN A, et al. The role of Frenkel defect diffusion in dynamic annealing in ion-irradiated Si [J]. Sci Rep, 2017, 7: 39754.

[81] SAAD A F, AI-FAITORY, MOHAMED R A. Study of the optical properties of etched alpha tracks in annealed and non-annealed CR-39 polymeric detectors [J]. Radiation Physics and Chemistry, 2014, 97: 188-197.

[82] GÓRNY KRZYSZTOF, DENDZIK ZBIGNIEW, SAWICKI BOGDAN, et al. Thermal activation of ethylene glycol embedded in carbon nanotubes-Computer simulation study [J]. Solid State Communications, 2014, 177: 117-122.

[83] TKACH A, VILARINHO P M, KHOLKIN A L, et al. Ceramics [J]. Physical Review B, 2006, 73 (10): 104113.

[84] SCHÖNHALS A, GOERING H, SCHICK C H, et al. Glassy dynamics of polymers confined to nanoporous glasses revealed by relaxational and scattering experiments [J]. The European Physical Journal E, 2003, 12 (1): 173-178.

[85] CHATHOTH S M, DAMASCHKE B, EMBS J P, et al. Giant changes in atomic dynamics on microalloying metallic melt [J]. Applied Physics Letters, 2009, 95 (19): 191907.

[86] EKAWA B, STANFORD V L, VYAZOVKIN S. Isoconversional kinetics of vaporization of nanoconfined liquids [J]. Journal of Molecular Liquids, 2020: 114824.

[87] GUO H, KUMAR V. Solid-state poly (methyl methacrylate) (PMMA) nanofoams. Part Ⅰ: Low-temperature CO_2 sorption, diffusion, and the depression in PMMA glass transition [J]. Polymer, 2015, 57: 157-163.

[88] ALIREZA BAHADORI, HARI B VUTHALURU. Prediction of methanol loss in vapor phase during gas hydrate inhibition using Arrhenius-type functions [J]. Journal of Loss Prevention in the Process Industries, 2010, 23 (3): 379-384.

[89] BAHADORI A. Development of a predictive tool for the estimation of true vapor pressure of

volatile petroleum products [J]. Energy Sources, Part A: Recovery, Utilization, and Environmental Effects, 2014, 36 (12): 1346-1357.

[90] LOW IT-MENG. An overview of parameters controlling the decomposition and degradation of Ti-Based Mn + 1AXn phases [J]. Materials, 2019, 12 (3): 473.

[91] ALIREIA BAHADORI, HARI B T. A novel correlation for estimation of hydrate forming condition of natural gases [J]. Journal of Natural Gas Chemistry, 2009, 18 (4): 453-457.

[92] LEVIT RAPHAEL, OCHOA DIEGO A, MARTINEZ-GARCIA JULIUS C, et al. Insight into the dynamics of low temperature dielectric relaxation of ordinary perovskite ferroelectrics [J]. New Journal of Physics, 2017, 19 (11): 113013.

[93] THOMS ERIK, GRZYBOWSKI ANDRZEJ, PAWLUS SEBASTIAN, et al. Breakdown of the simple arrhenius law in the normal liquid state [J]. The Journal of Physical Chemistry Letters, 2018: 1783-1787.

[94] PETROWSKY MATT, FRECH ROGER. Application of the compensated arrhenius formalism to self-diffusion: Implications for ionic conductivity and dielectric relaxation [J]. The Journal of Physical Chemistry B, 2010, 114 (26): 8600-8605.

[95] MEHTA N, KUMAR A. Pre-exponential factor of Arrhenius equation for the isothermal crystallization of some Se-Ge, Se-In and Se-Te chalcogenide glasses [J]. Journal of Materials Science, 2007, 42 (2): 490-494.

[96] CHO H W, KOO H J, KIM H, et al. Lifetime prediction of high tenacity polyester yarns for hydrolytic degradation used for soil reinforcement [J]. Fibers and Polymers, 2020, 21 (8): 1663-1668.

[97] WATAI JULIANA SATIE, CALVÃ£O PATRÃCIA SCHMID, RIGOLIN TALITA ROCHA, et al. Retardation effect of nanohydroxyapatite on the hydrolytic degradation of poly (lactic acid) [J]. Polymer Engineering & Science, 2020, 9: 2152-2162.

[98] DIAZ CODY M, GAO XIANG, ROBISSON AGATHE, et al. Effect of hydrolytic degradation on the mechanical property of a thermoplastic polyether ester elastomer [J]. Polymer Degradation and Stability, 2018: S0141391018302143.

[99] MÜLLER WERNER W. On the determination of the chemical reduction factor for PET geogrids [J]. Geotextiles and Geomembranes, 2014, 42 (2): 98-110.

[100] KUO CHAU-HONG. Measurement of indium desorption activation energy from InP layers by laser induced fluorescence [J]. Journal of Vacuum Science & Technology B: Microelectronics and Nanometer Structures, 1993: 11 (3): 833-835.

[101] GKINIS P A, AVIZIOTIS I G, KORONAKI E D, et al. The effects of flow multiplicity on GaN deposition in a rotating disk CVD reactor [J]. Journal of Crystal Growth, 2016: S0022024816306686.

[102] VOURLITIS GEORGE L, DEFOTIS CATHERINE, KRISTAN WILLIAM. Effects of soil water content, temperature and experimental nitrogen deposition on nitric oxide (NO) efflux from semiarid shrubland soil [J]. Journal of Arid Environments, 2015, 117: 67-74.

[103] VERHOEVEN OLIVIER, VACHER PIERRE. Laboratory-based electrical conductivity at Martian mantle conditions [J]. Planetary and Space Science, 2016, 134: 29-35.

[104] YOSHINO TAKASHI, GRUBER BENJAMIN, REINIER CLAYTON. Effects of pressure and water on electrical conductivity of carbonate melt with implications for conductivity anomaly in continental mantle lithosphere [J]. Physics of the Earth and Planetary Interiors, 2018: S0031920117303333.

[105] KOLLER T M, RAUSCH M H, FRÖBA A P. Dynamic light scattering for the measurement of transport properties of fluids [J]. Int J Thermophys, 2024, 45: 57.

[106] HELLMANN ROBERT, BICH ECKARD, VOGEL ECKHARD, et al. Thermophysical properties of dilute hydrogen sulfide gas [J]. Journal of Chemical & Engineering Data, 2012, 57 (4): 1312-1317.

[107] EISENBERG R S, KLOSEK M M, SCHUSS Z. Diffusion as a chemical reaction: Stochastic trajectories between fixed concentrations [J]. The Journal of Chemical Physics, 1995, 102 (4): 1767.

[108] CHANG RAYMOND. Physical Chemistry for the Biosciences [M]. USA: University Science Books, 2005.

[109] LIVI R, POLITI P. Nonequilibrium Statistical Physics: A Modern Perspective [M]. Cambridge, 2017.

17 简洁且有逻辑地导出麦克斯韦方程组

本章通过一种简洁且逻辑清晰的方法，推导出麦克斯韦方程组。麦克斯韦方程组作为电磁学的基本定律，描述了电场和磁场与电荷、电流之间的相互作用关系。本章将从电磁学的基本原理出发，逐步推导出麦克斯韦方程组的四个关键方程，并探讨其物理意义和应用价值。

17.1 概　　述

电磁学作为物理学的一个重要分支，研究电磁场的基本属性、运动规律以及电磁场与带电物质的相互作用。麦克斯韦方程组作为电磁学的基本方程，其建立标志着电磁理论的完善与统一。本节将从麦克斯韦方程组的建立背景、内容、过程等方面进行详细阐述。

麦克斯韦电磁场理论是19世纪物理学中最伟大的成就之一，是继牛顿力学之后物理学史上又一次划时代的伟大贡献。麦克斯韦全面总结了电磁学研究的成果，并在此基础上提出了“涡旋电场”和“位移电流”的假说，建立了完整的电磁理论体系，不仅科学地预言了电磁波的存在，而且揭示了光、电、磁现象的内在联系及统一性，完成了物理学的又一次大综合。他的理论成果为现代无线电电子工业奠定了理论基础，麦克斯韦方程组不仅揭示了电磁场的运动规律，更揭示了电磁场可以独立于电荷之外单独存在，这样就加深了我们对电磁场物质性的认识。

17.2 建立背景

19世纪中期，电磁学领域已经取得了显著进展，库仑定律、安培定律、毕奥-萨伐尔定律和法拉第电磁感应定律等实验定律相继被提出。这些定律揭示了电磁场的基本性质及其与电荷、电流之间的关系，为麦克斯韦方程组的建立提供了坚实的理论基础。此外，法拉第的“力线”概念和“电磁场”概念的提出，也为麦克斯韦的电磁理论提供了重要的启示。

17.3 内容概述

麦克斯韦首先从论述力线着手，初步建立起电与磁之间的数学关系。1855年，他发表了第一篇电磁学论文《论法拉第的力线》。在这篇论文中，用数学语言表述了法拉第的电紧张态和力线概念，引进了感生电场概念，推导出了感生电场与变化磁场的关系。

1862年他发表了第二篇论文《论物理力线》，不但进一步发展了法拉第的思想，扩充到磁场变化产生电场，而且得到了新的结果：电场变化产生磁场。由此他预言了电磁波的存在，并证明了这种波的速度等于光速，揭示了光的电磁本质，这篇论文包括了麦克斯韦电磁理论研究的主要成果。

1864年他的第三篇论文《磁场的动力学理》，从几个基本实验事实出发，运用场论的观点引进了位移电流概念，按照电磁学的基本原理（高斯定理、电荷守恒定律）推导出全电流定理，最后建立起电磁场的基本方程。

麦克斯韦在总结库仑、高斯、欧姆、安培、毕奥、萨伐尔、法拉第等前人的一系列发现和实验成果的基础上，结合自己提出的涡旋电场和位移电流的概念，建立了第一个完整的电磁理论体系。这个重要的研究结果以论文的形式发表在1865年英国皇家学会的会报上，论文中列出了最初形式的方程组，由20个等式和20个变量组成，包括麦克斯韦方程组的分量形式。

麦克斯韦方程组由四个方程组成，分别是高斯定律、高斯磁定律、法拉第感应定律、麦克斯韦-安培定律。

（1）高斯定律：描述电荷如何产生电场，即电场强度的旋度等于该点处电荷密度的负值。

（2）高斯磁定律：论述磁单极子不存在，即磁感强度的散度处处等于零，磁场线形成闭合回路或延伸至无穷远。

（3）法拉第感应定律：描述时变磁场如何产生电场，即电场强度的旋度等于该点处磁感强度变化率的负值。

（4）麦克斯韦-安培定律：描述电流和时变电场怎样产生磁场，即磁场强度的旋度等于该点处传导电流密度与位移电流密度的矢量和。

这四个方程以偏微分的形式描述了电场和磁场的基本性质及其相互作用的规律，是电磁学领域的基本方程。

17.4 建立过程

麦克斯韦方程组的建立并非一蹴而就，而是麦克斯韦在前人工作的基础上，经过长期的理论研究和数学推导逐步形成的。麦克斯韦首先提出了“位移电流”

假说，将电场和磁场的变化统一起来，从而预言了电磁波的存在。随后，他通过数学分析，将法拉第的“力线”概念转化为精确的数学表达，并推导出了麦克斯韦方程组。这组方程不仅总结了电磁场的基本规律，还预言了电磁波的传播速度等于光速，揭示了光的电磁本质。

17.4.1　涡旋电场假说与位移电流假说

一个闭合回路固定在变化的磁场中，则穿过闭合回路的磁通量就要发生变化。根据法拉第电磁感应定律，闭合回路中要产生感应电动势。因而在闭合回路中，必定存在一种非静电性电场。

麦克斯韦对这种情况的电磁感应现象做出如下假设：任何变化的磁场在它周围空间里都要产生一种非静电性的电场，叫做感生电场，感生电场的场强用符号 E 表示。感生电场与静电场有相同处也有不同处，它们相同处就是对场中的电荷都施以力的作用，而不同处是：（1）激发的原因不同，静电场是由静电荷激发的，而感生电场则是由变化磁场所激发；（2）静电场的电场线起源于正电荷，终止于负电荷，静电场是势场，而感生电场的电场线则是闭合的，其方向与变化磁场$\left(\frac{\mathrm{d}B}{\mathrm{d}t}\right)$的关系满足左旋法则，因此感生电场不是势场而是涡旋场。正是由于涡旋电场的存在，才在闭合回路中产生感生电动势，其大小等于把单位正电荷沿任意闭合回路移动一周时，感生电场 E_i 所做的功，表示为：

$$E_i = \frac{\mathrm{d}\Phi_m}{\mathrm{d}t} = \oint E\mathrm{d}l \qquad (17\text{-}1)$$

应当指出：法拉第建立的电磁感应定律，只适用于由导体构成的回路，而根据麦克斯韦关于感生电场的假设，电磁感应定律有更深刻的意义，即不管有无导体构成闭合回路，也不管回路是在真空中还是在介质中，式（17-1）都是适用的。如果有闭合的导体回路放入该感生电场中，感生电场就迫使导体中自由电荷做宏观运动，从而显示出感生电流；如果导体回路不存在，只不过没有感生电流而已，但感生电场还是存在的。从式（17-1）还可看出：感生电场 E_i 的环流一般不为零，所以感生电场是涡旋场（又叫涡旋电场）。

位移电流概念是麦克斯韦在建立电磁场理论过程中提出的重要假设。它表明，磁场不仅可以由电流产生，变化的电场也可以产生磁场。位移电流和有旋电场的概念从两个方面深刻而完整地揭示了电场和磁场之间的内在联系和相互依存，即电磁场是统一的不可分割的整体。

传导电流和位移电流都能产生磁场，两种磁场都能对其中的电流或运动电荷施加磁力，两种磁场的性质也相同，即都是有旋无源的。但是，两种磁场也有区别，除了产生原因不同外，由于位移电流（确切地说是位移电流中由电场变化引起的真空位移电流部分）并不表示电荷在空间的运动，所以它与传导电流不同，没有热效应和化学效应，只有磁效应。空间的总磁场是传导电流和位移电流产生的磁场之和，是无源有旋的矢量场，其磁力线闭合。

位移电流假设的提出，消除了把安培环路定理从恒定情形推广到变化情形时遇到的矛盾和困难，使麦克斯韦得以建立完备的电磁场方程组。麦克斯韦方程组关于电磁波等理论预言实验的证实，不仅具有深刻的理论意义和巨大的应用价值，也证明了位移电流假设的正确性。

17.4.2 麦克斯韦方程组的简易推导

17.4.2.1 麦克斯韦方程组的积分形式

在电磁学中我们知道，一个点电荷 q 发出的电通量总是正比于 q，与附近有没有其他电荷存在无关。由库仑定律可以推出关于电通量的高斯定理：

$$\iint_s \boldsymbol{E} \cdot \mathrm{d}\boldsymbol{S} = \frac{q}{\varepsilon_0} \tag{17-2}$$

由于静电场的电场线分布没有旋涡状结构，因而可推导静电场是无旋的。

1831 年法拉第发现当磁场发生变化时，附近闭合线圈中的感应电动势与通过该线圈内部的磁通量变化率成正比，可表示为：

$$\varepsilon = -\frac{\mathrm{d}}{\mathrm{d}t}\iint_s \boldsymbol{B} \cdot \mathrm{d}\boldsymbol{S} \tag{17-3}$$

感应电动势是电场强度沿闭合回路的线积分，因此电磁应定律可写为：

$$\oint_l \boldsymbol{E} \cdot \mathrm{d}\boldsymbol{l} = -\frac{\mathrm{d}}{\mathrm{d}t}\iint_s \boldsymbol{B} \cdot \mathrm{d}\boldsymbol{S} \tag{17-4}$$

若回路 l 是空间中的一条固定回路，则式（17-4）中对 t 的全微分可变为偏微分：

$$\oint_l \boldsymbol{E} \cdot \mathrm{d}\boldsymbol{l} = -\iint_s \frac{\partial \boldsymbol{B}}{\mathrm{d}t} \cdot \mathrm{d}\boldsymbol{S} \tag{17-5}$$

17.4.2.2 电流和磁场的相互作用

实验指出，一个电流元 $I\mathrm{d}\boldsymbol{l}$ 在磁场中所受的力可以表为：

$$\mathrm{d}\boldsymbol{F} = I\mathrm{d}\boldsymbol{l} \times \boldsymbol{B} \tag{17-6}$$

恒定电流激发磁场的规律由毕奥-萨伐尔定律给出。设 $\boldsymbol{J}(x')$ 为源点 x' 上的电流密度，$\boldsymbol{r}$ 为 x' 由到场点 x 的距离，则场点上的磁感应强度为：

$$\boldsymbol{B}(x) = \frac{\mu_0}{4\pi}\int \frac{\boldsymbol{J}(x') \times \boldsymbol{r}}{r^3}\mathrm{d}v' \tag{17-7}$$

式（17-7）中 μ_0 为真空磁导率，积分遍及电流分布区域。细导线上恒定电流激发磁场的毕奥-萨伐尔定律写为：

$$\boldsymbol{B}(x) = \frac{\mu_0}{4\pi}\oint \frac{I\mathrm{d}\boldsymbol{l} \times \boldsymbol{r}}{r^3} \tag{17-8}$$

根据安培环路定律，对于连续电流分布 j，在计算磁场沿回路 l 的环量时，只需考虑通过以 l 为边界的曲面的电流，在 S 以外流过的电流没有贡献。因此，环路定律为：

$$\oint_l \boldsymbol{B} \cdot \mathrm{d}\boldsymbol{l} = \mu_0 \iint_s \boldsymbol{j} \cdot \mathrm{d}\boldsymbol{S} \tag{17-9}$$

上面研究了变化磁场激发电场，由麦克斯韦位移电流假设的结论变化电场激发磁场可推广为：

$$\oint_l \boldsymbol{B} \cdot \mathrm{d}\boldsymbol{l} = \mu_0 \oiint_s \left(\boldsymbol{j} + \varepsilon_0 \frac{\partial \boldsymbol{E}}{\partial t}\right) \cdot \mathrm{d}\boldsymbol{S} \tag{17-10}$$

由电磁学的知识，我们知道由电流激发的磁感应线总是闭和曲线，因此磁感应强度 $\boldsymbol{B}$ 是无源场，表示 $\boldsymbol{B}$ 无源性的积分形式是 $\boldsymbol{B}$ 对任何闭和曲面的总通量为零。利用磁场高斯定理得：

$$\oiint_s \boldsymbol{B} \cdot \mathrm{d}\boldsymbol{S} = 0 \tag{17-11}$$

由以上得出麦克斯韦方程组的积分形式：

$$\begin{aligned}
&\oint_s \boldsymbol{E} \cdot \mathrm{d}\boldsymbol{S} = \frac{q}{\varepsilon_0} \\
&\oint_l \boldsymbol{E} \cdot \mathrm{d}\boldsymbol{l} = -\iint_s \frac{\partial \boldsymbol{B}}{\mathrm{d}t} \cdot \mathrm{d}\boldsymbol{S} \\
&\oiint_s \boldsymbol{B} \cdot \mathrm{d}\boldsymbol{S} = 0 \\
&\oint_l \boldsymbol{B} \cdot \mathrm{d}\boldsymbol{l} = \mu_0 \oiint_s \left(\boldsymbol{j} + \varepsilon_0 \frac{\partial \boldsymbol{E}}{\partial t}\right) \cdot \mathrm{d}\boldsymbol{S}
\end{aligned} \tag{17-12}$$

17.4.3 麦克斯韦方程组的微分形式

由麦克斯韦方程组的积分形式和数学公式：

$$\begin{aligned}
&\oiint_s \boldsymbol{A} \cdot \mathrm{d}\boldsymbol{S} = 0 = \int_V (\nabla \cdot \boldsymbol{A}) \mathrm{d}V \\
&\oint_l \boldsymbol{A} \cdot \mathrm{d}\boldsymbol{l} = \int_V (\nabla \times \boldsymbol{A}) \mathrm{d}\boldsymbol{S}
\end{aligned} \tag{17-13}$$

推导出微分形式如下：

$$\begin{cases}
\nabla \cdot \boldsymbol{E} = \dfrac{\rho}{\varepsilon_0} \\
\nabla \times \boldsymbol{E} = -\dfrac{\partial \boldsymbol{B}}{\partial t} \\
\nabla \cdot \boldsymbol{B} = 0 \\
\nabla \times \boldsymbol{B} = \mu_0 \boldsymbol{j} + \mu_0 \varepsilon_0 \dfrac{\partial \boldsymbol{E}}{\partial t}
\end{cases} \tag{17-14}$$

值得注意的是，在使用积分形式时，当有介质时需要补充三个描述介质性质的方程式。对于各向同性介质来说，有：

$$\begin{cases} \boldsymbol{D} = \varepsilon_r \varepsilon_0 \boldsymbol{E} \\ \boldsymbol{B} = \mu_r \mu_0 \boldsymbol{H} \\ \boldsymbol{j} = \sigma \boldsymbol{E} \end{cases} \tag{17-15}$$

式中，ε_r、μ_r 和 σ 分别为介质的相对介电常数、相对磁导率和电导率；$\boldsymbol{j} = \sigma \boldsymbol{E}$ 为欧姆定律的微分形式。

17.5 结　论

利用化学工程学生对流体力学有所了解的情况，通过场论和基础的电磁学定律推导出麦克斯韦方程，容易入门，能较深刻地理解。

静电学和静磁学是电动力学的基础，在学习静电学和静磁学时，遇到的第一个公式分别是库仑定律（Coulomb's law）和毕奥-萨伐尔定律（Biot-Savart Law）。如果你在学习时足够细致，一定会发现在静电学中，库仑定律是唯一一个定律，其余的都是定理；在静磁学中，毕奥-萨伐尔定律是唯一一个定律，其余的也都是定理。换言之，库仑定律和毕奥-萨伐尔定律分别是静电学和静磁学的根基，它们就像两颗神奇种子，辅以数学的浇灌，便会生长成静电学和静磁学这两片广袤的森林。

由麦克斯韦方程组可逐一说明，在电磁场中任一点处：

（1）电场强度的旋度等于该点处磁感强度变化率的负值；

（2）磁场强度的旋度等于该点处到电流密度与位移电流密度的矢量和；

（3）电位移的散度等于该点处自由电荷的体密度；

（4）磁场强度的散度处处等于零。

麦克斯韦方程组是一个完整的方程组，这就是说，只要给定源分布（即给定电荷的分布及其运动状态）以及初始条件和边界条件，在理论上，麦克斯韦方程组就可以唯一地确定电磁场在以后任何时刻的状态。所以麦克斯韦方程组在电磁现象中的地位就如同牛顿定律在经典力学中的地位一样。

麦克斯韦方程组的建立具有划时代的意义，它标志着电磁理论的完善与统一，为现代无线电电子工业奠定了理论基础。麦克斯韦方程组的应用几乎涵盖了电磁应用的每一个方面，包括无线通信、雷达探测、电磁波传播等。此外，麦克斯韦方程组还是理论物理中电动力学研究的重要工具，为物理学的发展做出了巨大贡献。

麦克斯韦方程组作为电磁学领域的基础理论，其建立标志着电磁理论的完善与统一。本章通过梳理麦克斯韦及其前人的工作，揭示了麦克斯韦方程组在电磁学发展史上的重要地位及其对后续科技发展的深远影响。麦克斯韦方程组的建立不仅为电磁学的发展奠定了坚实基础，还为现代无线电电子工业等领域的发展提供了重要支撑。未来，随着科学技术的不断进步，麦克斯韦方程组将继续在更广泛的领域发挥其重要作用。根据以上的讨论，麦克斯韦方程组是在 3 个基本电磁实验定律（库仑定律、比奥-萨伐尔定律、法拉第电磁感应定律）的基础上引入涡旋电场和位于电流的假说而推出的，这个方程组在整个物理学中非常完整，它在电磁学科学中占有很重要的地位，而且是整个电磁学的核心。

（1）由麦克斯韦方程组可推导出电荷守恒定律；

（2）由麦克斯韦方程组可推导出电磁场波动方程；

（3）由麦克斯韦方程组可推导出电场的能量密度，定义电磁波传播的能量密度等。

参考文献

[1] 陈俊华. 关于麦克斯韦方程的讨论 [J]. 物理与工程，2002，12（4）：18-20.

[2] 赵凯华，陈熙谋. 电磁学 [M]. 北京：高等教育出版社，2003.

[3] 褚言正. 经典电磁场麦克斯韦方程组的理论推证 [J]. 重庆工业高等专科学校学报，2000，4：11-13.

[4] 陈秉乾，舒幼生，胡望雨. 电磁学专题研究 [M]. 北京：高等教育出版社，2001.

[5] 格里菲斯 D J. 电动力学导论 [M]. 4 版. 英国：剑桥大学出版社，2017.

[6] https://www.renrendoc.com/paper/130432022.html.

[7] 詹姆斯·克拉克·麦克斯韦. 电磁场的动力学理论 [J]. 伦敦皇家学会哲学汇刊，1865，155：459-512.

[8] 郭硕鸿. 电动力学 [M]. 2 版. 北京：高等教育出版社，1997：21.

附　　录

附录 A　各物理分支重要的偏微分方程（PDEs）

序号	分　支	主要 PDEs	相关 PDEs
1	理论力学	牛顿第二定律 拉格朗日方程 哈密顿方程	波动方程 弹性力学主体方程 塑性变形方程 断裂力学方程 流体力学主体方程 能量守恒方程 相变动力学方程 阿伦尼乌斯方程 热弹性方程 亥姆霍兹方程 结合力与结合能公式
2	热力学与统计物理	能量守恒定律 克劳修斯不等式	热力学基本关系式 麦克斯韦方程 物态方程 傅里叶定律 热传导方程 扩散方程
3	电动力学	麦克斯韦方程组	拉普拉斯方程 泊松方程
4	量子力学	薛定谔方程 狄拉克方程	KS 方程 HF 方程

附录B　当前各个尺度模拟与计算的代表软件

类　型	软件名称	简　介
电子结构计算	Quantum Espresso	一款开源的、基于密度泛函理论（DFT）的材料模拟软件包，用于计算电子结构、声子性质、光学性质等
分子动力学计算	VASP（Vienna Ab initio Simulation Package）	材料模拟中非常流行的软件，特别是在固态物理和材料科学领域
	Materials Studio	由BIOVIA（现为Dassault Systemes的一部分）开发，提供了一系列用于材料模拟和设计的工具，包括分子动力学、量子力学、介观模拟等
	NWChem	另一个开源的高级量子化学软件，支持多种计算方法，包括密度泛函理论、分子动力学等
	CHARMM（Chemistry at HARvard Macromolecular Mechanics）	专注于生物大分子（如蛋白质和核酸）的模拟，包括能量最小化、分子动力学模拟等
	AMBER（Assisted Model Building with Energy Refinement）	另一个流行的生物分子模拟软件，专注于生物大分子的分子动力学模拟和能量优化
动力论计算	XFlow	XFlow采用基于粒子的格子玻耳兹曼技术（Lattice Boltzmann Method，LBM），这是一种通过离散速度网格上的分布函数模拟微观速度分布的方法
	PowerFLOW	虽然PowerFLOW的具体计算原理可能不完全基于传统的玻耳兹曼方程，但它同样利用格子玻耳兹曼方法或类似技术来求解计算流体力学问题，这种方法在处理复杂流动现象时具有较高的效率和准确性
	OpenFOAM	OpenFOAM是一个开源的CFD软件包，它提供了多种求解器模拟不同类型的流动现象。虽然OpenFOAM本身不直接基于玻耳兹曼方程，但它支持用户自定义求解器，包括可能基于玻耳兹曼方程或其近似形式的求解器

续表

类　型	软件名称	简　　介
流体动力学	CFX	ANSYS 套件的一部分，专门用于流体动力学的模拟，支持复杂流动问题的建模和求解
	STAR-CCM +	一款集成的计算流体动力学（CFD）软件，适用于从简单的流体流动到复杂的多相流动问题
	SimScale	基于云的 CFD 和 CAE（计算机辅助工程）平台，用户无需安装软件即可进行流体动力学、热传递、结构分析等模拟
结构工程与力学	Abaqus	由 Dassault Systemes 开发的高级有限元分析软件，广泛用于模拟复杂的固体力学和结构力学问题
	LS-DYNA	专门用于非线性动态分析的显式有限元程序，广泛应用于碰撞模拟、爆炸模拟等领域
	Autodesk Inventor Nastran	结合了 Inventor CAD 软件与 Nastran 有限元求解器的功能，为工程师提供了从设计到分析的一站式解决方案
多物理场耦合模拟	COMSOL Multiphysics	一款强大的多物理场耦合模拟软件，用户可以通过图形界面轻松定义和求解复杂的物理模型
	ANSYS Workbench	ANSYS 提供的一个集成平台，支持从 CAD 导入到多物理场仿真的整个工作流程，包括结构、流体、热、电磁等多方面的分析
	Abaqus	Abaqus 是一款功能强大的工程模拟有限元软件，由 Dassault Systèmes 公司开发和销售。它广泛应用于航空航天、汽车、能源、建筑、电子等各个领域，用于模拟和分析复杂结构的行为